FRANZ KAFKA

AMÉRICA

•FONTANA•

FRANZ KAFKA

AMÉRICA

TRADUCCIÓN:
ALBERTO LAURENT

PRÓLOGO Y PRESENTACIÓN:
FRANCESC LL. CARDONA,
Doctor en Historia y Catedrático

BookTrade

AMÉRICA, Franz Kafka

Prólogo / Presentación: Francesc Lluis Cardona
Traducción: Alberto Laurent
Diseño gráfico / Ilustración portada: Daniel Jurado

Edita: Olmak Trade S.L.
C/ Roca Plana 1
08110 - Montcada i Reixac
Barcelona (España)

www.olmaktrade.com
info@olmaktrade.com

@O_BookTrade
#ClásicosFontana

Impreso en España / Printed in Spain

I.S.B.N: 978-84-10109-42-1
Depósito Legal: B 10076-2024

Estudio preliminar

Franz Kafka: el hombre y su mundo

Franz Kafka nació el 3 de julio de 1883 en Praga. Su padre, Hermann Kafka (1852-1931), se había casado el año anterior con Julie Löwy (1856-1934), hija de un judío que había conseguido acumular una considerable fortuna gracias a una fábrica de cerveza.

Hermann Kafka, por su parte, también era hijo de un judío, pero había tenido menos suerte que su consuegro. Originario del pequeño pueblo de Wossek (sur de Bohemia), se había trasladado a vivir al miserable gueto judío de Josefstadt de Praga poco después de alcanzar la adolescencia. No tenía dinero para más. Conoció a Julie, instruida, bonita y elegante y, que además, por su posición, podía vivir fuera del gueto.

Después de casarse, en 1882, Hermann Kafka abrió una pequeña tienda de artículos de fantasía gracias a la ayuda financiera de su suegro. Empezaba a ver cumplido su sueño de amasar fortuna, pues tuvo mucha más suerte que su padre, el carnicero Jakob, y lo consiguió.

El joven matrimonio se instaló en una calle lindante al gueto, en la calle Maisel. La vivienda era modesta, pero a Hermann debió parecerle lujosísima. En aquella casa nació Franz Kafka. Poco después la familia se trasladó a una casa más amplia no lejos de allí, en Wenzelplatz. Nació un nuevo hijo, Georg, pero moriría quince meses después.

Para prosperar, Hermann se inclinó a los checos de origen alemán que ocupaban la cima de la pirámide local, además se desentendió en gran manera del judaísmo. Todo ello repercutiría en el pequeño Franz. Era judío, pero sin que la religión se practicara más de lo necesario. La lengua materna era la alemana, mientras que la paterna era la checa. Así, si nuestro novelista no fue decididamente judío, tampoco lo fue checo ni alemán puro.

A medida que el negocio prosperaba, los padres de Franz fueron cambiando varias veces de domicilio, alejándose cada vez más del gueto. Sin embargo, el pequeño Kafka se encontraba bastante desplazado con los cambios continuos de residencia, pues apenas tenía tiempo de realizar firmes amistades.

Franz sufrió la pérdida de otro hermanito a los pocos meses de nacer éste, sin que entendiera mucho estas muertes. Los padres de Kafka abrieron finalmente una mercería y poco después encontraron una vivienda digna en la calle del Círculo. Entonces nacieron las hermanas de Franz, en 1889 Elli, en 1890 Valli y en 1892 Ottla.

La primera maestra de Franz fue una gobernanta suiza, la señorita Bailly, venida de Neuchätel, a semejanza de lo que hacían las familias acomodadas de Praga. En otoño de 1889 comenzó a acudir a la Escuela primaria situada junto al Mercado de la carne, a la que concurrían los hijos de la población alemana de origen judío.

Tímido y discreto, trataba de pasar siempre desapercibido. No se comprometió ni con sus compañeros alemanes, ni con los alumnos de la escuela checa de enfrente, que atacaban a los alemanes a la salida de las clases. No tomó partido por nadie, ni por los judíos. Regresaba a casa desconcertado, y así comenzó a encerrarse en sí mismo, pues el sitio más seguro que encontró fue su propio mundo interior.

El joven Kafka inició sus estudios de enseñanza media en el Instituto de bachillerato de humanidades de lengua alemana de Praga-Altstadt. Esta tarea le absorbió de 1893 a 1901. Alumno bastante aplicado, destacó en especial en geografía y mostró muy poca afición por las matemáticas. Aunque se aplicó en el estudio del alemán y fue ésta su lengua principal, también habló checo, al igual que sus padres. Por aquel entonces el problema lingüístico se radicalizó en el país, como foco básico del problema nacional.

Tras la implantación oficial del bilingüismo por el primer ministro Badeni, en Bohemia y Moravia, estalla una crisis. Los nacionalistas alemanes paralizaron a partir de 1897 el funcionamiento del Consejo del Imperio austro-húngaro y organizaron un movimiento de unión con Alemania que quedó reflejado en el Programa Nacionalista de Pentecostés (1899). Ante el agravamiento de la situación, las autoridades de Viena derogaron el decreto del bilingüismo.

Una vez concluidos sus estudios secundarios y tras unos tímidos estudios de química, inició a partir de 1901 los de Derecho en la Universidad Alemana de Praga, después estudiará también Germanística e Historia del Arte. Allí trabó amistad con Oskar Pollak, joven inteligente que llegaría a ser historiador del arte, muriendo en la guerra de 1914-1918. La amistad entre los dos se refleja en las cartas que Franz escribió a Oskar entre 1902 y 1904, que en un estilo recargado, casi afectado, presentan a un adolescente inquieto, pero abierto a la amistad y realmente apasionado, vivo y vibrante.

En 1902 pasó las vacaciones en Liboch y Triesch, en casa de su tío, el doctor Siegfried Lowy, médico rural. Conoció a Max Brod en una conferencia que éste ofreció sobre Schopenhauer. Brod sería siempre un ardiente propagandista de la obra kafkiana, le instaría continuamente a publicar sus escritos inéditos y se encargaría a su muerte de completar su edición. Sería también su biógrafo oficial. Por aquel entonces sabemos que trabajaba en la novela El niño y la ciudad, obra desgraciadamente perdida.

Entre 1904-1905 pasó las vacaciones en Zuckmantel, realizó tertulias regulares con Marx Brod, Oskar Baum, Felix Weltsch… preparó el relato Descripción de una lucha y tuvo unos primeros amoríos con una mujer desconocida, si bien según propia confesión "sería una de las dos únicas mujeres con las que tuvo una verdadera intimidad".

Se doctoró en derecho, en junio de 1906, en la Universidad de Praga, junto con Alfred Weber. Trabajó durante algunos meses en el bufete jurídico de su tío Richard Lowy y después realizó un año de internado en Tribunales.

Tras dar los últimos toques a Preparativos de una boda en el campo, en octubre de 1907 ingresó en la compañía de seguros Assicurazioni Generali. Sus muchas horas de trabajo le interrumpen su vocación de escritor, cosa que le produce una gran angustia.

El sufragio universal confirmó la mayoría eslava dentro del imperio austro-húngaro, la ingobernabilidad fue manifiesta al enfrentarse 233 votos germanos a los 265 eslavos fraccionados en muchos grupos.

Hacia 1908, encontró en Praga un trabajo de media jornada en el organismo seminacionalizado de la Compañía de Seguros de Accidentes Laborales del Reino de Bohemia, donde trabajará hasta dos años antes de su muerte. Infatigable en el trabajo y dándose cuenta sus jefes de su valía, le trataron con benevolencia. Pese a ello dispuso de escasas horas por la tarde para su gran pasión y agotó su débil salud escribiendo de noche.

Los Diarios que llevaba puntualmente revelan su constante obsesión de un empleo racional del tiempo que le permitiese escribir en condiciones más favorables, sin perjudicar demasiado sus actividades profesionales. No obstante, la doble vida le resultará agotadora y le angustiará su incapacidad para resolver el dilema de "ganarse la vida o vivirla".

Y así empezó a padecer de surmenage, insomnio, agotamiento nervioso, y las torturas morales, consecuencia de un estado de cosas para las que Kafka sólo hallará finalmente una salida en la enfermedad, aunque muy poco tuviera que ver con su abatimiento moral (si bien la tuberculosis era casi irreversible entonces, busca siempre los organismos más débiles). La salida era pues inevitable, lo que no quiere decir que nuestro escritor no se revelara en vano contra la pérdida de su tiempo y sus energías.

En 1908 publicó ocho textos en prosa en la revista Hyperion. Pasó sus vacaciones en Riva y Brescia junto con Max y Otto Brod. Redactó "Los aeroplanos de Brescia" (1909). Se relacionó entonces con círculos anarquistas, aunque nunca participó en ninguna lucha política. El país pasó a gobernarse por decretos imperiales.

Fue en 1910 cuando inició los cuadernos "en cuarto", que constituyen sus diarios. Los estuvo llevando durante trece años y si él les concedió una enorme importancia, para nosotros es capital en la reconstrucción de su biografía. Miembro del círculo de intelectuales, publicó en Bohemia cinco artículos en prosa. Inició entonces sus contactos con el teatro yiddish (lengua primitiva de los judíos refugiados en la Europa Central, como lo es el sefardí con respecto a los judíos de origen español expulsados por los Reyes Católicos en 1492) y se aproximó a los orígenes históricos del judaísmo.

Visitó por cuestiones de trabajo Reichenberg y Friedland. Por aquel entonces frecuentaba los cabarets, las salas de fiestas, los cafés literarios de Praga. Iba asiduamente a la piscina, nadaba, remaba y andaba mucho. Aunque todavía estaba sano, su salud ya le daba preocupaciones que intentaba superar con diversas prácticas higiénicas y ascéticas: se hizo vegetariano, no bebía, no fumaba, dormía en un cuarto frío en invierno, dejó de llevar abrigo, se bañaba en los ríos helados y pasaba parte de sus vacaciones en colonias naturistas.

Pasó el verano en Zúrich (1911), Lugano y Milán. Viaja de vacaciones con Max Brod. Después estuvo una semana solo en el sanatorio naturista Fellenberg, en Erlenbach, próximo a Zúrich. En octubre empezó a frecuentar con cierta regularidad el café-restaurante Savoy y se relacionó con los componentes de una compañía teatral judía yiddish y en especial con Jizchak Löwy, su director.

Entre 1911 y 1912 empezó a trabajar en América. En febrero dio una conferencia sobre la lengua yiddish. En marzo se vio obligado, contra su voluntad, a ocuparse de un establecimiento industrial propiedad de su cuñado (esposo de su hermana mayor) y en la que, tanto él como su padre, tenían intereses. Este aumento de trabajo acrecentó su desasosiego.

En el verano viajó a Weimar con Max Brod. Después volvió a pasar un período solo en la colonia-balneario naturalista Just's Jungborn. Por entonces preparó Contemplación, antología que publicaría en diciembre de 1912, pero antes, los editores Ernest Rowohlt y Kurt Wolff desean conocerle personalmente.

La noche del 13 de agosto de 1912 encontró por primera vez a Felice Bauer en casa de los padres de Max Brod. Vivía en Berlín, tenía veinticinco años y era directora de la empresa Lindstrom, fabricante del Parlograph, un rival del dictáfono. En septiembre escribió *La condena* y después *El fogonero*, que luego convertiría en el primer capítulo de *América*. Después acometerá su famoso *Metamorfosis*.

Durante 1913 continúa su labor en *América o El desaparecido*, y tras una intensa correspondencia plagada de anhelos y frustraciones decidió visitar en Berlín a Felice Bauer por Pascuas. En aquella primavera salieron a la luz *La condena* y *El fogonero*. En setiembre viajó a Viena, Venecia y Riva, en donde mantuvo un episodio amoroso con una muchacha suiza. Se produce la disolución de la Dieta de Bohemia.

En noviembre de 1913 se produce el encuentro con Grete Bloch, amiga de Felice Bauer, y también se cartea con ella. Si hay que prestar crédito a documentos recientemente encontrados, tuvo un hijo de Kafka, cuya existencia nunca reveló. Se supone que ella sola educó a ese hijo, cuya identidad ignoró todo el mundo y que falleció a los siete años de edad. Grete, que se refugió en Italia durante la guerra, antes de salir hacia Israel, murió a manos de los nazis en mayo de 1944.

Las Pascuas de 1914 las pasa en Berlín, donde se compromete por primera vez con Felice Bauer, pero en julio rompe ese compromiso, cosa que realizará una y otra vez... Conoció a Ernest Weiss, poeta y dramaturgo, cuya obra admiró sinceramente, y con él viajó al mar Báltico, ya que su amistad con Max Brod se había enfriado un tanto. Escribió En la colonia penitenciaria y comenzó otra de sus obras más famosas: *El Proceso*, así como el último capítulo de *América*.

El 28 de junio de 1914 muere en Sarajevo el archiduque Francisco Fernando, heredero del trono austrohúngaro, y su esposa, víctimas de un atentado obra de un estudiante serbio-bosnio miembro de la organización secreta Unidad y Muerte. Austria lanza un ultimátum a Serbia, a la que responsabiliza de los hechos, exigiendo que se permita participar a la policía austríaca en la investigación del atentado. Serbia se opone rotundamente a tal intervención y decreta la movilización parcial de sus tropas. Los acontecimientos se precipitan y se inicia la Primera Guerra Mundial.

Kafka recibió en 1915 el premio Fontane por *El fogonero* y se encontró varias veces en Baldenbach con Felice, pero sus relaciones estables eran imposibles: ella exigía una vida "normal" en un apartamento confortable, alimentación suficiente, descanso a partir de las once… él todo lo cifraba en su trabajo de escritor y sus extravagancias de una vida bohemia… Kafka se mudó entonces de domicilio varias veces y viajó a Hungría con su hermana Elli. En noviembre de 1915 publicó *La metamorfosis*.

En el frente bélico se produjo la ofensiva austrogermana desde el Báltico que provocó la conquista de Varsovia. Sin embargo, el avance se inmovilizó en la Galitzia Oriental y en otros sectores, a semejanza de lo que había sucedido en el frente Occidental. Entonces el zar Nicolás II asumió el mando supremo del ejército ruso.

Franz fue en 1916, con sus tantas veces prometida Felice, al famoso balneario de Marienbad. Durante aquel verano volvió a los pros y contras de su matrimonio. Escribió los cuentos recopilados en *Un médico rural*. En el mes de noviembre dio una conferencia en Munich, leyendo fragmentos de sus obras, así como varios poemas de Max Brod. Después marchó a vivir a la calle Alchemist de Praga.

En julio de 1917 vuelve a comprometerse con Felice a través de la ceremonia de "segundos esponsales", pero casi inmediatamente se produjo una nueva ruptura. Poco antes había terminado la redacción de "La construcción de la muralla china". En agosto de 1917 sufrió su primera hemotisis. Se negó a ingresar en un sanatorio una vez diagnosticada la enfermedad y obtuvo un permiso de tres meses para vivir en casa de su hermana Ottla, administradora de una explotación agrícola en Zürau.

Allí pudo leer a sus anchas a Kierkegaard, el gran autor danés "padre del concepto de la angustia", la Biblia, así como terminar sus estudios de hebreo y escribir sus *Aforismos*, cuadernos "en ocho" que llevó paralelamente con los *Diarios*. Esta vida rural fascinante para él la describiría en *El castillo*, que comenzaría unos años más tarde.

Nueva visita de Felice el 21 de septiembre; el 1 de octubre le enviará quizá la última carta. En diciembre se produciría el rompimiento definitivo después de un encuentro en Praga. Felice Bauer se casó un año más tarde. Había, al fin, hallado la felicidad según sus gustos y preferencias.

Mientras tanto se había convocado un nuevo parlamento austrohúngaro, así como había fracasado el intento de conciliación ante las aspiraciones de autonomía de los checos y los eslavos meridionales. El 7 de diciembre los EE. UU., que ya habían declarado la guerra a Alemania, la hicieron extensiva a Austria-Hungría. Se suceden la Revolución de febrero en San Petersburgo, el zar Nicolás II abdica. Después de la Revolución de octubre de Petrogado, Kerenski huye, cae el gobierno provisional. El consejero de Comisarios del Pueblo se constituye en órgano de gobierno.

Hasta junio de 1918 Kafka permaneció en Zürau. Viajó también a Praga y Turnau. Escribió un proyecto de sociedad ascética: "Una sociedad de trabajadores pobres". En Rusia se proclama la república democrática federal marxista-leninista. En noviembre abdica Guillermo II y da paso a la república alemana. El grupo espartaquista propugna la dictadura del proletario, pero la revolución proletaria será aplastada. Alemania firma el armisticio el 11 de noviembre. Tras los fracasos del frente, Austria acepta también el Armisticio. Después de la revolución de Viena se produce la disolución de la monarquía austrohúngara. Checoslovaquia se proclama independiente.

En 1919 Kafka publicará En la colonia penitenciaria. Estando en Schelense conoció a Julie Wohryzek, hija de un custodio de sinagoga, pero el idilio duró unos pocos meses.* En noviembre escribió *Carta al padre*. A partir de aquel fin de año se agravaría por momentos la enfermedad de nuestro escritor y proliferó su estancia en varios sanatorios y residencias.

Después de una cura en Meran (1920) dio comienzo a la correspondencia con Milena Jesenská, traductora checoslovaca, espíritu apasionado y de gran talento. Esta correspondencia fue señalando etapas de un nuevo amor torturado, tanto por el propio Kafka como por los obstáculos externos, pues Milena se hallaba unida por unos vínculos muy singulares a un esposo que no hacía de ella mucho caso.** Publica *Un médico rural*.

---

* La causa final sería sus "relaciones" con Milena.

** Milena era una mujer cultivada y lúcida, de pasiones ardientes, femi-

Hacia el invierno el estado de salud de Kafka sufrió una recaída y tras resistirse mucho consintió en acudir a un sanatorio. El final del año lo pasó así en los montes Tatra, en el sanatorio Matliary, de Eslovaquia, donde trabó amistad con Robert Klopstock, joven estudiante de medicina, tísico como él, que abandonaría sus estudios para cuidar de Kafka.

Después de permanecer en el sanatorio de los montes Tatra, a mediados de 1921, Kafka volvió a Praga y el 15 de octubre escribió en sus *Diarios* que le había dado aproximadamente una semana atrás todos sus cuadernos a Milena.

A fines de 1921 o comienzos de 1922 inicia la redacción de *El Castillo*. Nuevamente viajó a Praga. En mayo se produjo el último encuentro con Milena, a continuación permaneció en Planá con su hermana Ottla... y otra vez en Praga. Durante el verano escribió Investigaciones de un perro.

Viajó primero a Praga y luego, en julio de 1923, a Müritz, con su hermana Elli. Unos meses más tarde le envió una carta a Milena, que era como su despedida y, le hablaba de haber encontrado en la colonia de vacaciones de un hogar judío de Berlín, una ayuda prodigiosa: era Dora Diamant.

De unos veinte años de edad, Dora procedía de una familia judío-polaca. Al convertirse en compañera de Kafka, le dará a los últimos meses de su existencia la paz y felicidad que nunca tuvo. Escribe *Una mujercita* y *La*

---

nista y emancipada que escandalizaba a la hipócrita sociedad checa de su tiempo; esa mujer atractiva y autorrealizada, como salida de una novela romántica en pleno siglo XX, parecía una digna descendiente de las hermanas Brontë.

madriguera. Hacia fines de setiembre vive en Berlín con Dora. Envía al editor los relatos reunidos en Un artista del hambre.

En 1924 redacta "Josefina la cantora". Su enfermedad se agrava y de Berlín debe trasladarse a Praga y después a diversos sanatorios y clínicas, hasta que el 3 de junio de 1924 morirá en el sanatorio de Kierling, cerca de Viena; le acompañaba Dora Diamant y Robert Klopstock. Semanas antes, cuando ya padecía grandes dolores laríngeos y apenas podía comer ni beber, le pidió al padre de Dora su consentimiento para legalizar su situación: éste le contestó con un rotundo y escueto no.

Fue enterrado en el cementerio judío de Praga-Straschnitz, en la misma tumba de sus padres (su padre fallecería en 1931 y su madre en 1934).

Trascendencia posterior de la obra de Franz Kafka

Cuando murió, Franz Kafka era sólo conocido por un pequeño círculo de intelectuales. Su fama póstuma se debió exclusivamente a que su amigo Max Brod contravino sus órdenes: destruir los manuscritos inéditos y no volver a editar los ya publicados. Max se apresuró a hacer exactamente todo lo contrario: se lanzó a editar su obra y a propagarla el máximo posible hasta hacerla famosa.

Desde aquel martes 3 de junio de 1924 en que nuestro autor "se liberará" del mundo de los vivos, muchas han sido las interpretaciones posibles de sus obras: unos han querido ver en ellas el arquetipo del hombre en lucha contra un sistema, otros lo quisieron ver como un fiel reflejo de su compleja enfermedad, tanto física como psicológica… o en las relaciones con su padre; todos ellos, al considerarlas "novelas en clave", buscan motivaciones religiosas, ontológicas, sociales o mitológicas.

Es innegable que en la obra de Kafka hay un condimento religioso, no cabe duda que su sentimiento de la existencia posee ciertas analogías con el pensamiento de Kierkegaard, pero su obra no puede reducirse a ser función de estas tesis o de otras. Una novela no es una idea abstracta oscurecida con metáforas, es un mito revelador, nos arroja una nueva visión del mundo, una nueva forma de sentir lo maravilloso y lo cotidiano.

Kafka no es ni un desesperado, ni un revolucionario, es un testimonio iluminador. Su obra es una lucha sin esperanzas. Su única salida es penetrar en la muerte, abandonando así su particularidad. La muerte como "retorno al padre en el Gran día de reconciliación". Él, que pudo a su vez ser "padre" por medio del matrimonio, no aceptó serlo, porque de alguna manera no podía ser "un nuevo origen de generaciones".

Toda su obra es una clara búsqueda de hallar un sentido a la vida, una vida en la que era "más extranjero que un extranjero". Un miembro del gueto judío de Praga, obligado a expresarse en alemán, enfermo —lo que lo marginaba de la vida—, judío aislado de su comunidad, pero que siente nostalgia por ella y sólo tiene el silencio por respuesta.

Kafka desesperado, solitario y angustiado aspira a la normalidad con todas sus fuerzas. Su obra y su vida inextricablemente ligadas son un canto desesperado de amor y temor, de rebelión ante nuestras concepciones alienantes de la sociedad, religión, política… Dentro del universo kafkiano surge un solo personaje intercesor entre el poder (¿Dios quizá?) y el mundo: la mujer, a la que se aferra con todas sus fuerzas, a pesar de que llegue a traicionarle. La mujer concebida como diosa-madre y amante en una pieza.

Así Kafka se nos presenta como una especie de Mesías negativo que revela el desorden íntimo y absurdo del mundo, ni optimista ni pesimista sino ambiguo, esclavizador y alienante, del que él intenta librarse por medio de la creación de sus obras.

El interés por Kafka se inicia durante el período hitleriano, sobre todo en Francia y en el mundo anglosajón. En Alemania en cambio el nazismo prohibió sus obras. Sus hermanas murieron en campos de concentración: Ottla en Auschwitz en 1942; Grete Bloch, que le diera el malogrado hijo al escritor, falleció también a manos de un soldado nazi en 1944; y Milena corrió idéntica suerte en otro campo. Sólo después de la guerra se extendió su fama por Alemania y Austria y comenzó allí su influencia literaria. Influencia que iría penetrando más tarde, hasta la década de los sesenta, en la vida política, literaria e intelectual de la Checoslovaquia comunista y de la vieja Praga, su capital, ciudad que le vio nacer y acogió sus restos y los de su familia.

Kafka manifestó durante su vida adulta simpatías por el socialismo y asistió a las reuniones de los anarquistas checos antes de la Primera Guerra Mundial. Su interés por el gueto y el mundo judío que le envolvía no se iniciaría hasta 1911-1912, a través del contacto con el grupo de teatro yiddish del cual ya hicimos mención. Su estudio del pensador danés Kierkegaard (1813-1855) mostró ya una preocupación creciente por diversos aspectos del judaísmo y en 1918 ya vimos también como inició con ahínco el estudio de la lengua hebrea y de la mística judía.

Sin embargo, el sueño de la reconstrucción de la nueva Sión (Jerusalén y su antiguo poderío bíblico) y su deseo de profundizar en el estudio de la cultura de sus antepasados, no le pudo liberar de su condición y de su trágico destino. Kafka estaba convencido de que la tuberculosis que puso fin prematuramente a su vida era una enfermedad psicosomática, una conspiración de la cabeza y el cuerpo para poner fin de una vez a los dilemas indisolubles y las luchas internas en que vivía.

Hace algo más de un cuarto de siglo, la invasión de Checoslovaquia por las fuerzas del pacto de Varsovia, además de la primavera de Praga, se llevó muchísimas otras cosas por delante. Una de ella fue anatematizar a Franz Kafka, que había muerto cuarenta y cuatro años antes. Posiblemente, sin saberlo, no hicieron otra cosa que contribuir por segunda vez a que se cumpliera la última voluntad del escritor que, como recordamos, deseaba que sus obras fueran quemadas.

Y lo hicieron, además de prohibirlo. Aunque lo peor del asunto es que ni tan sólo fueron originales, pues lo mismo hicieron los nazis unos treinta años antes. Así es que la nueva desaparición literaria de Kafka llegó el 20 de agosto de 1968, cuando los soldados de la Unión Soviética, Polonia, Hungría, Bulgaria y la República Democrática Alemana decidieron terminar con la primavera de Praga de Dubcek.

Pero después de más de veinte años de larga y agónica espera, se amnistió por fin a Franz Kafka y las conferencias y seminarios sobre nuestro autor se multiplicaron, en especial, en su ciudad natal. Pero la pregunta continúa en el aire: ¿qué tenía aquel hombre de frágil salud para que se fijaran tanto en él los represores de la libertad?

Hoy, por suerte, sus textos, debido a que su fiel amigo Max Brod no siguió su última voluntad, pueden ser leídos libremente en el país que vieran la primera luz y que ahora, estrecheces económicas y problemas políticos de secesiones aparte, pueden respirar una nueva y ojalá para siempre primavera de libertad.

Estudio especial de *América*

Ya hemos visto como con casi treinta años, Franz Kafka acometió el proyecto de su primera novela, quizás arrastrado por el entusiasmo que en otro tiempo le produjera la lectura del *David Copperfield*, de Dickens. *América* iba a ser la épica de la utopía, la tierra prometida que esperaba a los desheredados europeos cuando su continente se deshacía en jirones por las luchas intestinas.

En sus amplios escenarios y horizontes, en el «Gran Teatro de Oklahoma», quizá soñara una y otra vez, mientras trabajaba en la siniestra oficina de la burocracia del agonizante imperio austrohúngaro. Sin embargo, al trasladar al papel su paraíso, intentó desmitificarlo de indios, vaqueros o pistoleros, y se documentó lo más posible: libros de viajes, conferencias, testimonios reales... con todo ese acervo llegó a escribir doscientas páginas seguidas, que en una primera instancia terminó por destruir.

De nuevo en la tarea, tampoco la terminó. El primer capítulo, «El fogonero», fue publicado en mayo de 1913 por la editorial Kurt Wolff, de Leipzig. La síntesis del argumento de América es como sigue:

Karl Rossmann, un joven de dieciséis años, ha sido enviado a Norteamérica por sus padres, que así le castigan por haber seducido a una sirvienta que le ha dado un hijo.

En el buque de emigrantes que lo lleva a Nueva York, traba amistad con un fogonero que se queja de haber sido víctima de una injusticia.

Convencido al momento del derecho que asiste a aquel hombre que le inspiraba verdadero amor, Karl decide acompañarle a la presencia del capitán y ayudarle en su causa. Pese al calor que pone en ello, no consigue ganar la causa del fogonero, contra quien todo el mundo está predispuesto y que por lo demás está ya resignado.

Llegado casualmente al despacho del capitán, Karl es reconocido por un caballero que dice ser su tío, y que precisamente le iba buscando. Al perder al fogonero, de quien se separa con lágrimas en los ojos, Karl gana un tío, pero se pregunta si éste logrará compensar la pérdida de su amigo.

Después, adoptado por su tío, se inicia en la vida norteamericana e intenta conformarse con los deseos de éste. El tío no da órdenes, ni pronuncia prohibiciones formales, sino solamente indicaciones cuya importancia debe comprender Karl.

Así, su tío permite que vaya al campo con uno de sus amigos, pero lo desaprueba. Karl cae inconscientemente en la trampa y marcha contraviniendo la implacable ley de su tío, lo que provoca la ruptura con éste. El tío despide implacablemente a Karl para siempre.

Desde entonces Karl se convierte en un vagabundo indeseable que a pesar, o a causa de su buena voluntad, de su sentido de la justicia y de su honradez, es maltratado, explotado y despedido en todas partes.

Pero no se deja abatir, y tras escapar al influjo de Robinson y Delamarche, dos vagos que son el origen de sus desdichas y le han obligado a servir a Brunelda, una antigua actriz gorda y tiránica, halla finalmente un puesto en el Gran Teatro de Oklahoma.

Se emplea con el nombre de Negro y parte con un compañero en tren hacia su nuevo destino. Como falta el final o el último capítulo, es imposible saber si encuentra el paraíso de inocencia prometido en los carteles, mientras en el exterior del vagón el paisaje desolado parece atenazar a un tren que nos da la impresión de cruzar las famosas badlands estadounidenses, el Gran Cañón o, si mucho nos apuran —por capricho de su angustiado autor—, rumbo a «ninguna parte», a la tierra de Icaria o de la Utopía, o el vano intento de recobrar el Paraíso perdido miltoniano.

Se ha hablado también del panteísmo y el misticismo, del ansia de anhelo del protagonista de unirse finalmente con la Naturaleza de donde fuera expulsado por trasgredir sus normas (¿normas impuestas por ella misma o por los tiranos que se han apoderado de ella?) tras un largo camino de expiación y sufrimiento.

Sin embargo Karl Rossmann, el expulsado, el emigrante que defiende en principio al fogonero siguiendo la más estricta justicia, es atraído por la protección de un tío materno que le presenta un futuro lleno de oportunidades ilimitadas con tal de no transgredir una voluntad que ha de adivinar en cada momento. ¿Qué resulta más tiránico, el cumplimiento de una ley claramente escrita, o la que hemos de atisbar en la mente de nuestro protector?

La parte de la obra que publicó en una revista literaria tuvo mucho éxito y fue elogiada en los círculos culturales, obteniendo el premio Fontane con el título de *El fogonero*.

A partir de ella, la narración adoptaba cierta atmósfera mística de cuento de hadas en un país de las maravillas en donde todavía era posible el milagro. Cuando parece que el protagonista va a alcanzar la tranquilidad, ésta se rompe y da paso a una novela picaresca que no quiso publicar y que dejó inconclusa como tantas otras obras.

Max Brod publicó finalmente el manuscrito entero con un título que a él le gustaba: *América*, dejando así olvidado el anterior de *El desaparecido*. El Gran Teatro de la Posteridad debe a Max Brod el que no siguiera los deseos del «Gran Desaparecido».

Kafka, como un niño, deseaba hallar respuesta a todas las preguntas que han torturado a los hombres desde el comienzo del mundo. Estudió cada hipótesis, probó todas las posibilidades, se transformó en un vértice de antítesis, examinó el sí y el no de todas las cosas, especuló en todos los sentidos, en todas las direcciones. Su producción, en efecto —él que en ocasiones se había confesado ateo— es el edificio religioso más grandioso de los tiempos modernos. Fue un hombre de una visión interior extraordinaria, de una intensa inquietud íntima, y en él se aparece la imagen multicambiante del gran espíritu.

Francesc Lluis Cardona

FRANZ KAFKA

AMÉRICA

CAPÍTULO I: EL FOGONERO

En el momento en que Karl Rossmann, un muchacho de dieciséis años de edad a quien sus pobres padres mandaban a América porque había sido seducido por una criada que más tarde tuvo de él un hijo, entraba en el puerto de Nueva York, a bordo de ese vapor que ya había aminorado su marcha, vio de repente la estatua de la diosa de la libertad, que desde hacía rato observaba, como si ahora estuviera iluminada por un rayo de sol mucho más intenso. Su brazo surgió con la espada en un renovado movimiento, y en torno a su figura soplaron los aires libremente.

«¡Qué alta!», se dijo, y como ni siquiera pensaba retirarse, la creciente multitud de los mozos de cuerda que desfilaba junto a él fue desplazándolo, poco a poco, hasta la borda.

Un joven con el cual había trabado fugaz relación durante la travesía, le dijo al pasar:

—Pero, ¿no tiene usted ganas de bajar?

—Por supuesto, ya estoy dispuesto —dijo Karl, riéndose al contemplarlo; y, lleno de alegría, alzó su baúl cargándolo sobre un hombro, pues era un muchacho fuerte. Pero al seguir con la vista a ese conocido suyo, que agitando ligeramente su bastón ya se alejaba con los demás, notó con consternación que había olvidado su paraguas abajo, dentro del barco. Sin perder un instante, rogó a su conocido —quien no pareció alegrarse mucho— que aguardase un instante junto al baúl; recorrió con una mirada el lugar, para poder hallarlo a su regreso, y se alejó rápidamente.

Abajo, le sorprendió desagradablemente ver que el pasillo que hubiera abreviado en forma considerable su camino estaba cortado —cosa que probablemente se relacionaba con el desembarco de la totalidad de los pasajeros—, y así tuvo que buscar penosamente, a través de pasillos que doblaban sin cesar y de un cuarto vacío donde había un escritorio abandonado, escaleras que se sucedían unas a otras sin fin, hasta que terminó por extraviarse completamente, pues sólo en una o dos oportunidades había tomado ese camino, y siempre acompañado por otras personas. En su desconcierto, y además porque no se cruzaba con ningún ser humano, y porque sólo oía incesantemente el arrastrar de miles de pies por encima de su cabeza, percibiendo, a lo lejos, como un apagado jadeo, los últimos estertores de las máquinas ya detenidas, se puso a golpear, sin pensarlo, en una puertecilla cualquiera junto a la cual se había detenido de pronto, interrumpiendo su andar errabundo.

—Está abierto —se oyó una voz dentro; y Karl, con auténtico alivio, abrió la puerta.

—¿Por qué golpea la puerta como un loco? —preguntó un hombre gigantesco, echando a Karl tan sólo una mirada. Por una claraboya, una luz turbia que llegaba ya sin fuerza caía desde arriba en el mísero camarote, donde muy apretados, como estibados, había una cama, un armario, una silla y el hombre.

—Me he extraviado —dijo Karl—; durante el viaje no lo advertí, pero este es un barco muy grande.

—Sí, en eso tiene usted razón —dijo con cierto orgullo el hombre, sin cesar de manipular con la cerradura de un pequeño baúl que apretaba una y otra vez con ambas manos, tratando de oír el ruido del pestillo al cerrarse.

—¡Vamos, entre usted de una vez! —siguió diciendo el hombre—, ¡no querrá quedarse ahí fuera!

—¿Molesto? —preguntó Karl.

—¡Cómo va a molestar!

—¿Es usted alemán? —intentó todavía asegurarse Karl, pues había oído muchas cosas acerca de los peligros que amenazan en América a los recién llegados, sobre todo de parte de los irlandeses.

—Lo soy, sí que lo soy —dijo el hombre.

Karl vacilaba todavía. Pero entonces, de improviso, cogió el hombre el picaporte y, cerrando la puerta con rapidez, dejó a Karl dentro del camarote.

—No aguanto que me estén observando desde el pasillo —dijo el hombre, volviendo a ocuparse de su baúl—; todos los que pasan por ahí miran hacia adentro. ¡No hay quien lo soporte!

—Pero el pasillo está desierto por completo —dijo Karl incómodamente apretado al barrote de la cama.

—Sí, ahora —dijo el hombre.

«De ahora se trata —pensó Karl—; es difícil entenderse con este hombre.»

—¿Por qué no se echa usted en la cama? Ahí tendrá más espacio —dijo el hombre.

Karl se arrastró como pudo hacia adentro y se puso a reír estrepitosamente, después de su primer intento fallido de tomar la cama por asalto. Pero apenas estuvo en ella exclamó:

—¡Por Dios, me he olvidado completamente de mi baúl!

—¡Ah!, ¿y dónde se encuentra?

—Arriba, en la cubierta, un conocido mío lo cuida, pero… ¿cómo se llamaba? —Y de un bolsillo oculto, que su madre le había confeccionado para viajar en el forro de la chaqueta, extrajo una tarjeta.— Butterbaum, Franz Butterbaum.

—¿Le hace mucha falta ese baúl?

—Pues claro.

—¿Por qué, entonces, se lo entregó a una persona extraña?

—Había olvidado mi paraguas y vine corriendo a buscarlo, pero no quise arrastrar conmigo el baúl. Y luego, para colmo, me extravié.

—¿Viene usted solo? ¿Nadie lo acompaña?

—Sí, solo.

«Quién sabe si no debería yo quedarme cerca de este hombre —(tal idea cruzó de pronto por la cabeza de Karl)—; ¿dónde hallaría yo en estos momentos mejor amigo?»

—Y ahora, como si fuera poco, perdió su baúl; del paraguas, ya ni hablar. —El hombre se sentó en la silla como si ahora el asunto de Karl hubiera cobrado cierto interés para él.

—Sin embargo, creo que el baúl no está perdido aún.

—Bienaventurados los que creen —dijo el hombre, rascándose con vigor sus cortos y tupidos cabellos oscuros—; en Hamburgo, su Butterbaum tal vez hubiera vigilado el baúl; pero aquí es muy probable que ya no haya rastro de ambos.

—Sí es así, debo ir en seguida a ver qué pasa allá arriba —dijo Karl, mirando a su alrededor para buscar una salida.

—¿Qué es eso? ¡Quédese usted! —dijo el hombre, poniéndole una mano en el pecho y empujándolo de nuevo a la cama, casi con rudeza.

—Pero, ¿por qué? —preguntó Karl disgustado.

—Porque el asunto no tiene sentido —dijo el hombre—; dentro de unos instantes me iré yo también, y entonces iremos juntos. O bien el baúl ha sido robado, y ya no hay nada que hacer; o bien el hombre lo ha dejado allí, y entonces lo encontraremos mucho más fácilmente, lo mismo que su paraguas, una vez que el barco se haya desocupado.

—Realmente, ¿sabe usted orientarse en este barco? —preguntó Karl, con recelo, y le pareció que había gato encerrado en aquella sugestión, convincente por otra parte, de que la mejor manera de hallar sus cosas sería buscándolas en el barco ya desocupado.

—¡Soy fogonero del barco! —dijo el hombre.

—¡Es usted fogonero del barco! —exclamó Karl con alegría, como si esto superara todas sus esperanzas; y apoyándose sobre un codo contempló más detenidamente a aquel hombre—. Precisamente delante del camarote donde yo dormía con el eslovaco había una escotilla desde la cual se podía contemplar la sala de máquinas.

—Sí, allí trabajaba yo —dijo el fogonero.

—Siempre me interesó mucho la mecánica —dijo Karl conservando una hilación de pensamiento fija—, y seguramente más adelante habría llegado a ingeniero, si no hubiera tenido que embarcarme para América.

—¿Y por qué tuvo que marcharse?

—¡Por nada! —dijo Karl haciendo a un lado toda esa historia con un solo ademán. Al mismo tiempo miró al fogonero sonriendo, como si implorara su indulgencia por no responderle claramente.

—Por algo habrá sido —dijo el fogonero, y no se sabía bien si pretendía exigir o bien rechazar la explicación.

—Ahora también podría hacerme fogonero —dijo Karl—: a mis padres el asunto ya les es indiferente.

—Mi puesto queda vacante –dijo el fogonero metiéndose las manos en los bolsillos con plena y orgullosa conciencia de lo que acababa de decir; y a fin de estirarlas echó sobre la cama las piernas, enfundadas en unos pantalones abolsados, como de cuero, de un color gris herrumbre. Karl debió retroceder más contra la pared.

—¿Abandona usted el barco?

—Sí, señor; hoy nos largamos

—¿Y por qué? ¿No le gusta?

—Así son las circunstancias; el hecho de que a uno le guste o no algo no siempre es decisivo. Por otra parte, tiene usted razón, no me gusta. Usted seguramente no piensa en serio hacerse fogonero, pero así es como se llega a serlo con mayor facilidad. Yo decididamente no se lo aconsejo. Si deseaba estudiar en Europa, ¿por qué no hacerlo aquí? Ya que, por otra parte, las universidades norteamericanas son mucho mejores que las europeas.

—Es muy posible —dijo Karl—, pero ya no tengo casi dinero para los estudios. Es cierto que he leído de gente que trabaja durante el día en un comercio y por la noche estudia, hasta que llega a doctor y creo que hasta a alcalde; pero eso exige, naturalmente, mucha perseverancia, ¿no es cierto? Me temo que no la poseo. Además yo no era un alumno excepcionalmente bueno, y en verdad no me ha costado nada dejar el colegio. Y aquí son posiblemente más severos todavía. Apenas conozco el inglés. Y en general hay mucha prevención contra los extranjeros, según creo.

—¿Ya está enterado de eso? Pues no está mal. Es usted mi hombre, entonces. Vea, estamos por cierto en un barco alemán que pertenece a la Hamburk-Amerika-Linie. ¿Por qué no somos aquí todos alemanes? ¿Por qué es rumano el jefe de maquinistas? Se llama Schubal. Parece mentira, ¿no es cierto? Y ese canalla nos maltrata a nosotros, los alemanes, ¡a bordo de un barco alemán! No crea usted (perdía el aliento y su mano se agitaba en el aire), no crea usted que me quejo sólo por quejarme. Sé que usted no tiene ninguna influencia, que es un pobre muchacho. ¡Pero esto es demasiado! ¡Demasiado! —Golpeó varias veces con el puño sobre la mesa, sin quitar los ojos de él mientras golpeaba—. He servido ya en muchos barcos —y citó veinte nombres uno tras otro, como si fuese una sola palabra; Karl quedó completamente confundido—, y me distinguía y me elogiaban; trabajaba a gusto de mis capitanes, hasta que permanecí varios años en un mismo velero mercante —se levantó como si aquello constituyese el punto culminante de su vida—, y aquí, en esta carraca, donde todo marcha como sobre ruedas, donde no se necesita ningún ingenio especial, aquí yo no sirvo para nada, y continuamente estoy molestando a ese Schubal, y soy un vago, y merezco que me echen; me hacen un favor dándome mi sueldo. ¿Lo entiende usted? ¿Entiende usted eso? Pues yo no lo entiendo.

—No debe usted tolerarlo —dijo Karl excitado. Casi había perdido la noción de que estaba sobre el suelo inseguro de un barco, en la costa de un continente desconocido, tan a gusto se encontraba allí, sobre el lecho del fogonero—. ¿Ya vio al capitán? ¿Intentó que le hiciera justicia?

—¡Oh, váyase!, será mejor que se vaya. No quiero que esté aquí. Usted no escucha lo que le digo y me da consejos. ¿Cómo quiere que vaya a ver al capitán? —Cansado, el fogonero volvió a sentarse y hundió su rostro entre las manos.

«Mejor consejo no puedo darle», se dijo Karl. Y en general pensó que mejor hubiera hecho en ir a buscar su baúl, en lugar de estar allí dando consejos que, después de todo, eran considerados estúpidos.

Cuando el padre le entregó el baúl para siempre, le preguntó bromeando: «¿Cuánto tiempo lo conservarás?», y ahora, tal vez, ya había realmente perdido su fiel baúl. El único consuelo era, de todos modos, que el padre no podría enterarse de su situación actual, aunque intentara averiguarla. La última noticia que la compañía podría suministrar era que lo habían llevado hasta Nueva York.

Pero lo que verdaderamente lamentaba Karl era apenas haber usado, hasta entonces, las cosas que contenía el baúl, a pesar de que hacía mucho que le hubiera hecho falta cambiarse de camisa, por ejemplo. En eso pues, había hecho economías tontas; precisamente ahora, cuando en los comienzos de su carrera tendría necesidad de presentarse vestido con pulcritud, no le quedaría más remedio que aparecer con la camisa sucia. Si no fuera por eso, la pérdida del baúl no era tan grave, ya que el traje que llevaba puesto era mejor que el que tenía en el baúl, que en realidad era sólo un traje de repuesto que su madre había tenido que remendar momentos antes de la partida. Y entonces recordó también que en el baúl había además un trozo de salchichón de Verona extraordinario, y del que él sólo había podido comer un bocado, ya que durante el viaje careció de apetito y le bastó sobradamente con la sopa repartida en el entrepuente. Ahora, en cambio, le hubiera gustado mucho tener a mano el salchichón para obsequiar con él al fogonero, ya que esa clase de gente es fácil de ganar si, disimuladamente, se les obsequia cualquier insignificancia: Karl lo sabía bien por su padre, que, mediante repartos de cigarros, obtenía los favores de todos los empleados inferiores con los cuales trataba comercialmente. De las cosas que podía regalar ahora sólo le quedaba su dinero y, de momento, no quería tocarlo, ya que bien podía ser que hubiese perdido su baúl.

De nuevo tornó a pensar en el baúl y, en verdad, no pudo entender por qué lo había vigilado con tanta atención durante el viaje, vigilancia que casi le quitó el sueño, si ahora había permitido que se lo quitaran con tanta facilidad. Se acordó de las cinco noches de sospecha constante contra un pequeño eslovaco que dormía en el segundo camarote hacia la izquierda; pensaba que el hombre tenía puesto su ojo en el baúl y que sólo esperaba que Karl, acosado y vencido por la debilidad, se quedase dormido un instante para poder atrapar el baúl con un palo largo con el que jugaba y practicaba durante toda la jornada.

De día ese eslovaco era de aspecto bastante inofensivo, pero apenas llegaba la noche, se incorporaba en su lecho, de rato en rato, y echaba miradas compungidas al baúl. Todo esto podía distinguirlo Karl con mucha claridad, pues siempre había quien, con la inquietud del emigrante, tenía una lucecita encendida, aquí o allí, a pesar de que lo prohibía el reglamento del barco; así intentaban descifrar folletos ininteligibles de las agencias de emigración. Si alguna de estas luces se hallaba cerca, Karl podía dormitar un poco; pero si estaba lejos, o si todo se hallaba a oscuras, era necesario que velara con los ojos abiertos. Este esfuerzo lo había agotado bastante y ahora tal vez resultaba absolutamente inútil. ¡Ese Butterbaum! ¡Cómo algún día se topara con él en alguna parte!

En ese instante se oyeron afuera, a lo lejos, unos golpecitos breves, como de pies infantiles, que rompían la quietud absoluta que hasta entonces reinaba; se acercaban, el sonido se hacía cada vez más nítido, y ahora ya era una tranquila marcha de hombres. Aparentemente marchaban en fila, cosa natural en aquel pasillo estrecho; se oyó un fragor como de armas. Karl, que ya estaba a punto de estirarse en la cama para dormir, entregándose a un sueño libre de todas las preocupaciones causadas por el baúl y el eslovaco, se sobresaltó y empujó al fogonero, para prevenirlo, pues parecía que la tropa llegaba, con su vanguardia, a la misma puerta.

—Es la banda del barco —explicó el fogonero—; estuvieron tocando arriba y van a guardar sus cosas para hacer sus equipajes. Ahora sí, todo está listo y podemos irnos. ¡Venga usted! —Cogió a Karl de la mano; en el último instante quitó de la pared una imagen de la Virgen, suspendida sobre la cama, se la metió en el bolsillo interior, recogió su baúl y, apresuradamente, abandonó con Karl el camarote.

—Voy a ir a la oficina a cantarles cuatro verdades a los jefes. Ya no queda ningún pasajero y se puede proceder sin miramientos. —Repetía esto de diversas maneras y, mientras pasaban, con una patada lateral quiso aplastar una rata que se cruzaba en el camino, pero sólo la ayudó a llegar más pronto al interior del agujero que había alcanzado a tiempo. Era más bien torpe de movimientos; porque aunque tenía piernas largas, éstas con todo, eran demasiado pesadas.

Pasaron por una sección de la cocina donde algunas muchachas de sucios delantales —se los manchaban a propósito salpicándoselos ellas mismas— se hallaban limpiando la vajilla en grandes bateas. El fogonero llamó a su lado a cierta Line, le rodeó el talle y la llevó un trecho con él; ella, coqueta, no cesaba de apretarse contra su brazo.

—Hoy pagan; ¿quieres venir? —le preguntó.

—¿Para qué me voy a molestar? Será mejor que tú me traigas el dinero —le contestó ella y, deslizándose bajo su brazo, se escurrió—. ¿Dónde has pescado a ese joven tan apuesto? —alcanzó a exclamar todavía, pero ya ni quiso esperar la respuesta. Se oyó la risa de todas las muchachas, que había interrumpido su tarea.

Pero ellos siguieron andando y llegaron a una puerta que tenía un pequeño frontón encima, sostenido por pequeñas cariátides doradas. Esto representaba una suntuosidad excesiva, tratándose, como era el caso, de un ornamento de barco. Karl se percató de que nunca había llegado a este lugar, probablemente reservado durante la travesía para los pasajeros de primera y de segunda clase; mientras que ahora, en vísperas de la limpieza general del barco, se habían encontrado a algunos hombres con escobas al hombro que habían saludado al fogonero. Karl se asombraba de ese ajetreo del que naturalmente había sabido bien poco en su entrepuente. A lo largo de los pasillos corrían además cables de instalaciones eléctricas y se oía sonar en forma constante una campanita.

El fogonero golpeó la puerta con respeto, y cuando respondieron «¡entre!», le indicó con un ademán a Karl que entrara sin temor. Éste lo hizo, por cierto, aún cuando se detuvo cerca de la puerta. Vio por las tres ventanas del cuarto las olas del mar y, al contemplar su alegre movimiento, su corazón se agitó como si no hubiese visto el mar incesantemente durante cinco largos días. Grandes buques entrecruzaban mutuamente su derrotero y cedían al oleaje sólo en cuanto lo permitía su propia gravitación. Estos buques, si entornaba uno los ojos, parecían vacilar de pura gravitación. Llevaban en sus mástiles banderas angostas, si bien largas, que, aunque tirantes por el desplazamiento del barco, ondeaban sin embargo ya para un lado, ya para el otro. Se oía un eco de salvas procedente casi con seguridad de buques de guerra. Los cañones de uno de esos barcos que desfilaba no muy lejos de allí, relucientes por el brillo de su manto de acero, parecían como acariciados y mecidos por ese viaje seguro, liso, que sin embargo no era horizontal. Las pequeñas lanchas y los botes sólo podían ser observados a lo lejos, al menos desde la puerta; se los veía entrar en gran número por los espacios que quedaban libres entre los grandes barcos. Pero detrás de todo se erguía Nueva York, mirando a Karl con las cien mil ventanas de sus rascacielos. Sí, en ese punto uno sabía bien dónde se encontraba.

Había tres señores sentados frente a una mesa redonda; uno de ellos era un oficial de marina, con su uniforme azul, y los dos restantes, empleados de la autoridad portuaria, con sus negros uniformes norteamericanos. Había diversos documentos dispuestos sobre la mesa en altas pilas, a los cuales el oficial, pluma en mano, echaba primero un vistazo, para entregárselos luego a los otros dos, quienes o bien los leían, o bien los extractaban, o bien ponían alguna hoja en sus gavetas; no era este el caso de uno de los señores que, produciendo casi ininterrumpidamente un ruidito con los dientes, dictaba a su colega algo que éste apuntaba en su protocolo.

Cerca de la ventana, frente a un escritorio y dando la espalda a la puerta, se hallaba sentado un señor más bien bajo, que manejaba grandes infolios alineados delante de él, a la altura de su cabeza, sobre un fuerte estante para libros. Junto a él había una caja de caudales abierta que, al menos a primera vista, parecía vacía.

Nada había frente a la segunda ventana, que ofrecía la mejor vista; y cerca de la tercera se veía a dos señores de pie que conversaban en voz baja. Uno de ellos se apoyaba en la pared, junto a la ventana; llevaba también el uniforme naval y jugaba con la empuñadura de su sable. El otro, con el cual conversaba, daba la cara a la ventana y descubría de vez en cuando, al moverse, parte de la hilera de condecoraciones que ostentaba el primero sobre su pecho. Vestía de civil y tenía un delgado bastoncillo de caña de bambú, que se separaba de su cuerpo como si fuese también una espada, pues con los brazos en jarras apretaba ambas manos contra sus flancos.

Karl no dispuso de mucho tiempo para contemplarlo todo, pues pronto se les acercó un ordenanza y, dirigiéndole al fogonero una mirada como diciendo que él nada tenía que buscar allí, le preguntó qué deseaba. El fogonero respondió, tal como se le había preguntado, en voz muy baja, que deseaba hablar con el cajero mayor. El ordenanza, por su parte, rechazó ese ruego con un ademán; pero se dirigió, de puntillas y evitando con un gran rodeo la mesa redonda, hacia el señor de los infolios. Dicho señor —esto se vio con toda claridad— quedó literalmente petrificado al oír las palabras del ordenanza; pero por último se volvió hacia el hombre que deseaba hablarle, y luego, con severa negativa, agitó las manos en dirección al fogonero, y en un tono como si le confiara algo, dijo:

—¡Retírese inmediatamente de aquí!

Al recibir esa respuesta, el fogonero bajó la mirada hacia Karl, como si éste fuese su corazón, al que sin decir palabra contara sus penas. Sin pensarlo dos veces, Karl dejó su sitio y atravesó corriendo la habitación, de manera que hasta llegó a rozar ligeramente la silla del oficial; el ordenanza echó a correr también, agachado, con los brazos listos para apresarlo, como si estuviera cazando algún animal; pero Karl fue el primero en llegar hasta la mesa del cajero mayor, y se aferró a ella, por si el ordenanza intentaba arrastrarlo de allí.

Naturalmente, el cuarto se animó en el acto. El oficial de marina, el de la mesa, se levantó de un salto; los señores de la autoridad portuaria se quedaron observando con calma, pero atentamente; los dos señores de la ventana se colocaron uno al lado del otro, y el ordenanza retrocedió, creyendo que donde demostraban interés tan altos señores estaba de más él. El fogonero se quedó junto a la puerta, dando muestras de la más viva atención y aprestándose para el momento en que se hiciera necesaria su ayuda. Y por último el cajero mayor hizo girar su sillón hacia la derecha. Karl hurgó en su bolsillo secreto, que no tuvo inconveniente en mostrar a las miradas de aquella gente, extrajo su pasaporte, lo abrió y depositó sobre la mesa por toda presentación. El cajero mayor pareció considerar secundario ese pasaporte, pues lo apartó con desdén con la punta de los dedos, ante lo cual Karl volvió a guardarlo, como si esta formalidad hubiese sido cumplida satisfactoriamente.

—Me permito decir —comentó después— que a mi manera de ver se ha cometido una injusticia con el señor fogonero. Hay aquí un cierto Schubal que lo acecha constantemente. Él mismo, en cambio, ya ha servido en muchos barcos a plena satisfacción, puede nombrarlos todos, es aplicado, su trabajo le agrada y en realidad no se puede comprender porqué no habría de cumplirlo precisamente en este barco, en el cual el servicio no es, de ningún modo, tan excesivo y pesado como ocurre en todos los veleros mercantes. Por eso sólo puede tratarse de calumnias destinadas a obstaculizar su carrera y privarle del reconocimiento que de otro modo seguramente no le faltaría. He dicho sólo las cosas generales acerca de este asunto; las quejas particulares las presentará él mismo.

Karl dirigió ese discurso a todos los señores, ya que en efecto todos estaban escuchando y porque parecía mucho más probable que se hallara algún justo entre todos ellos juntos, y no que ese justo fuese precisamente el cajero mayor. Por otra parte, Karl no había dicho, por astucia, que sólo hacía poco tiempo que conocía al fogonero. Por otra parte se hubiera expresado mucho mejor aún si no le hubiese irritado la cara roja del señor del bastoncillo de bambú, cara que desde el lugar donde se encontraba veía por primera vez.

—Todo esto es cierto, palabra por palabra —dijo el fogonero aun antes de que nadie se lo hubiese preguntado, y lo que es más, antes de que nadie lo mirara siquiera.

Esa precipitación del fogonero habría sido una falta grave, si el señor de las condecoraciones, que —y así lo comprendió Karl en seguida, pues saltaba a la vista— era sin duda el capitán, no hubiera decidido ya, evidentemente, escuchar al fogonero.

—¡Aproxímate! —exclamó, con una voz tan firme que parecía hecha para descargar sobre ella un martillo.

Ahora dependía todo de la conducta del fogonero, pues Karl no dudaba de que la causa de su amigo fuese justa. Por suerte quedó demostrado, en esa oportunidad, que éste había ya recorrido bastante mundo. Con calma ejemplar sacó de su baúl, al primer movimiento de la mano, un pequeño rollo de papeles y una libreta de notas. Se encaminó con estas cosas hacia el capitán, descuidando por completo al cajero mayor como si esto fuese lo más natural del mundo, y extendió sus pruebas sobre el antepecho de la ventana. El cajero mayor no tuvo más remedio que molestarse en ir hasta allí.

—Este hombre es un buscador de líos conocido —dijo a modo de explicación—, se le ve en la caja con mayor frecuencia que en la sala de máquinas. A Schubal, ese hombre tan tranquilo, lo ha llevado hasta la desesperación total.

»¡Oiga usted! —dijo dirigiéndose al fogonero—, realmente ya llega demasiado lejos en su impertinencia. ¡Cuántas veces se le ha echado de las oficinas de pago, tal como usted lo merece, con sus exigencias absolutamente injustificadas, injustificadas por entero y sin excepción! ¡Cuántas veces ha venido usted corriendo de allí a la caja principal! ¡Cuántas veces se le ha dicho a usted, de buena manera, que Schubal es su superior inmediato con el que debe usted únicamente entenderse, y en calidad de subordinado! Y ahora, para colmo, aparece aquí en presencia del señor capitán, y no se avergüenza de molestarlo; ¡a él en persona!, ni tampoco le da vergüenza traer como portavoz de sus disparatadas acusaciones a este joven, al que, por otra parte, veo por primera vez a bordo!»

Karl tuvo que dominarse para no enfrentarlo de un salto, pero el capitán ya intervenía diciendo:

—Bien, escuchemos por una vez a este hombre. Ese Schubal, de todas maneras, se está haciendo, a la larga, demasiado independiente, con lo cual sin embargo, no quiero decir nada en favor de usted. —Esto último iba destinado al fogonero; era natural que no quisiere tomar su partido inmediatamente, pero todo parecía muy bien encaminado.

El fogonero comenzó su declaración, y desde el comienzo refrenó sus pasiones dando a Schubal el trato de «señor». ¡Cómo se alegraba Karl, que estaba de pie junto al escritorio abandonado del cajero mayor y donde por gusto apretaba, haciendo bajar una y otra vez, el platillo del pesacartas!

«¡El señor Schubal es injusto! ¡El señor Schubal prefiere a los extranjeros! ¡El señor Schubal expulsa al fogonero de la sala de máquinas y le hace limpiar retretes, cosa que por cierto no es tarea del fogonero!»

Hasta se dudó un momento de la capacidad del señor Schubal, que más bien sería aparente que real. En ese punto, Karl miró fijamente y con insistencia al capitán, de forma insinuante, solícita, como si fuera su colega, sólo para que éste no se dejase influir contra el fogonero, movido por su manera un poco inhábil de expresarse. De todas formas nada esencial surgió de la oratoria, y aunque el capitán continuase todavía con la mirada fija, y en los ojos la decisión de oír por esta vez al fogonero hasta el fin, los otros señores, al contrario, se impacientaban, y la voz del fogonero bien pronto dejó de reinar con autoridad en el ámbito, lo cual hacía temer bastante. Primero, el señor de civil puso en actividad su bastoncillo de bambú, golpeando, aunque con suavidad, sin ruido, el suelo de tabla. Los demás señores miraban, naturalmente, de cuando en cuando; pero los señores de la autoridad portuaria, que evidentemente tenían prisa, volvieron a sus expedientes y comenzaron a revisarlos, aunque estaban todavía algo ausentes; el oficial de marina se arrimó nuevamente a su mesa, y el cajero mayor, creyendo que ya tenía la partida ganada, lanzó un hondo suspiro irónico.

Únicamente el ordenanza pareció alejado de la distracción general que comenzaba a apoderarse de todos, pues él compartía, en su sentimiento, las penas de aquel pobre hombre colocado entre los grandes, y miraba a Karl meneando gravemente la cabeza, como si quisiera explicar algo.

Entretanto la vida portuaria proseguía al otro lado de las ventanas; pasó un barco de carga, chato, con una montaña de barriles amontonados casi milagrosamente, puesto que no comenzaban a rodar, y a su paso el lugar casi se vio envuelto en total oscuridad. Pequeñas lanchas de motor, que Karl hubiera querido mirar detenidamente si hubiese dispuesto de tiempo, se deslizaban fragorosas y en líneas estrictamente rectas, obedeciendo a las contracciones de las manos de un hombre erguido frente al timón. Curiosos flotadores emergían de cuando en cuando, independientes, de las aguas inquietas, e inmediatamente después volvían a ser cubiertos de nuevo por las olas y se hundían ante el ojo asombrado. Botes de transatlánticos avanzaban a remo, con sus marineros dedicados a esa ardua tarea, repletos de pasajeros, sentados tales como se les había metido allí, sin hablar y llenos de expectación, aunque algunos no podían dejar de girar sus cabezas para mirar el cambiante panorama. ¡Agitación sin fin, inquietud que el elemento inquieto transfería a los desamparados seres humanos y a sus obras!

Pero todo esto exhortaba a la prisa, a la claridad, a una exposición sumamente exacta; ¿y qué hacía, en cambio, el fogonero? Cierto era que hablaba hasta sudar y hacía ya mucho tiempo que era incapaz de sujetar con sus manos temblorosas los papeles sobre la ventana; desde todos los puntos cardinales afluían quejas sobre Schubal, de las cuales, en su opinión, cada una por sí sola hubiese bastado para hundirlo definitivamente; pero todo lo que pudo presentar al capitán no fue sino un triste amasijo de todas ellas juntas. Hacía rato ya que el señor del bastoncillo de bambú silbaba suavemente hacia el techo; los señores de la autoridad marítima retenían al oficial en su mesa y no daban señales de volver a soltarlo; el cajero mayor se mantenía circunspecto, evidentemente sólo debido a la calma del capitán; y el ordenanza esperaba a cada instante, en actitud militar, una orden de su capitán referente al fogonero.

Entonces Karl no pudo quedarse inactivo por más tiempo. Por tanto se dirigió hacia el grupo y, mientras avanzaba lentamente, con mucha mayor rapidez reflexionó cómo podría enfocar aquel asunto con la máxima habilidad posible. Era un momento decisivo; un rato más apenas y ambos podían salir volando de la oficina. Quizás el capitán fuese un buen hombre y además tuviera, precisamente ahora, algún motivo especial para demostrar que era un jefe justo; pero al fin y al cabo no era un hombre al que se pudiese vencer por cansancio, y precisamente así era como lo trataba el fogonero, si bien ese tratamiento brotaba de su corazón infinitamente indignado.

Por ello, pues, dijo Karl al fogonero:

—Usted debe contar esto con mayor sencillez, con mayor claridad; el señor capitán no puede apreciarlo tal como usted se lo dice. ¿Acaso conoce él por su apellido y hasta por su nombre de pila a todos los maquinistas y pinches para saber, cuando usted no hace más que pronunciar un nombre, de quién se trata? Exponga entonces sus quejas en orden, luego ordenadamente lo demás; quizás entonces ni siquiera haga falta mencionar la mayor parte de ellas. ¡A mí me lo expuso usted siempre con tanta claridad!

«Si en América se roban baúles, también se puede mentir de vez en cuando», pensó para disculparse.

¡Con tal que sirviera de algo! Por otra parte, ¿no sería ya demasiado tarde? En verdad el fogonero se interrumpió en seguida al oír la voz conocida, pero con los ojos inundados por las lágrimas brotadas del ultrajado orgullo varonil, de los recuerdos terribles, de los extremos apuros presentes, ya ni siquiera podía reconocer a Karl en forma clara. ¡Y cómo —ante el que ahora se callaba Karl comprendía tácitamente— iba a cambiar ahora, de pronto, su forma de expresarse, su lenguaje, puesto que le parecía que todo lo que debía ya lo había él alegado, sin la menor aprobación, y le parecía, por otra parte, que no había dicho nada todavía, y que no podía exigirles honradamente a los señores que siguieran escuchando aquello! Y en un momento semejante, para colmo, aparece Karl, su único partidario, queriendo enseñarle y darle buenos consejos, demostrándole en cambio con ello que todo estaba perdido, absolutamente todo.

«Si yo hubiese acudido antes, en lugar de estar mirando por la ventana», se dijo Karl; luego bajó la vista ante el fogonero, y dejó caer sus manos a lo largo de los pantalones, para dar a entender así que ya no había más esperanzas.

Pero el fogonero interpretó mal su gesto, y pensando que Karl abrigaba quién sabe qué secretas recriminaciones contra él, y con la buena intención de quitárselas de la cabeza, comenzó, para coronar sus hazañas, a disputar con Karl. Entonces, cuando hacía rato ya que los señores de la mesa redonda estaban escandalizados por el revuelo inútil que venía a interrumpir sus importantes trabajos, ahora que al cajero mayor ya le iba pareciendo incomprensible la paciencia del capitán, y mostrándose él mismo inclinado a un pronto arranque de ira, que el ordenanza, absorbido de nuevo por la esfera de sus amos, devoraba al fogonero con ojos salvajes, y que finalmente el señor del bastoncillo de bambú, al que el mismo capitán dirigía de vez en cuando una mirada amable, manifestaba ya una indiferencia total, si no repulsión por el fogonero. Este señor terminó por sacar una pequeña libreta y, ostensiblemente ocupado en cosas muy distintas, paseaba su mirada entre la libreta y Karl.

—Bien sé —dijo Karl en un esfuerzo penoso por defenderse contra el torrente de palabras que el fogonero derramaba ahora sobre él, y con una sonrisa amistosa que aún le reservaba—, a pesar de todo y de la disputa, que tiene usted razón: sí, usted tiene razón, yo nunca he dudado de ello.

Le hubiera gustado, por temor a los golpes, sujetarle aquellas manos tan agitadas; más aún, claro está, le hubiera gustado empujarlo hasta un rincón para susurrarle agudas palabras en voz baja, palabras tranquilizadoras que nadie más hubiera debido oír. Pero el fogonero estaba fuera de quicio. Ahora, sentía Karl una especie de consuelo al pensar que, en caso de necesidad, el fogonero, con la fuerza de la desesperación, podría someter a todos, a los siete hombres presentes. Por cierto, había sobre el escritorio, según podía apreciarse de una sola mirada, un tablero con una cantidad excesiva de botones de una instalación eléctrica; y una simple presión de una sola mano sobre ellos era capaz de movilizar el barco entero, con todos sus pasillos atestados de gente hostil.

Entonces el señor que tan poco interés demostraba, el del bastoncillo de bambú, se acercó a Karl y le preguntó sin elevar mucho la voz, pero con nitidez suficiente para ser escuchado por encima de la vociferación del fogonero:

—¿Cómo se llama usted?

En ese mismo instante, como si alguien hubiese esperado tras la puerta esa manifestación del señor, golpearon. El ordenanza dirigió una mirada al capitán; éste asintió con la cabeza. Así, pues, el ordenanza fue hasta la puerta y la abrió. Afuera estaba un hombre de medianas proporciones con una vieja levita cruzada; su aspecto no parecía expresamente apto para el trabajo de máquinas, y era, sin embargo, Schubal. Si Karl no lo hubiese reconocido en los ojos de todo el mundo, que expresaban cierta satisfacción de la que ni siquiera el capitán quedaba exento, hubiera podido verlo en el fogonero que, horrorizado, cerraba con fuerza los puños en los extremos de los brazos tensos, hasta parecer que ese cerrar de los puños fuese para él lo más importante, algo a lo que estaba dispuesto a sacrificar todo, todo lo que le quedaba de vida. Allí residían ahora todas sus fuerzas, también aquélla que lo mantenía de pie.

Y allí estaba el enemigo, desenvuelto y vivaz con su traje de domingo, con un libro comercial bajo el brazo, probablemente las nóminas de salarios, con la hoja de servicios del fogonero; y sin temer de que se advirtiese que en primer lugar quería comprobar la disposición de ánimo de cada uno, miró a todos a los ojos, uno por uno. Y por otra parte, los siete eran todos amigos suyos, pues si bien antes el capitán había tenido, o sólo aparentado, ciertos reparos contra él, después del disgusto que el fogonero le había provocado, con seguridad nada tenía que objetar a Schubal. Nunca podía ser excesiva la severidad empleada con un hombre como el fogonero, y si algo se le podía reprochar a Schubal era el hecho de no haber podido quebrantar con el tiempo la porfía y obstinación de aquel hombre, de modo tal que ya no osase aparecer, como ahora, ante el capitán.

Pues bien, acaso podía suponerse todavía que el enfrentamiento del fogonero con Schubal no dejaría de causar a los hombres la misma impresión que comparecer ante un tribunal superior, pues aunque Schubal conociese a fondo el arte del disimulo, no podría en realidad sostenerse firme hasta el final. Un breve destello de su malicia bastaría para ponerla en evidencia ante los señores, y de eso se ocuparía Karl; porque ya conocía poco más o menos el ingenio, las flaquezas, los caprichos de cada uno de los hombres; en ese sentido no había perdido el tiempo pasado allí. ¡Si sólo el fogonero estuviera más a la altura de las circunstancias! Pero parecía estar ya fuera de combate, totalmente inepto para la pelea. Si alguien le hubiese acercado a ese Schubal, con seguridad le hubiera abierto a puñetazos la odiada cabeza. Pero probablemente ya no estaba en condiciones de dar siquiera los escasos pasos que lo separaban de aquél. ¿Por qué no previó Karl lo que era tan fácil de prever: que Schubal finalmente vendría por su propia decisión o llamado por el capitán? ¿Por qué, al venir, no discutió con el fogonero, de decir sí o no, tal como haría falta en un careo, que por cierto sólo podía esperarse en el caso más propicio? Allí estaba el fogonero, de pie, con las piernas abiertas, las rodillas inseguras, la cabeza un poco levantada, y el aire entraba y salía por su boca abierta como si adentro no hubiese ya pulmones que lo asimilaran.

Karl por su parte, eso sí, se sentía tan fuerte y tan en sus cabales como quizá nunca lo estuvo en su casa. ¡Si vieran sus padres cómo él, en tierra extraña y ante personas prestigiosas, luchaba por una causa justa y, aunque aún no hubiese obtenido el triunfo, se aprestaba de todos modos plenamente para la última conquista! ¿Volverían a considerar el concepto que tenían de él? ¿Lo sentarían entre ellos, lo alabarían? ¿Lo mirarían una vez, una vez siquiera, a los ojos, que continuaban siéndoles tan leales? ¡Preguntas difíciles de responder, y momento tan poco adecuado para formularlas!

—He venido porque creo que el fogonero me acusa de no sé qué cosas falsas. Una muchacha de la cocina vino a decirme que le vio camino de este lugar. Señor capitán, y todos ustedes, señores míos, estoy dispuesto a refutar toda acusación mostrando mis comprobantes escritos; y, en caso contrario, mediante declaraciones de testigos imparciales, a quienes nadie aleccionó y que aguardan delante de la puerta.

Así habló Schubal. Éste era en verdad el discurso claro de un hombre, y a juzgar por el cambio que se expresaba en el semblante de los oyentes, hubiera podido creerse que por vez primera desde hacía mucho tiempo volvían a escuchar voces humanas. Claro que no advertían que ese bello discurso también tenía sus fallas.

¿Por qué la primera palabra que se le ocurrió fue «cosas falsas»? ¿Acaso hubiera hecho falta que la acusación partiese de allí y no de sus prejuicios nacionales? Una muchacha de la cocina había visto al fogonero camino de la oficina, y ya de inmediato ¿había comprendido Schubal? ¿No era un sentimiento de culpa lo que aguzaba su entendimiento? ¿Y ya traía testigos y hasta los llamaba imparciales y no aleccionados? ¡Pillería y sólo pillería! ¿Y los señores soportaban esto? ¿Y por qué, por qué dejó pasar tanto tiempo —cosa decidida sin la menor duda— entre el aviso de la ayudanta de cocina y su llegada? Por lo visto sólo para que el fogonero fastidiara tanto a los señores que éstos perdieran poco a poco su claro juicio, ese juicio que Schubal tenía razones de temer ante todo. ¿No llamó sólo después de estar detrás de la puerta un buen rato, sin duda, justamente en el momento en que podía esperar, a causa de esa pregunta sin importancia de aquel señor, que el fogonero ya estaba despachado?

Todo eso estaba bien claro a la vista y el mismo Schubal lo mostraba así contra su propia voluntad, pero a los señores había que mostrárselo de otro modo y en forma más contundente aún. A ellos había que zarandearlos.

«¡Bien Karl, hazlo pronto, aprovecha ahora el tiempo antes de que entren los testigos, inundándolo todo!»

Pero en ese mismo instante el capitán interrumpió a Schubal con un gesto, ante lo cual éste se puso de inmediato a un lado —pues la cuestión parecía postergarse por unos momentos—, y comenzó a conversar con voz baja con el ordenanza, que pronto se le adhirió, y en esta conversación no faltaron miradas de reojo dirigidas al fogonero y a Karl, ni tampoco gestos que indicaban sus firmes convicciones sobre el asunto. Schubal parecía ensayar de este modo para su próximo discurso.

—¿No deseaba preguntar algo a este joven, señor Jakob? —dijo el capitán, en medio de un silencio general, al señor del bastoncillo de caña de bambú.

—Sí —dijo el nombrado, agradeciendo la amabilidad con una breve reverencia, y luego preguntó otra vez a Karl—: ¿Cuál es su nombre?

Karl, creyendo que en interés de la gran causa principal convenía despachar rápidamente ese punto sobre el que, obstinadamente, se le preguntaba, contestó de modo breve, sin presentarse, como era su costumbre, mostrando el pasaporte que antes había tenido que buscar:

—Karl Rossmann.

—¡Cómo! —dijo quien había sido llamado Jakob y retrocedió con una sonrisa casi incrédula.

También el capitán, el cajero mayor, el oficial de la marina, hasta el ordenanza, todos demostraron claramente un desmedido asombro, causado por el apellido de Karl. Sólo permanecían indiferentes los señores de la autoridad portuaria y Schubal.

—¡Cómo! —repitió Jakob aproximándose a Karl con paso un tanto rígido—, si así es yo soy tu tío Jakob y tú mi querido sobrino. ¡Lo presentía todo este tiempo! —dijo dirigiéndose al capitán antes de abrazar y besar a Karl, quien lo dejaba actuar en silencio.

—¿Cómo se llama usted? —preguntó Karl con mucha amabilidad por cierto, pero sin ninguna emoción, cuando sintió que el otro lo soltó; y se esforzó por prever las consecuencias que este nuevo hecho acarrearía al fogonero. Por ahora nada indicaba que Schubal sacaría ventaja del asunto.

—Dése cuenta, joven, dése cuenta de su suerte —dijo el capitán, creyendo que la pregunta de Karl había herido en su dignidad a Jakob; éste se había aproximado a la ventana, evidentemente para no verse obligado a mostrar ante los demás su cara emocionada, a la que daba ligeros toques con un pañuelo—. El senador Edward Jakob es quien se le hizo conocer como tío suyo. Y ahora le aguarda a usted, sin duda, al contrario de todas sus esperanzas anteriores, una brillante carrera. Trate de comprenderlo lo mejor que pueda desde este instante, y ¡cálmese!

—Es cierto que tengo en América un tío Jakob —dijo Karl dirigiéndose al capitán—, pero si oí bien, Jakob sólo es el apellido del señor senador.

—Así es —dijo el capitán, lleno de expectación.

—Bien, mi tío Jakob, hermano de mi madre, se llama, en cambio, Jakob como nombre de pila, mientras que su apellido debería ser, lógicamente, igual al de mi madre, cuyo apellido de soltera es Bendelmayer.

—Señores —exclamó el senador, volviendo ya más sereno a su sitio junto a la ventana, donde se había calmado, y refiriéndose a la declaración de Karl. Todos, excepto los empleados portuarios, se echaron a reír, algunos como si estuvieran conmovidos, otros con un aspecto insondable.

«Pero lo que acabo de decir no fue en modo alguno tan ridículo», pensó Karl.

—Señores —repitió el senador—, contra mi voluntad y sin que ustedes lo hayan querido, asisten a una pequeña escena de familia, y por lo tanto no puedo menos que darles una explicación, ya que sólo el señor capitán está totalmente al tanto (esta mención provocó una mutua reverencia), según creo.

«Ahora es cuando debo prestar atención a cada palabra», se dijo Karl, y se puso contento al advertir con una mirada de soslayo que la vida empezaba a animar nuevamente la figura del fogonero.

—En todos estos largos años de mi permanencia en América (aunque la palabra permanencia no le cuadra muy bien en este caso al ciudadano norteamericano que soy con toda el alma), en todos estos largos años viví completamente alejado de mis parientes europeos, por motivos que en primer lugar no vienen a cuenta, y que en segundo lugar me sería realmente muy penoso relatar. Hasta temo el instante en que quizás esté obligado a contárselo a mi querido sobrino; pues en esa oportunidad, lamentablemente, no podrá evitarse una palabra franca sobre sus padres y su respectiva parentela.

«Es mi tío, no hay duda (se dijo Karl escuchando con atención), probablemente ha cambiado de apellido.»

—Mi querido sobrino (digamos sin miedo la palabra que realmente define esta cuestión) ha sido eliminado por sus padres, así como se echa por la puerta a un gato molesto. De ningún modo deseo comentar lo que hizo mi sobrino para ser castigado así, pero su falta es tal que el sólo nombrarla ya supone excusa suficiente.

«Esto no está nada mal —pensó Karl—, pero no me gustaría que lo contara todo. Por otra parte, no puede saberlo. ¿Cómo lo sabría?»

—Es el caso —prosiguió el tío apoyándose con ligeras inclinaciones de vaivén sobre el bastoncillo de caña de bambú que usaba como una estaca delante de sí, con lo cual realmente conseguía quitar al asunto toda innecesaria solemnidad que, de otro modo, indefectiblemente, hubiera tenido—, es el caso que lo sedujo una sirvienta, Johanna Brummer, mujer de unos treinta y cinco años. Con la palabra «sedujo» no deseo mortificar a mi sobrino, de ningún modo, pero es difícil encontrar otra palabra más adecuada.

Karl, quien ya se había acercado bastante a su tío, se volvió para apreciar en los rostros de los presentes la impresión causada por el relato. Ninguno se reía, todos escuchaban con paciencia y seriedad. Al fin y al cabo, nadie se ríe a la primera oportunidad que se presenta del sobrino de un senador. Más bien hubiera podido decirse, en cambio, que el fogonero le sonreía a Karl, aunque muy levemente, lo que en primer lugar agradaba, sin embargo, como nueva señal de vida en aquél, y por otra parte era bien disculpable, ya que Karl había deseado converir en un secreto extraordinario aquel asunto que se volvía ahora tan notorio.

—Pues bien, esta tal Brummer —continuó el tío— tuvo un hijo de mi sobrino, un niño sano y fuerte al que en el bautismo se le dio el nombre de Jakob, sin duda en recuerdo de mi poco importante persona, que aun a través de las menciones, seguramente harto ocasionales de mi sobrino, debe de haber causado gran impresión en la joven. Por suerte, digo yo. Los padres, para evitar la prestación de alimentos, o algún otro escándalo que pudiera llegar a tocarles de cerca —debo señalar que no conozco ni las leyes vigentes allí ni las restantes condiciones de los padres—, digo, pues, que a fin de evitar la prestación de alimentos y el escándalo, despacharon a su hijo, mi querido sobrino, a América, equipado de modo irresponsablemente insuficiente, como bien se puede apreciar. El muchacho, abandonado a sus propios medios, sin que mediaran las señales y milagros que aún sobreviven en América, de seguro hubiera sucumbido rápidamente en alguna callejuela del puerto de Nueva York si aquella sirvienta no me anunciara en una carta, que después de una larga odisea llegó anteayer a mis manos, toda esta historia, incluso las señas personales de mi sobrino; me indicaba también, sensatamente, el nombre del barco. Si mi intención fuera divertir a ustedes, señores míos, bien podría leerles aquí mismo algunos párrafos —sacó de su bolsillo dos enormes pliegos de carta, densamente cubiertos de escritura— de esta carta. De seguro esto surtiría efecto, pues está redactada con una astucia algo simple, aunque siempre bien intencionada, y con mucho amor hacia el padre de su hijo. Ni quiero distraerlos más de lo que es necesario para la presente aclaración ni acaso herir ya en esta recepción sentimientos de mi sobrino, que posiblemente subsistan todavía. Él, si lo desea, podrá leer esta carta en el silencio de su cuarto, que ya lo espera, para tomar consejo.

Karl, sin embargo, no sentía afecto hacia aquella muchacha. En el hacinamiento de los hechos de su pasado, que se alejaban más y más con el paso de los días, ella permanecía sentada en su cocina, junto al armario sobre cuyo estante apoyaba los codos. Lo miraba cuando, de tiempo en tiempo, iba a la cocina para buscarle a su padre un vaso de agua, o con el objeto de llevar un recado de la madre. A veces, en esa actitud complicada, a un costado del armario, ella escribía una carta y buscaba inspirarse en el rostro de Karl. A veces se cubría los ojos con una mano; ninguna palabra que se le dirigía llegaba hasta ella. Otras veces permanecía arrodillada en su estrecho cuartito al lado de la cocina y dirigía sus oraciones a un crucifijo de madera; entonces Karl la observaba tímidamente, sólo al pasar, por la rendija de su puerta un poco entreabierta. A veces corría y saltaba por la cocina y, con risa de bruja, retrocedía de pronto sobresaltada si Karl le cerraba el paso. A veces cerraba la puerta de la cocina después que Karl entraba y conservaba el picaporte en la mano hasta que él pedía salir. A veces iba y traía cosas que él ni siquiera quería y sin decirle nada se las ponía en las manos. Una vez dijo: «Karl», y lo condujo entre gestos y suspiros, en medio de su asombro por tan imprevisto modo de apostrofarlo, a su cuartito, que cerró con llave. Estrujándole, se colgó de su cuello en un abrazo, y mientras le pedía que la desnudase, en realidad lo desnudó ella a él y lo acostó en su cama, como si desde ese momento no deseara ya dejárselo a nadie y sólo desease acariciarlo y cuidarlo hasta el fin del mundo.

—¡Karl, oh mi Karl! —exclamó como si lo viera y confirmara a sí misma su posesión, mientras que él no veía nada en absoluto, sintiéndose molesto entre tantas sábanas y almohadas calientes que parecía haber amontonado expresamente para él.

Después también ella se acostó junto a él; quería conocer sus secretos, pero él no tenía ninguno que confiarle y ella se enojaba, en broma o en serio; lo sacudía, auscultaba el latido de su corazón y ofrecía su pecho para una auscultación semejante, pero no consiguió inducir a Karl a que lo hiciera; apretó su vientre desnudo contra el cuerpo del joven y buscó tan asquerosamente con la mano entre sus piernas que Karl, agitándose, intentaba sacar la cabeza y el cuello fuera de las almohadas; luego empujó el vientre algunas veces contra él, que se sintió invadido por la sensación de que ella era parte de su propio ser, y quizá fuera ese el motivo del terrible desamparo que lo embargó en ese momento. Llorando llegó finalmente a su propia cama, después de haber escuchado los deseos reiterados que ella expresó de que se volvieran a ver.

Eso había sido todo y, sin embargo, el tío se las ingeniaba para hacer de ello una gran historia. Y por lo visto la cocinera había pensado realmente en él y le había anunciado su llegada al tío. Era una hermosa acción de su parte y seguramente él se la recompensaría algún día.

—Y ahora —exclamó el senador— quiero que me digas con franqueza si soy o no tu tío.

—Eres mi tío —dijo Karl besando su mano y recibiendo en cambio un beso en la frente—. Estoy muy feliz de haberte hallado, pero te equivocas si crees que mis padres sólo dicen cosas malas de ti. Pero dejando de lado eso, algunos errores se deslizaron en tu discurso, es decir, no todo sucedió en realidad de ese modo. Pero, ciertamente, no es posible que desde aquí juzgues las cosas a la perfección, y además creo que no acarreará grandes perjuicios el que los señores hayan sido informados un tanto inexactamente sobre los pormenores de un asunto que, en realidad, no puede importarles mucho.

—Bien dicho —contestó el senador; llevó a Karl ante el capitán, el cual asistía a la escena con visible interés, y preguntó—: ¿No es cierto que tengo un espléndido sobrino?

—Me siento feliz —dijo el capitán con una de esas reverencias que sólo obtienen las personas educadas en la disciplina militar— de haber conocido a su sobrino, señor senador. Es un especial honor para mi barco el haber podido ser escenario de un encuentro semejante. Pero el viaje en el entrepuente fue sin duda muy duro. Sí, sí, ¡si pudiera uno saber a quién lleva allí! Bueno, hacemos todo lo posible por suavizar el viaje, en todo lo que podemos, a la gente del entrepuente; mucho más, por ejemplo, que las compañías americanas; pero lograr que un viaje en esas condiciones sea un placer, en realidad, todavía no lo hemos conseguido.

—Pues no me ha perjudicado —dijo Karl.

—¡No lo ha perjudicado! —repitió el senador riéndose estrepitosamente.

—Sólo me temo que mi baúl se haya perdi… —y al decir esto recordó todo lo que había ocurrido y lo que todavía quedaba por hacer. Miró a su alrededor y vio a todos los presentes, mudos de atención y asombro, en los mismos lugares de antes, fijas en él sus miradas. Solamente a los empleados portuarios se les notaba, por cuanto dejaban traslucir sus caras severas, satisfechas, que deploraban haber llegado en momento tan inoportuno, y el reloj de bolsillo que ahora tenían delante, sobre la mesa, seguramente les importaba más que todo lo que sucedía en el cuarto y, quizás, aun de lo que estaba por ocurrir.

El primero en manifestar sus sentimientos, después del capitán, fue, cosa curiosa, el fogonero.

—Le felicito de todo corazón —dijo dándole a Karl un fuerte apretón de manos, con lo que quería significar también algo así como un reconocimiento. Cuando quiso dirigirse con las mismas palabras al senador, éste retrocedió, como si el fogonero se propasara en sus derechos; y, en efecto, el fogonero desistió de inmediato.

Pero ya los demás habían comprendido lo que debían hacer y en seguida rodearon desordenadamente a Karl y el senador. Ocurrió entonces que Karl hasta fue felicitado por Schubal y recibió y agradeció esta felicitación. Los últimos en acercarse, restablecida nuevamente la calma, fueron los empleados portuarios, quienes dijeron dos palabras en inglés, lo que causó una impresión ridícula.

El senador parecía de muy buen humor y saboreó completamente ese placer, recordando momentos menos importantes y evocándolos ante los demás, lo que por supuesto no sólo fue tolerado, sino hasta corroborado con interés por todos. Así hizo notar que había apuntado en su libreta, por si eventualmente las necesitara en un momento dado, las señas personales más evidentes de Karl, mencionadas en la carta de la cocinera. Ahora bien, durante la charla insoportable del fogonero había sacado la libreta sólo para distraerse, y había intentado relacionar, en una suerte de juego, las observaciones de la cocinera, cuya exactitud no era precisamente como para uso policial, con el aspecto de Karl.

—¡Y así halla uno a su sobrino! —concluyó en un tono especial como si quisiera otra vez recibir felicitaciones.

—¿Qué le ocurrirá ahora al fogonero? —preguntó Karl al margen del último relato de su tío. Creía que, en su nueva posición, podía decir francamente todo lo que pensaba.

—Al fogonero le pasará lo que se merece —dijo el senador— y lo que crea justo el señor capitán. Considero que ya estamos hartos y más que hartos de ese fogonero, y en esto es seguro que estarán de acuerdo conmigo todos los señores aquí presentes.

—Pero eso no es lo que interesa, tratándose de un asunto de justicia —dijo Karl. De pie entre el tío y el capitán y, acaso influido por tal situación, creyó que tenía ya la decisión en sus manos.

No obstante, el fogonero no parecía ya guardar esperanza alguna. Tenía las manos metidas a medias en el cinturón de los pantalones que, junto con una raya de su camisa de fantasía, se había salido a causa de sus ademanes agitados. Esto no le preocupaba para nada; había contado todos sus pesares. ¡Que vieran entonces ahora también esos pocos harapos que llevaba sobre su cuerpo, y que lo echaran después afuera! A él se le ocurría que el ordenanza y Schubal, los dos de categoría inferior entre todos los presentes, debían hacerle este último favor. Así Schubal se quedaría tranquilo y ya no se desesperaría, según había dicho el cajero mayor. El capitán podría contratar sólo a rumanos, en todos lados se hablaría el rumano y quizá todo iría mejor realmente. Ya ningún fogonero iría con su charla a la caja principal, sólo esta última charla suya permanecería en el recuerdo, en un recuerdo bastante agradable, ya que, tal como el senador lo había señalado expresamente, fue el motivo indirecto para reconocer al sobrino. Además, ya con anterioridad ese sobrino, reiteradas veces, había tratado de serle útil, mostrándole así de antemano su gratitud, más que suficiente, por el servicio que le prestó con motivo del reconocimiento; no se le ocurría al fogonero pedirle ninguna cosa ahora. Por lo demás, incluso siendo sobrino del senador, estaba aún muy lejos de ser un capitán, y de boca del capitán caería finalmente la desdichada sentencia. Según su manera de ver las cosas, el fogonero procuraba por lo tanto no dirigirle la mirada a Karl, pero desgraciadamente no quedaba en aquel cuarto, lleno de enemigos, otro lugar donde pudiesen descansar sus ojos.

—No interpretes mal la situación —dijo el senador a Karl—, tal vez sea un asunto de justicia; pero al mismo tiempo es un asunto de disciplina. Ambas cosas, y sobre todo esta última, quedan sometidas en este caso al juicio del señor capitán.

—Así es —murmuró el fogonero.

Quienes lo advirtieron y lo conocían sonrieron extrañados.

—Y por otra parte, seguramente ya hemos molestado tanto al señor capitán en sus negocios, los cuales sin duda con la llegada a Nueva York se acumulan de modo increíble, que ya es tiempo y más que tiempo, de que dejemos el barco, a fin de no convertir esta disputa insignificante entre dos maquinistas, con nuestra intromisión del todo innecesaria, en un acontecimiento. Por lo demás comprendo tu manera de actuar, querido sobrino; pero precisamente esta comprensión me da el derecho de alejarte a prisa de este lugar.

—Pondré en seguida a su disposición una lancha —dijo el capitán, sin hacer la menor objeción (cosa que desconcertó a Karl) a las palabras del tío que, sin duda, podían entenderse como un menoscabo de sí mismo.

El cajero mayor se precipitó apresurado sobre el escritorio donde se hallaba el teléfono y transmitió la orden del capitán al contramaestre.

«El tiempo apremia —se dijo Karl—, pero no puedo hacer nada sin ofender a todo el mundo. No puedo dejar ahora a mi tío, cuando éste apenas acaba de hallarme. El capitán es amable, es cierto, pero nada más. Tratándose de la disciplina, su amabilidad termina y seguramente mi tío habló a gusto del capitán. A Schubal no quiero hablarle; hasta lamento haberle dado la mano. Y todos los demás que aquí se encuentran sólo son cáscaras vacías.»

Y lentamente, absorto en tales pensamientos, fue hacia el fogonero, le sacó la mano derecha del cinturón y la mantuvo, jugando, entre las suyas.

—¿Por qué no dices nada? —preguntó—. ¿Por qué aguantas todo esto?

El fogonero frunció solamente el ceño, como si buscara la expresión apropiada para lo que debía decir. Por toda respuesta, bajó los ojos hacia la mano de Karl y la suya.

—Fuiste víctima de una injusticia como ningún otro del barco; de esto no tengo la menor duda.

Y Karl hacía pasar sus dedos, una y otra vez, por entre los del fogonero, y éste miraba a su alrededor con los ojos brillantes, como si experimentase un placer que, a pesar de todo, nadie tenía derecho a tomar a mal.

—Pero debes defenderte, decir sí o no; de otra forma la gente no sabrá cuál es la verdad. Tienes que prometerme que me obedecerás, pues yo mismo (bastantes motivos tengo para temerlo) ya no podré ayudarte en nada. —Y entonces Karl lloró, besando la mano del fogonero. Tomó esa mano agrietada, casi sin vida, y la apretó contra su mejilla como si fuese un tesoro al que era necesario renunciar. Pero ya estaba a su lado su tío el senador y, aunque forzándole sólo muy suavemente, lo sacó de allí.

—El fogonero parece haberte embrujado —dijo mirando por encima de la cabeza de Karl, lleno de comprensión, hacia el capitán—. Te sentías abandonado, encontraste al fogonero y ahora sientes gratitud hacia él: todo es muy loable. Pero, aunque sea sólo por mí, no exageres las cosas y aprende a entender su posición.

Delante de la puerta se produjo un tumulto, se oyeron exclamaciones y hasta parecía que alguien era rudamente empujado contra ella. Entró un marinero de aspecto algo salvaje con un delantal de mujer.

—Hay gente afuera —exclamó dando un empellón con el codo, como si aún estuviera en medio del gentío. Por último se recobró y quiso hacer el saludo militar ante el capitán; se percató entonces del delantal femenino, se lo sacó de un tirón, lo arrojó al suelo y exclamó—: Pero esto es horrible, me atan un delantal de mujer.

Sin embargo, después juntó los talones e hizo el saludo militar. Alguien trató de reírse, pero el capitán dijo con gran seriedad:

—Esto sí que es buen humor. ¿Y quién está afuera?

—Son mis testigos —dijo Schubal adelantándose—; le pido humildemente que perdone su conducta incorrecta. Éstos, en cuanto tienen la travesía del mar a sus espaldas, se portan a veces como locos.

—¡Llámelos de inmediato! —ordenó el capitán y, volviéndose en seguida hacia el senador, dijo en tono afable aunque rápido—: Ahora tenga la bondad, estimado señor senador, de seguir con su señor sobrino a este marinero, quien los llevará hasta la lancha. Sin duda no es necesario que le exprese verbalmente qué grande fue el placer y el honor de conocerlo personalmente, señor senador. Sólo deseo tener bien pronto la ocasión de reanudar con usted, señor senador, nuestra conversación interrumpida sobre las condiciones de la escuadra norteamericana, y que entonces, ¡quiera Dios!, seamos interrumpidos una vez más de modo tan agradable como hoy.

—Por ahora me basta con este sobrino —dijo el tío riendo—. Y quiero ahora expresarle mi sincero agradecimiento por su gentileza; que lo pase bien. Y ciertamente no sería imposible que nosotros —y atrajo a Karl afectuosamente contra sí—, con motivo de nuestro próximo viaje a Europa, nos encontráramos por más tiempo con usted.

—Me alegraría muchísimo —dijo el capitán.

Ambos señores se estrecharon las manos; Karl casi no tuvo tiempo de estrechar la del capitán, fugaz y en silencio, pues éste ya se ocupaba de la gente (serían unos quince) que, conducida por Schubal, entraba en el salón con bastante alboroto, aunque embargada por cierta turbación. Parecía que esa gente, de carácter por otra parte más bien pacífico, considerara una broma la disputa de Schubal con el fogonero, una broma cuya tontería no se detenía siquiera ante el mismo capitán. Karl vio entre ellos también a la ayudanta de cocina Line, la cual, guiñándole alegremente un ojo, se ataba el delantal arrojado por el marinero, ya que era el suyo.

Siempre siguiendo al marinero, dejaron la oficina y doblaron hacia un pequeño pasillo que a los pocos pasos les llevó hasta una puertita, desde la cual una corta escalera llevaba a la lancha preparada para ellos. Su conductor bajó en seguida de un salto a la lancha; y los marineros que había en ella se levantaron e hicieron el saludo militar. Estaba el senador indicando a Karl que bajara con cuidado cuando éste, que se encontraba todavía en el más alto de los escalones, se puso a llorar violentamente. El senador puso su mano derecha bajo el mentón de Karl y, estrechándolo contra sí, lo acarició con la mano izquierda. Así bajaron lentamente escalón por escalón y entraron estrechamente unidos en la lancha, donde el senador eligió un buen lugar para Karl, frente al suyo.

A una señal del senador, los marineros se apartaron del barco, con un empujón, y entraron en seguida en plena faena. En cuanto se alejaron unos metros del barco, descubrió Karl inesperadamente que se encontraban justo al costado del buque al que daban las ventanas de la caja principal. Las tres ventanas estaban totalmente ocupadas por los testigos de Schubal, que saludaban y hacían señas de modo muy amable; el propio tío agradeció los saludos, y uno de los marineros dio muestras de gran habilidad, arrojando un beso hacia arriba con la punta de los dedos, sin interrumpir para nada el ritmo uniforme de los golpes de remo. Era, en realidad, como si ya no existiera fogonero alguno. Karl se puso a contemplar más detenidamente a su tío, cuyas rodillas casi rozaban las suyas, y se preguntó si este hombre alguna vez llegaría a reemplazar, para él, al fogonero. Pero el tío eludió su mirada y contempló las olas que se mecían en torno a la lancha.

CAPÍTULO II: EL TÍO

Con mucha rapidez se acostumbró Karl a las nuevas condiciones en casa del tío. Pero también era cierto que, hasta en las cosas más insignificantes, el tío iba a ayudarlo con amabilidad, y nunca tuvo Karl que soportar el escarmiento de las malas experiencias, que tanto amargan, en la mayoría de los casos, el comienzo de la vida en el extranjero.

El cuarto de Karl estaba en el sexto piso de una casa cuyos cinco pisos inferiores, a los cuales se añadían en profundidad tres pisos subterráneos, estaban ocupados por la empresa comercial del tío. La luz que entraba en su habitación por dos ventanas y una puerta balcón asombraba siempre a Karl cuando, por la mañana, penetraba allí desde su pequeño dormitorio. ¿Dónde, sí, dónde viviría ahora si hubiera pisado esta tierra como un humilde e insignificante inmigrante? Hasta era posible —y el tío, de acuerdo con su reconocimiento de las leyes de inmigración lo consideraba muy probable— que acaso ni siquiera le hubiesen permitido entrar en Estados Unidos; lo habrían mandado de vuelta a su casa, sin preocuparse mucho ni poco de que ya no tuviese más patria. Porque no se podía esperar allí ninguna piedad, y era totalmente cierto lo que al respecto Karl leyera sobre América; allí, entre los rostros indiferentes de quienes les rodeaban, sólo los venturosos parecían disfrutar realmente de su felicidad.

Un estrecho balcón se extendía a todo lo largo de la habitación. Pero aquello que en su ciudad hubiera sido el más alto de los miradores, aquí sólo permitía la visión de apenas una calle —que corría recta, y por eso como en una suerte de fuga, entre dos filas de casas verdaderamente cortadas a plomo— perdiéndose a lo lejos, donde entre espesa niebla se alzaban gigantescos los perfiles de una catedral. Y por la mañana y por la noche, y en los sueños nocturnos, esa calle se agitaba con un tráfico siempre apresurado que, visto desde arriba, parecía una confusa mezcla en la que se hubieran derramado esbozos siempre nuevos de figuras humanas y de techos de vehículos de toda especie; y desde allí se levantaba otra capa más de la confusa mezcla, nueva, multiplicada, más salvaje, formada de ruido, tierra y olores, y todo esto era recogido y penetrado por una luz poderosa, constantemente dispersa por la cantidad de los objetos, llevada lejos por ellos y traída cuidadosamente otra vez, y que para el ojo embelesado cobraba una corporeidad intensa, como si a cada momento, en infinitas repeticiones, alguien estrellase con toda fuerza, sobre esta calle, un cristal que cubriera todas las cosas.

El tío, cauteloso en todo, recomendó a Karl que por el momento no se preocupara demasiado por lo más insignificante. En realidad él debía examinar y contemplarlo todo, pero sin dejarse llevar por las cosas. Los primeros días de un europeo en América se podían comparar a un nacimiento, y aunque uno se habituaba —Karl no tenía por qué tener tantos temores— más rápido que cuando se viene del más allá al mundo humano, sin embargo era necesario considerar que los primeros juicios que uno se forma siempre se sostienen sobre pies demasiado débiles, y no tenía que consentir que quizá todos los juicios futuros, con cuya ayuda uno deseaba seguir allí de todos modos, se le desordenaran por esa causa. Él mismo había conocido a recién llegados que, por ejemplo, en vez de actuar según esos principios, habían estado días enteros en sus balcones, mirando la calle como corderos extraviados. ¡Tal actitud no podía menos que llegar a confundir! Esa solitaria inactividad que, fascinada por un laborioso día neoyorquino, se podía permitir a quien estuviera viajando por placer, y quizá no sin reservas, era incluso aconsejable en ese caso; pero para quien iba a quedarse era la perdición; esa era la palabra adecuada para el caso y se la podía usar con toda tranquilidad, aunque fuese una exageración. Y en efecto, el tío torcía la boca con disgusto cuando en alguna de sus visitas, que hacía sólo una vez al día, siempre a las horas más diversas, hallaba a Karl en el balcón. Pero éste bien pronto lo advirtió y renunció entonces, en lo posible, al placer de asomarse.

Es que éste no era, ni remotamente, su único placer. En su cuarto había un escritorio americano de la mejor clase, como el que su padre había deseado desde hacía años, tratando de comprarlo en los más diversos remates por un precio accesible y sin, con sus magros recursos, lograrlo jamás. Naturalmente no era posible comparar esta mesa con aquellos presuntos escritorios americanos que se ofrecían en los remates europeos. Éste, por ejemplo, tenía en la parte superior cien divisiones de muy diferentes tamaños y el mismo Presidente de la Unión hubiera encontrado allí un lugar apropiado para cada uno de sus expedientes; pero había además, al costado, un regulador, y haciendo girar una manivela se obtenían los más diversos cambios y disposiciones de las divisiones y gavetas, según uno lo quisiese o necesitase. Pequeños y finos tabiques laterales bajaban lentamente formando la base de divisiones que acababan de levantarse, o las cubiertas de nuevas divisiones; o bien toda la construcción superior, con una sola vuelta, cambiaba completamente de aspecto, y todo ello ocurría muy despacio o con una rapidez absurda, según como se diera vuelta la manivela. Era un invento reciente que, sin embargo, recordaba a Karl muy vivamente los retablos que en su país se muestran a los niños asombrados en la feria de Navidad. Muchas veces también Karl, empaquetado en su ropa invernal, se había parado frente a ellos y había continuamente cotejado las vueltas de manivela que allí ejecutaba un viejo con los efectos que ocurrían dentro del retablo; cómo avanzaban a empellones los tres Reyes Magos y brillaba la estrella y se desarrollaba esa vida reservada en el establo sagrado. Y siempre le pareció que su madre, de pie tras él, no seguía los hechos con suficiente atención; la atraía hacia sí hasta sentirla a sus espaldas, y tanto le hacía notar, con fuertes exclamaciones, algunas apariciones más ocultas —por ejemplo un conejito que allí delante, entre el pasto, se levantaba en dos patitas, alternando luego ese movimiento con otro como si se dispusiera a correr— que la madre, por último, le tapaba la boca y volvía probablemente a su anterior indiferencia.

Por supuesto que el escritorio no estaba sólo hecho para recordar tales cosas, pero había seguramente en la historia de los inventos alguna relación tan poco clara como la que aparecía en los recuerdos de Karl. A diferencia de éste, su tío no aprobaba para nada ese escritorio; sólo había querido comprar a Karl un escritorio en regla, y todos los escritorios contaban por entonces con esa novedad, cuya excelencia también estribaba en que podía aplicarse, con poco gasto, a escritorios más antiguos. De todos modos el tío no dejó de recomendar a Karl que en lo posible no usara el regulador; y para dar mayor fuerza a su consejo aseguraba que el mecanismo era muy delicado, se estropeaba fácilmente y era muy caro de arreglar. No era difícil advertir que tales observaciones eran sólo pretextos; si bien, por otra parte, había que admitir que el regulador podía fijarse muy fácilmente, cosa que el tío, sin embargo, no hizo.

En los primeros días, cuando como era natural se realizaron entrevistas más frecuentes entre Karl y el tío, Karl contó entre otras cosas que en su casa le gustaba tocar el piano, aunque en verdad no era mucho lo que sabía, pues sólo pudo entonces valerse de los conocimientos elementales que le había proporcionado su madre. Karl tenía plena conciencia de que una historia como ésa entrañaba el pedido de un piano, pero ya se había orientado bastante como para saber que el tío no necesitaba para nada hacer economías. Con todo, el tío no accedió en seguida a ese ruego, pero unos ocho días más tarde, casi con el tono de una confesión en contra de su voluntad, dijo que acababa de llegar el piano y que Karl, si así lo quería, podía atender el transporte. Eso era, en realidad cosa fácil, y sin embargo ni siquiera más fácil que el propio transporte, ya que la casa contaba con un ascensor especial para los muebles, en el cual podía ubicarse, holgadamente, un camión completo de mudanza, y de ese ascensor, efectivamente, asomó el piano hacia el cuarto de Karl. El mismo Karl, bien hubiera podido subir en ese ascensor, con el piano y los obreros del transporte; pero como al lado había un ascensor común libre para el uso, subió en este último, quedando siempre, mediante una palanca, a una misma altura con el otro ascensor y mirando fijamente, a través de las paredes de vidrio, aquel hermoso instrumento que en adelante sería suyo.

Cuando ya estaba en su cuarto e hizo sonar las primeras notas, se apoderó de él una alegría tan loca que, en vez de seguir tocando, se levantó de un salto, puesto que le gustaba admirar el piano desde cierta distancia, maravillado, con los brazos en la cintura. Además, la acústica del cuarto era excelente, y esto contribuyó a que el pequeño malestar primitivo que sentía por tener que vivir en una casa de hierro se desvaneciera totalmente. De hecho, dentro del cuarto no se advertían para nada las partes férreas de la construcción, por más hierro que tuviera el edificio visto desde afuera, y nadie hubiera podido notar la menor cosa, en el mobiliario o las instalaciones, que de algún modo perturbase el más completo bienestar. Muchas esperanzas tenía Karl en la primera época de sus ejercicios de piano y no se avergonzaba de pensar, por lo menos antes de dormir, en la posibilidad de una influencia inmediata que, sobre las condiciones americanas, podría ejercer esa práctica, ese su tocar el piano. En verdad era extraño cómo sonaba esa música cuando, ante las ventanas abiertas al aire alterado por tantos ruidos, tocaba una antigua canción militar de su país —una canción que los soldados acostumbraban a cantar dirigiéndosela mutuamente, de ventana a ventana, cuando por la noche, mirando hacia la plaza en tinieblas se recuestan en las ventanas del cuartel—; mas si luego Karl contemplaba la calle, la notaba inalterada y sólo era una pequeña parte de una gran rotación, una parte a la que no se podía detener en sí misma, aisladamente, sin conocer a fondo todas esas fuerzas que actuaban alrededor.

El tío toleraba esa práctica del piano, nada tenía que objetar; más aún porque Karl rara vez se permitía el placer de tocar y esto aun después de su expreso pedido. Hizo más; hasta le llevó a Karl cuadernos de música con marchas norteamericanas y, por supuesto, también con el Himno Nacional; pero no podría explicarse seguramente por el solo placer que le causaba la música el hecho de que un día, y sin ninguna intención de broma, le preguntara a Karl si no quería aprender a tocar también el violín o la corneta.

Naturalmente el aprendizaje del inglés era la tarea primordial y más importante de Karl. Un profesor joven, de una escuela de altos estudios mercantiles, aparecía todas las mañanas a las siete en el cuarto de Karl y lo encontraba ya sentado a su escritorio, frente a los cuadernos, o caminando por el cuarto y repasando sus lecciones. Karl entendía perfectamente que toda prisa era poca si lo ayudaba a dominar más pronto el idioma inglés y que con ello, si progresaba con rapidez, se le ofrecía además una buena oportunidad de dar a su tío una enorme alegría; y, en efecto, mientras que al comienzo el inglés de las charlas con el tío estaba limitado a los saludos y unas pocas palabras de despedida, bien pronto fue posible pasar al inglés, como en un juego, partes cada vez mayores de las conversaciones, con lo cual al mismo tiempo empezaban a surgir temas algo más íntimos.

A propósito del primer poema norteamericano —la representación de un gran incendio— que Karl pudo recitar una noche ante su tío, el rostro de éste cobró una expresión de profunda seriedad, por lo feliz que se sentía. En aquella ocasión ambos se encontraban de pie junto a una ventana en el cuarto de Karl; el tío miraba hacia afuera, donde la última claridad del cielo había pasado ya y, acompañando los versos en su sentimiento, golpeaba las manos, lenta y rítmicamente, mientras Karl continuaba allí erguido, junto a él, arrancando de su entraña el difícil poema, inmóvil la mirada.

A medida que mejoraba el inglés de Karl, también crecía el deseo que mostraba el tío de vincularlo con sus relaciones, ordenando para cada caso, eso sí, que por lo pronto estuviera siempre presente en las reuniones, bien cerca de Karl, el profesor de inglés. El primero de todos los conocidos que le fue presentado cierta mañana fue un hombre delgado, joven, increíblemente flexible, conducido entre gentilezas y cumplidos especiales del tío hasta el cuarto de Karl. Era, sin duda, uno de esos hijos de millonarios —malogrados según el punto de vista de los padres— cuyas vidas se desenvuelven de tal modo que un hombre común no podría contemplar sin dolor ni un solo día, un día cualquiera de ellas. Y como si lo supiera o lo presintiera y, en lo que estaba en su poder, intentara evitarlo, flotaba en sus labios y en sus ojos una constante sonrisa de felicidad, como destinada a sí mismo, a quien tenía enfrente, al mundo entero.

Con ese joven, un tal señor Mack, se arregló, previa aprobación total del tío, salir juntos a caballo a las cinco y media de la mañana, ya para cabalgar en la escuela de equitación, ya afuera. Karl, en un primer instante, vaciló antes de dar su consentimiento, ya que nunca había montado a caballo hasta entonces y prefería aprender primero un poco de equitación; pero como el tío y Mack se esforzaban tanto por disuadirlo y presentaban la equitación como simple placer y sano ejercicio, y no como difícil arte, asintió finalmente. Ahora bien, debía levantarse a las cuatro y media desde ese día y con frecuencia esto le pesaba mucho; pues sufría, seguramente a raíz de esa atención constante que durante el día desarrollaba, de una franca modorra; pero una vez en su cuarto de baño, las lamentaciones pronto terminaban. Sobre toda la bañera, a lo largo y a lo ancho, sobre toda su superficie, se extendía el tamiz de la ducha —¿qué condiscípulo allá en su tierra, por rico que fuese tenía algo así y hasta para su uso exclusivo?—, y ahora yacía Karl allí estirado; en esa bañera podía estirar los brazos con comodidad, y dejando que descendieran sobre él las corrientes de agua tibia, caliente, de nuevo tibia y por último helada, la distribuía a su arbitrio por regiones o sobre la superficie entera. Yacía allí como sumido en el placer del sueño que todavía perduraba un poco. Sobre todo le gustaba recoger con los párpados cerrados las últimas gotas, que caían aisladas y luego se abrían corriendo sobre el rostro.

En la escuela de equitación, donde lo dejaba el automóvil del tío, cuya carrocería era altísima, lo aguardaba ya el profesor de inglés, mientras que Mack, sin excepción, llegaba más tarde. Aunque bien podía llegar más tarde sin preocuparse, pues la equitación verdadera, viva, empezaba cuando él llegaba. ¿Acaso, al entrar él, no se encabritaban los caballos despertando por fin de esa somnolencia en que hasta entonces habían estado encerrados? ¿Acaso no sonaba más fuerte por el ámbito el golpe del látigo y no aparecían, de repente, en la galería circundante, personas aisladas, espectadores, cuidadores de caballos, alumnos de equitación o lo que fuesen?

A su vez Karl aprovechaba el tiempo hasta que llegaba Mack para practicar un poco, a pesar de todo, algunos ejercicios preparatorios de equitación, aunque fuesen los más rudimentarios. Había allí un hombre de elevada estatura que llegaba a lomos del caballo más alto, apenas alzando el brazo, y éste impartía a Karl esa enseñanza, que generalmente sólo duraba un cuarto de hora. No eran muy notables los éxitos que Karl obtenía con ello, y tenía ocasión de hacer suyas para siempre muchas quejas que durante ese aprendizaje lanzaba en inglés y sin tomar aliento hacia su profesor; éste siempre estaba presente, apoyado contra una jamba de la puerta, casi siempre pasado de sueño. Pero casi todo el descontento por la equitación concluía cuando llegaba Mack. Aquel hombre largo era despedido, y en el recinto, que aún seguía bañado en la media luz, bien pronto sólo se oían los cascos de los caballos que galopaban y apenas se veía algo más que el brazo erguido de Mack, con el cual éste daba a Karl alguna señal de mando. Pasada una media hora en un placer semejante, que transcurría como si uno estuviese dormido, se detenían; Mack llevaba muchísima prisa, se despedía de Karl, le daba a veces un golpecito en la mejilla cuando su equitación le había dejado extraordinariamente satisfecho, y desaparecía sin atravesar siquiera junto a Karl la puerta, tanto apuro tenía.

Después Karl se llevaba al profesor al automóvil y regresaban para la lección de inglés, dando casi siempre algunas vueltas, ya que por el camino que atravesaba la aglomeración de la gran ciudad, que en realidad llevaba directamente desde la casa del tío hasta la escuela de equitación, se hubiera perdido mucho tiempo. La compañía del profesor de inglés, además, terminó pronto al menos, pues Karl se reprochaba el incomodar inútilmente a ese hombre cansado, obligándolo a ir a la escuela de equitación —sobre todo porque el trato en inglés con Mack era sencillísimo— y le pidió al tío que excusase a su profesor de ese deber. Después de reflexionar un poco, el tío, por su parte, accedió a su pedido.

En cierto modo el tío tardó mucho tiempo antes de decidirse a permitir que Karl diera siquiera una pequeña ojeada al interior de su comercio, a pesar de que Karl se lo había solicitado muchas veces. Era éste una especie de establecimiento dedicado a comisiones, a expediciones de un tipo que, por lo que Karl recordaba, ni siquiera existía en Europa. Ya que ese comercio consistía en negocios de mediación y, sin embargo, no gestionaba el envío de las mercaderías del productor al consumidor o acaso a los comerciantes, sino que se encargaba de la mediación en el abastecimiento de todas las mercaderías y materias primas para las grandes plantas industriales, y del intercambio entre ellas. Por lo tanto, era un comercio que abarcaba al mismo tiempo compras, depósitos, transportes y ventas en enormes proporciones, y que debía tener con sus clientes comunicaciones telefónicas y telegráficas constantes y precisas. La sala de los telégrafos no era más pequeña, sino más bien mayor que la oficina telegráfica de la ciudad natal, que Karl había atravesado una vez de la mano de un condiscípulo que tenía ciertas relaciones allí. En la sala de los teléfonos, por cualquier lugar que uno mirase, se abrían y se cerraban las casillas telefónicas y el campanilleo continuo confundía los sentidos. El tío abrió la más cercana de esas puertas y allí se vio bajo la rutilante luz eléctrica a un empleado indiferente a cualquier ruido de la puerta, apretada la cabeza por una ancha cinta de acero que les oprimía los auriculares contra los oídos. Su brazo derecho se apoyaba sobre una mesita como si fuera singularmente pesado y sólo los dedos que sostenían un lápiz se movían con convulsiones inhumanas, regulares y rápidas. Era de pocas palabras, que decía ante el cono acústico, y a veces hasta se advertía que quizá debía objetar algo ante su interlocutor o que quería preguntarle algo con mayor exactitud; pero ciertas palabras que escuchaba le obligaban a bajar los ojos y a escribir antes de poder cumplir tal intención. Además, según el tío le explicaba a Karl en voz baja, no tenía por qué hablar, ya que los mismos informes que registraba ese hombre eran registrados por otros dos empleados simultáneamente, y comparados más tarde, de modo que los errores eran casi imposibles.

En el mismo momento que el tío y Karl pasaban por la puerta, se deslizó un ayudante hacia adentro y salió de nuevo con un papel que en el interín había sido cubierto con notas. En medio de la sala había un continuo ir y venir de gentes que, como perseguidas, corrían de un lado a otro. Ninguno saludaba, el saludo había sido suprimido, cada uno de los que pasaban acomodaba sus pasos a los del que le precedía y, mirando al suelo, buscaba avanzar lo más rápidamente posible; o bien parecía recoger con miradas, al vuelo, palabras o números sueltos, de papeles que tenía en la mano y que con su paso acelerado temblaban en el aire.

—Has llegado lejos realmente —le dijo Karl una vez, durante una de esas recorridas a través de la empresa, cuya inspección hubiera requerido muchos días, aunque sólo se hubiese deseado ver apenas cada una de las secciones.

—Y todo, sabrás, lo instalé yo mismo hace treinta años. Tenía entonces un pequeño negocio en un barrio del puerto, y si allí se descargaban cinco cajones durante el día, ya era mucho y me iba a casa envanecido. Hoy mis depósitos ocupan el tercer lugar en el puerto y aquel comercio es en la actualidad el comedor y la trastienda del grupo número sesenta y cinco de mis peones.

—Pero esto ya linda con lo milagroso —dijo Karl.

—Todo se desarrolla aquí con igual rapidez —dijo el tío, dando por terminada la conversación.

Cierta día llegó el tío algunos minutos antes de la hora de comer —Karl pensaba comer solo, como de costumbre— y le pidió que se vistiese de negro y fuera a comer con él, en compañía de dos amigos comerciales. Mientras Karl se cambiaba de ropa en el cuarto contiguo, el tío se sentó al escritorio y revisó el ejercicio de inglés recién terminado; dio con la mano en la mesa y, en voz alta, exclamó:

—¡Excelente, por cierto!

Sin duda Karl se vistió mejor al oír este elogio, pero él ya estaba completamente seguro de sus conocimientos de inglés.

En el comedor del tío, del que conservaba el recuerdo de la primera noche de su llegada, se levantaron para saludarlos dos señores grandes, corpulentos, un tal Green y un tal Pollunder, según pudo saber después, durante la charla de sobremesa. Porque habitualmente el tío apenas decía alguna cosa fugaz sobre una u otra de sus relaciones y en cada caso dejaba que Karl encontrara lo necesario o lo interesante guiándose por su propia observación.

Después de que durante la comida se tratase sólo de cuestiones comerciales privadas, cosa que significaba para Karl una buena lección respecto de las expresiones comerciales —a Karl lo habían dejado ocuparse tranquilamente de su comida como si fuera un chico que primero necesitaba hartarse como es debido—, entonces, el señor Green se inclinó hacia Karl y, con el deseo inconfundible de utilizar un inglés muy claro, le preguntó en términos generales por sus primeras impresiones de América. Karl contestó, en medio del silencio mortal que reinaba a su alrededor y entre algunas miradas de soslayo hacia el tío, se adaptó lo mejor posible a las circunstancias y en señal de agradecimiento trató de resultarles agradable empleando un lenguaje salpicado de palabras neoyorquinas. Cierta expresión llegó a hacer estallar a carcajadas a los tres señores y ya temía Karl haber cometido un grave error; pero no fue así, e incluso hasta estaba muy bien lo que había dicho, según dijo el señor Pollunder. En general, a este señor Pollunder, Karl parecía haberle caído en gracia, y mientras el tío y el señor Green retomaban la charla comercial, el señor Pollunder invitó a Karl a que arrimara su silla junto a la suya. Le preguntó primero muchas cosas sobre su nombre, su origen y su viaje, hasta que por último y para que Karl descansara, se puso a contar él mismo, de prisa, riendo y tosiendo, cosas suyas y de su hija, con la que vivía en una pequeña finca rural de las afueras de Nueva York y donde él, por supuesto, sólo podía pasar las noches, ya que era banquero y sus negocios lo retenían en Nueva York todo el día. Después convidó cordialmente a Karl a que visitara la finca, ya que un americano tan flamante como Karl sentiría sin duda la necesidad de reponerse de Nueva York de cuando en cuando. En seguida Karl pidió permiso al tío para aceptar esa invitación, y el tío, al parecer, le dio ese permiso con agrado; pero sin fijar o considerar siquiera ninguna fecha determinada, tal como Karl y el señor Pollunder lo habían esperado.

Pero ya al día siguiente llamaron a Karl a una oficina del tío —el tío poseía, sólo en esa casa, diez oficinas diferentes—, y allí encontró al tío y al señor Pollunder, apoltronados en sendos sillones, ensimismados.

—El señor Pollunder —dijo el tío, y apenas era posible reconocerlo en el crepúsculo del cuarto—, el señor Pollunder ha venido para llevarte hasta su casa de campo, tal como ayer convinimos.

—No sabía que sería hoy —repuso Karl—; de ser así me habría preparado.

—Si no estás preparado, tal vez sea mejor aplazar la visita para otro día —respondió el tío.

—¡Pero qué preparativos! —exclamó el señor Pollunder—. Un joven siempre está listo.

—No es por él —dijo el tío dirigiéndose a su visitante—, pues de todos modos aún tendría que subir a su cuarto y a usted se le haría tarde.

—Hasta en ese caso sobra tiempo —dijo el señor Pollunder—; he contado con un atraso y cerré mi comercio antes de hora.

—Ya lo ves —dijo el tío—, cuántos inconvenientes causa ya tu visita.

—Lo lamento —dijo Karl—; pero regresaré enseguida. —Y se dispuso a alejarse de un salto.

—No se apresure usted —dijo el señor Pollunder—, no me causa la menor molestia y en cambio su visita me produce una gran alegría.

—Perderás mañana tu clase de equitación, ¿has avisado que no irás?

—No —dijo Karl; esta visita que con tanto placer había esperado, empezaba a ser una carga para él—, yo no sabía…

—¿Y sin embargo quieres marcharte? —continuó preguntando el tío.

El señor Pollunder, hombre afable, acudió en su ayuda.

—Durante el viaje pasaremos por la escuela de equitación y solucionaremos la cuestión.

—Eso ya es otra cosa —dijo el tío—. Pero también Mack te estará esperando.

—No creo que me espere —dijo Karl—; aunque, por supuesto, irá como todos los días.

—¿Entonces? —dijo el tío como si la respuesta de Karl no entrañara la menor justificación.

Otra vez pronunció el señor Pollunder la palabra decisiva:

—Pero Klara —era la hija del señor Pollunder— también lo espera esta noche, ¡y sin duda, se le dará preferencia a ella, y no a Mack!

—Por cierto —dijo el tío—. Anda, corre a tu cuarto. —Y como sin quererlo golpeó varias veces contra el brazo de su sillón. Ya estaba Karl cerca de la puerta cuando el tío lo retuvo una vez más con esta pregunta: Sin duda, regresarás mañana a primera hora, para tu clase de inglés.

—¡Pero! —exclamó el señor Pollunder y giró en su sillón, cuanto se lo permitía su corpulencia, de puro asombro—. ¿No tendrá permiso para quedarse afuera siquiera el día de mañana? ¿No podría traerlo de vuelta pasado mañana a primera hora?

—De ninguna manera —respondió el tío—. No consentiré que se alteren tanto sus estudios. Más adelante, cuando haya conseguido con su esfuerzo un lugar destacado en la vida profesional, con el mayor gusto le daré permiso para que acepte una invitación tan amable y que tanto le honra, y aún por más tiempo.

«¡Cuántas contradicciones!», pensó Karl.

El señor Pollunder se puso triste.

—En realidad, para una sola velada y una noche casi no vale la pena.

—Eso creo, justamente —dijo el tío.

—Debemos aceptar lo que nos den —respondió el señor Pollunder, sonriente otra vez—. ¡Entonces, espero! —exclamó dirigiéndose a Karl; y éste, ya que el tío no decía nada más, salió con rapidez.

Al regresar instantes más tarde, listo para el viaje, sólo encontró en la oficina al señor Pollunder, el tío se había marchado. El señor Pollunder, muy contento, estrechó ambas manos a Karl, como si quisiera comprobar del modo más convincente posible que, a pesar de todo, iría con él. Karl estaba aún muy acalorado por el apuro, y por su parte también estrechó las manos del señor Pollunder, pues estaba contento de poder hacer la excursión.

—¿No se habrá enojado mi tío porque me voy?

—¡No! No decía todo eso muy en serio. Lo que ocurre es que se toma muy a pecho su educación.

—¿Se lo dijo él? ¿Le dijo que no había dicho tan en serio lo de antes?

—Pero claro —dijo el señor Pollunder, alargando las palabras y demostrando así que no sabía mentir.

—Es curioso con qué mala gana me permitió hacerle esta visita, a pesar de ser su amigo.

Tampoco el señor Pollunder, aunque no lo confesara abiertamente, podía hallar una explicación adecuada; y tanto el uno como el otro, mientras atravesaban el cálido atardecer en el automóvil del señor Pollunder, siguieron largo rato todavía pensando en ello, aunque se habían puesto a hablar en seguida de otras cosas.

Iban sentados muy juntos; y el señor Pollunder, mientras contaba, mantenía la mano de Karl en la suya. Muchas cosas deseaba saber Karl acerca de la señorita Klara, como si le impacientase el largo viaje, como si los relatos pudieran ayudarle a que llegara antes de lo que en realidad llegaría.

Aunque nunca hasta entonces había viajado de noche por las calles de Nueva York, y aunque el barullo de las veredas y calzadas se precipitaba como un torbellino y cambiaba de dirección a cada momento como si no proviniera de los hombres, como si fuera un elemento extraño, Karl, mientras intentaba comprender el valor preciso de las palabras de su acompañante, no se preocupaba de otra cosa que del chaleco oscuro del señor Pollunder, sobre el que colgaba, tranquilamente, una cadena de oro. Desde las calles por donde la gente se precipitaba —con evidente temor de atrasarse, dando alas a su paso y en vehículos lanzados a gran velocidad— hacia los teatros, llegaron ellos a través de barrios intermedios a los suburbios, donde su automóvil fue desviado varias veces hacia calles laterales por agentes de la policía a caballo, ya que las avenidas estaban ocupadas por una manifestación de obreros metalúrgicos en huelga, y solamente se permitía el tránsito indispensable de coches en los cruces. Si después, saliendo de calles más oscuras donde el eco resonaba sordamente, cruzaba el automóvil una de esas avenidas que parecen verdaderas plazas, aparecían —hacia ambos lados y en perspectivas que la mirada no abarcaba hasta su fin— las aceras colmadas por una multitud que avanzaba a pasos minúsculos y cuyo canto era más monocorde que el de una sola voz humana. En cambio, sobre la calle que quedaba libre, se veía de cuando en cuando a algún policía sobre su cabalgadura inmóvil, o a portadores de banderas o de carteles con leyendas, que cruzaban la calle, o a algún dirigente obrero rodeado de partidarios y ordenanzas, o algún coche de los tranvías eléctricos que no se había refugiado con la necesaria rapidez y que ahora se encontraba detenido allí, vacío y a oscuras, con el conductor y el cobrador sentados en la plataforma. Pequeños grupos de curiosos se detenían lejos de los verdaderos manifestantes y no dejaban sus sitios, a pesar de que continuaban sin comprender realmente lo que en verdad sucedía. Y Karl descansaba, alegre, en el brazo con que el señor Pollunder lo había rodeado; la certeza de que pronto sería huésped bienvenido en una finca iluminada, rodeada de muros y vigilada por perros, lo satisfacía plenamente, y si bien no comprendía bien o al menos ininterrumpidamente todo lo que decía el señor Pollunder, a causa del sueño que iba invadiéndolo, reaccionaba, sin embargo, de cuando en cuando, restregándose los ojos para comprobar de nuevo, por otro rato, si el señor Pollunder advertía o no que tenía sueño, pues quería evitar esto a toda costa.

CAPÍTULO III: UNA CASA DE CAMPO EN LAS AFUERAS DE NUEVA YORK

—Hemos llegado —dijo el señor Pollunder en uno de esos momentos en que Karl era vencido por el sueño.

El automóvil estaba detenido frente a una finca que, como las fincas de la gente rica de los alrededores de Nueva York, era más amplia y más alta de lo necesario para una finca destinada a una sola familia. Como sólo la parte inferior de la casa estaba iluminada, ni siquiera se podía apreciar su altura. Delante susurraban algunos castaños, por entre los cuales —ya estaba abierta la reja de entrada— un corto sendero llevaba hasta la escalinata de la casa. Por la sensación de cansancio que experimento al apearse, Karl consideró que, a pesar de todo, el viaje había durado bastante tiempo. En la oscuridad de la avenida de castaños oyó una voz de muchacha que decía a su lado:

—Bueno, ya está aquí el señor Jakob.

—Me llamo Rossmann —dijo Karl, mientras tomaba la mano que se le tendía, mano de una muchacha cuya figura ahora distinguía.

—Él es sobrino de Jakob —dijo el señor Pollunder a modo de explicación—, y se llama Karl Rossmann.

—Eso nada mengua a nuestra alegría de tenerlo aquí —dijo la muchacha, que no daba mucha importancia a los nombres.

Sin embargo Karl, mientras se dirigía a la casa entre el señor Pollunder y la muchacha, no dejó de preguntar:

—¿Es usted la señorita Klara?

—Sí —respondió ella, y ahora la luz que venía desde la casa y ayudaba a distinguir mejor las cosas, daba en su rostro, que se mantenía inclinado hacia él—, pero no quería presentarme en esta oscuridad.

«¿Nos habrá esperado junto a la reja?», pensó Karl, despertando poco a poco mientras caminaba.

—Esta noche también tenemos otro huésped —dijo Klara.

—¡No es posible! —exclamó Pollunder, disgustado.

—El señor Green —dijo Klara.

—¿Cuándo llegó? —preguntó Karl, como si un presentimiento se apoderara de él.

—Hace un momento. ¿No oyeron su automóvil delante del vuestro?

Karl levantó los ojos hacia Pollunder para ver cómo juzgaba éste el asunto, pero Pollunder conservaba las manos en los bolsillos de los pantalones y se limitaba a dar mayor fuerza a sus pasos, mientras andaba.

—De nada sirve vivir apenas en las afueras de Nueva York. Así no le ahorran a uno las molestias. Deberemos trasladar sin falta nuestra residencia más lejos todavía; aunque tenga que viajar la mitad de la noche para llegar a casa.

Se detuvieron junto a la escalinata.

—Pero el señor Green no ha estado aquí desde hace muchísimo tiempo —dijo Klara, que con seguridad coincidía totalmente con su padre, pero que quería calmar a éste dominándose a sí misma.

—¿Y por qué viene justamente esta noche? —preguntó Pollunder; y ya sus palabras rodaban furibundas por encima de su abultado labio inferior, que fácilmente cobraba gran movimiento, por ser carne blanda y pesada.

—¡Por cierto! —dijo Klara.

—Quizá se vaya rápido —observó Karl, y le asombraba a

él mismo su acuerdo con aquella gente, que hasta ayer le era completamente extraña.

—¡Oh, no! —dijo Klara—, tiene algún gran negocio para papá y con seguridad tomarán tiempo las conversaciones al respecto, pues ya me amenazó, en broma, que tendré que quedarme escuchando hasta la mañana, si es que quiero ser una ama de casa amable.

—Sólo esto me faltaba. ¡Se va a quedar esta noche aquí! —exclamó Pollunder como si con ello se hubiese alcanzado, por fin, el colmo del mal—. Realmente me dan ganas —dijo, y esa idea nueva lo volvía más amable—, realmente me dan ganas de meterlo a usted, señor Rossmann, en el automóvil de nuevo, para llevárselo de vuelta a su tío. Nuestra reunión de hoy ya está echada a perder, y quién sabe cuándo su señor tío nos lo dejará otra vez. Pero, si hoy mismo lo llevo a usted de regreso, él no nos negará el placer de que nos visite uno de los próximos días.

Y ya tomaba a Karl de la mano para realizar su proyecto. Pero éste no se movió y Klara le pidió que lo dejara quedarse, pues ella y Karl al menos no serían molestados por el señor Green; por último el mismo Pollunder comprendió que su decisión no era de las más firmes. Además —y a lo mejor esto fue lo decisivo— se oyó de pronto la voz del señor Green, que llamaba en dirección al jardín desde el rellano superior de la escalera:

—Pero, ¿dónde están ustedes?

—Vamos —dijo Pollunder doblando hacia la escalinata. Detrás de él iban Karl y Klara, quienes ahora, bajo la luz, se estudiaban mutuamente.

«¡Qué rojos tiene los labios!», se dijo Karl, y pensó en los labios del señor Pollunder y de qué modo tan hermoso éstos se habían transformado en la hija.

—Después de la cena —iba diciendo ella— iremos en seguida, si usted está de acuerdo, a mis habitaciones, para librarnos por lo menos nosotros de ese señor Green, dado que papá necesariamente debe ocuparse de él. Y usted tendrá entonces la gentileza de ejecutar algo en el piano para mí, pues papá ya me contó que lo hace muy bien; mientras que yo, lamentablemente, soy incapaz de tocar una pieza de música y no me acerco al piano, aunque me gusta mucho la música.

Karl estaba completamente de acuerdo con la propuesta de Klara, si bien hubiera querido que el señor Pollunder también participara de su compañía. Pero por cierto, ante la gigantesca figura de Green —a la talla de Pollunder ya se había acostumbrado Karl por lo visto—, que surgía entonces lentamente ante ellos a medida que ascendía los escalones, abandonaba a Karl de toda esperanza de hallar el modo de arrancar esa noche al señor Pollunder de manos de aquel hombre.

El señor Green los recibió apresurado; como si hubiese mucho que recuperar, tomó rápidamente el brazo del señor Pollunder y empujó a Karl y a Klara al comedor; éste tenía un aspecto muy de fiesta, sobre todo por las flores colocadas sobre la mesa y que se alzaban a medias entre grupos de verdes hojas, y este hecho hizo doblemente lamentable la presencia del fastidioso señor Green. Karl, mientras aguardaba junto a la mesa a que los demás se sentaran, se alegraba de que la gran puerta vidriera que daba al jardín estuviera abierta, pues por ella penetraban intensas oleadas de una fuerte fragancia, como si estuvieran en una glorieta del jardín; pero precisamente el señor Green, resoplando, decidió cerrar aquella puerta y, agachándose hasta los pasadores inferiores y estirándose para llegar a los superiores, ejecutó la operación con una rapidez tan juvenil que el sirviente, a pesar de acudir enseguida, ya nada pudo hacer.

Las primeras palabras del señor Green, ya sentado a la mesa, fueron manifestaciones de sorpresa de que Karl hubiese conseguido permiso del tío para esta visita. Una tras otra llevó hasta su boca las cucharadas llenas de sopa, declarando a derecha, dirigiéndose a Klara, y a izquierda, dirigiéndose al señor Pollunder, la causa de su sorpresa y cómo vigilaba el tío a Karl y cómo era excesivo el amor del tío para con su sobrinillo, hasta tal punto excesivo que ya no podía considerárselo amor de tío.

«Éste no se contenta con entrometerse aquí sin necesidad, además quiere entrometerse entre el tío y yo», pensó Karl, y no pudo tragar ni un sorbo de aquella sopa de color oro. Aunque por otro lado no deseaba que se advirtiese lo molesto que se sentía; y en silencio comenzó a verter la sopa dentro de su cuerpo.

La cena transcurría lenta como una plaga, sólo el señor Green y a lo sumo, también Klara, mostraban cierta vivacidad y de vez en cuando hasta encontraban motivo para una sonrisa. Únicamente, cuando el señor Green empezaba a hablar de negocios, participaba en la conversación el señor Pollunder. Pero hasta de eso se abstenía y el señor Green, después de un rato, lo sorprendía otra vez, inesperadamente, con el tema. Por lo demás recalcaba —y entonces fue cuando Karl, poniendo de pronto atención como si alguna amenaza se escondiese en ello, hubo de ser advertido por Klara de que los platos estaban ante él, y de que él estaba en una cena— que él, en un principio, no tenía intención de hacer aquella inopinada visita. Porque aunque el negocio del que todavía debían hablar era de cierta urgencia, hubiera podido tratarse durante el día en la ciudad, en sus puntos más importantes por lo menos; los aspectos secundarios hubieran podido dejarse para el día siguiente o para más tarde. Y por eso, en efecto, había ido a ver al señor Pollunder mucho antes de la hora del cierre de los comercios; como no lo encontró, se había visto obligado a avisar por teléfono a su casa de que no iría esa noche y a emprender ese pequeño viaje.

—Entonces debo disculparme yo —dijo Karl en alta voz y, antes de que nadie tuviera tiempo de contestar, añadió—, ya que por mi causa el señor Pollunder abandonó hoy su comercio más temprano; lo lamento.

El señor Pollunder cubrió buena parte de su rostro con la servilleta y Klara sonrió a Karl, pero no parecía una sonrisa de consentimiento, sino más bien destinada a influir de algún modo en él.

—No hacen falta excusas —dijo el señor Green, trozando en ese preciso instante un pichón con agudas incisiones—, todo lo contrario; estoy muy contento de pasar la noche en tan grata compañía, en vez de cenar solo en mi casa, servido por mi vieja ama de llaves, tan vieja que hasta ir desde la puerta hasta mi mesa le cuesta un enorme esfuerzo; puedo arrellanarme con tranquilidad en mi sillón durante un buen rato si quiero mirarla mientras se acerca. Hace muy poco logré que el sirviente lleve la comida hasta la puerta del comedor; pero ese trecho desde la puerta hasta la mesa le corresponde a ella, según alcanzo a entender.

—¡Por Dios! —exclamó Klara—, ¡qué lealtad!

—Sí, aún hay lealtad en este mundo —respondió el señor Green, llevándose un bocado a la boca, donde su lengua, según observó Karl por casualidad, recogía la comida con elástico movimiento. Esto casi le produjo náuseas, y se levantó. Y con un movimiento simultáneo, el señor Pollunder y Klara tomaron sus manos.

—Quédese usted sentado —dijo Klara. Y cuando estuvo sentado de nuevo, le susurró—: En seguida desapareceremos juntos. Tenga paciencia.

Mientras tanto el señor Green se entregaba tranquilamente a su comida, como si fuese el deber natural del señor Pollunder y de Klara tranquilizar a Karl si él le daba náuseas.

La cena se prolongaba, especialmente por el cuidado con que el señor Green trataba cada plato, aunque se lo veía siempre dispuesto y sin descanso a aceptar todo nuevo plato; daba la impresión de que en verdad pretendiera resarcirse a fondo de su vieja ama de llaves. De cuando en cuando alababa el arte con que la señorita Klara manejaba la casa, cosa que le proporcionaba a ésta evidente agrado; mientras que Karl se sentía tentado de rechazarlo como si la atacase. Pero el señor Green no se contentaba sólo con ocuparse de ella, sino que a menudo se lamentaba, sin sacar la vista de su plato, de la notable falta de apetito de Karl. El señor Pollunder hizo una defensa del apetito de Karl, si bien él, por su condición de huésped, también hubiera debido instarlo a que comiera.

Y en efecto, Karl, soportando durante toda la cena tal opresión, estaba tan susceptible que, contra todo lo que su propio entendimiento le indicaba, interpretó esa manifestación del señor Pollunder como una descortesía. Y únicamente a causa de ese singular estado comía de pronto más de lo debido y con una rapidez inconveniente, pero dejaba luego nuevamente tenedor y cuchillo por un largo rato, cansado, el más inmóvil de la reunión, con lo que el sirviente que traía con frecuencia los platos no sabía qué hacer.

—Mañana mismo le voy a decir al señor senador cómo ha ofendido usted a la señorita Klara no queriendo comer —dijo el señor Green, y se limitó a subrayar la ironía de esas palabras por cierta manera de manipular los cubiertos—. Mire qué triste está la muchacha —continuó tocando a Klara debajo del mentón. Ella lo dejó hacer cerrando los ojos.

—¡Qué graciosa eres! —exclamó arrellanándose, y con la fuerza del saciado y la cara arrebatada, se echó a reír. En vano trató Karl de explicarse la conducta del señor Pollunder. Éste continuaba sentado con la vista fija en su plato, contemplándolo como si allí ocurriera lo que en realidad importaba. No atrajo hacia sí la silla de Karl; y si alguna vez conversaba, lo hacía con todos y a Karl no tenía nada que decirle en particular. En cambio aguantaba que Green, ese viejo y escaldado solterón neoyorquino, tocase con intención bien obvia a Klara, que ofendiese a Karl, invitado de Pollunder; o que, por lo menos, lo tratase como a un niño y que cobrase ánimo para emprender luego quién sabe qué hazañas.

Después de levantarse de la mesa —advirtiendo Green la disposición de ánimo general, fue el primero en incorporarse y en hacer incorporar a todos junto con él, por así decirlo— Karl se dirigió solo, apartándose, hasta uno de los grandes ventanales, divididos por estrechos listones blancos que daban a la terraza y que en realidad, como pudo ver al aproximarse, eran verdaderas puertas.

¿Qué quedaba de la antipatía que el señor Pollunder y su hija mostraron al comienzo para con Green y que entonces le pareció a Karl un tanto incomprensible? Ahora permanecían allí junto a Green y asentían a todo lo que decía. El humo del cigarro del señor Green —un regalo de Pollunder, que ostentaba aquel grosor que solía aparecer de cuando en cuando en los cuentos de su padre, como un hecho que probablemente él mismo no había visto nunca con sus propios ojos— se difundía por la sala y llevaba la influencia de Green hasta rincones y recovecos en los cuales personalmente, no pondría nunca el pie. Por más que Karl estuviera alejado, constantemente sentía el cosquilleo que aquel humo provocaba en su nariz; y la conducta del señor Green, a quien sólo una vez dirigió una fugaz mirada desde el lugar en que se hallaba, le pareció infame. Ahora ya no consideraba imposible que su tío se hubiese negado tan obstinadamente a conceder el permiso para esta visita tan sólo porque conocía el carácter débil del señor Pollunder, y que, por lo tanto, aunque no lo previese con exactitud, creía, sin embargo, dentro de las cosas posibles, el que Karl sufriera alguna ofensa durante la visita.

Tampoco le agradaba aquella chica norteamericana, aunque en modo alguno la había imaginado mucho más bonita. Al contrario, desde que el señor Green se ocupaba de ella, hasta le asombraba la belleza que su cara podía expresar y sobre todo el brillo de sus ojos indomablemente vivaces. Hasta entonces nunca había visto una falda que como la de ella ciñese un cuerpo con tanta firmeza: los pequeños pliegues que se formaban en la tela amarilla, delicada y firme, indicaban vigorosamente la tensión.

Y sin embargo, nada le importaba ella a Karl y con gusto habría renunciado a que lo acompañara a sus habitaciones si hubiese podido, en cambio, abrir esa puerta sobre cuyo picaporte había puesto las manos y subir al automóvil, o bien, si ya el chófer estaba dormido, irse caminando solo hasta Nueva York. La noche clara, con esa luna llena que se inclinaba hacia él, quedaba abierta para todos y a Karl le pareció ridículo que afuera, a la intemperie, quizá pudiera sentir miedo. Se imaginaba —y por primera vez se sentía realmente bien en aquella sala— cómo, por la mañana —probablemente no llegaría antes a su casa a pie— sorprendería al tío. En verdad, hasta ese momento nunca había estado en el dormitorio de su tío, ni siquiera sabía dónde estaba, pero ya lo averiguaría. Llamaría entonces a la puerta, y cuando oyera el acostumbrado «¡pase!», entraría corriendo y sorprendería al querido tío —a quien hasta entonces sólo conocía vestido y totalmente abotonado— en camisa de dormir, incorporado en la cama, dirigiendo hacia la puerta los ojos asombrados. Quizás esto no significara demasiado por sí solo, pero había que imaginar las consecuencias. Tal vez desayunaría con el tío por primera vez, éste en la cama, él sentado en una silla, el desayuno sobre una mesita entre los dos; y quizás ese desayuno en común se hiciera un hábito permanente. Quizás a causa de ese desayuno —cosa que apenas podía evitarse— se reunirían con mayor frecuencia que una sola vez al día como hasta ahora, y entonces, naturalmente se hablarían también con mayor franqueza. Pues en el fondo sólo se debía a la carencia de semejante cambio de opiniones, que se inspira en la franqueza mutua, el que ese día se hubiese mostrado algo desobediente o, más bien, testarudo con el tío. Y aunque debiera pasar esa noche allí —lamentablemente todo parecía indicarlo, a pesar de que le dejaban estar allí, junto a la ventana, divirtiéndose por su cuenta—, tal vez esta infortunada visita se convertiría en el punto crítico a partir del cual mejoraría todo lo vinculado a las relaciones con su tío; quizás éste, ahora en su dormitorio, tenía esta noche pensamientos similares.

Algo consolado, se volvió. Delante de él estaba Klara, que dijo:

—¿Es que no le agrada estar aquí entre nosotros? ¿No quiere sentirse como en su casa? Venga, haré una última tentativa.

Lo condujo, a través de la sala, hasta la puerta. Junto a una mesa lateral estaban sentados los dos señores, ante bebidas ligeramente espumantes que colmaban unos vasos altos, bebidas desconocidas para Karl y que hubiera deseado probar. El señor Green apoyaba uno de sus codos en la mesa, todo su rostro acercado lo más posible al señor Pollunder; si uno no conociera a éste, hubiera podido muy bien suponer que allí se negociaba algo criminal y no comercial.

Mientras que el señor Pollunder acompañaba a Karl con una mirada amable, al señor Green, a pesar de que todo el mundo, aunque no se lo proponga, suele seguir la dirección de las miradas de su interlocutor, no hizo el menor gesto de volverse hacia Karl, a cuyos ojos esa conducta parecía significar una especie de convicción de Green de que cada uno de ellos, Karl y él, debía intentar por sí mismo mantenerse allí con sus propias facultades y que el indispensable enlace social entre ellos ya se entablaría con el tiempo, por el triunfo o el aniquilamiento de cualquiera de ambos.

«Si es que se propone esto, decía Karl, es un tonto. En realidad nada quiero de él, sólo que me deje en paz.»

Cuando apenas pisaba el pasillo se le ocurrió que a lo mejor se le había conducido descortésmente, pues casi había dejado que Klara lo arrastrase fuera de la sala, mientras que él tenía los ojos fijos en Green; por eso ahora andaba tanto más solícito a su lado. Cruzando aquellos pasillos, no quiso dar fe a sus ojos, primero, al ver a cada veinte pasos un criado de rica librea con un candelabro cuyo grueso mango rodeaba con las manos.

—La nueva instalación de luz eléctrica llega hasta ahora sólo al comedor —explicó Klara—. Compramos esta casa hace poco y la hicimos reconstruir totalmente, en la medida en que, por lo general, admite remodelados una casa vieja de estructura tan rígida.

—Entonces en América también hay casas viejas —dijo Karl.

—Por supuesto —respondió Klara riendo y siguió arrastrándole—. Tiene usted una idea muy curiosa de América.

—No se ría de mí —dijo él enfadado. Al fin y al cabo, él ya conocía Europa y América, y ella sólo América.

Al pasar, Klara abrió una puerta extendiendo ligeramente la mano y dijo sin detenerse:

—Aquí dormirá usted.

Karl, naturalmente quiso ver la habitación enseguida; pero Klara declaró impaciente, casi gritando, que ya tendría tiempo para ello y que la siguiese. Anduvieron un rato de aquí para allá por el pasillo; por último se le ocurrió a Karl que no tenía por qué obedecer a Klara en todo, se soltó, pues, con cierta violencia, y entró en la habitación. La asombrosa oscuridad que había ante la ventana halló su explicación en la copa de un árbol que se mecía en todo su grandor. Se oyó un canto de pájaro. En la habitación misma, en cuyo interior no llegaba aún la luz de la luna, no se podía distinguir casi nada, por cierto. Karl lamentó no haber llevado la linterna eléctrica que su tío le había regalado, una linterna de bolsillo era realmente imprescindible en aquella casa, con unas cuantas de esas linternas hubiera sido posible que los sirvientes se fueran a dormir. Se sentó en el alféizar y miró y escuchó hacia afuera. Un pájaro sorprendido parecía abrirse paso a través del follaje del viejo árbol. El silbido de un tren suburbano neoyorquino sonó en algún lugar, en la campiña. Todo lo demás estaba silencioso.

Pero no por mucho tiempo, ya que Klara entró apresurada. Con franco disgusto y golpeándose la falda exclamó:

—Pero, ¿qué significa esto?

Karl se propuso responderle sólo cuando se mostrase más cortés. Pero ella se aproximó a grandes pasos y exclamó:

—Decídase. ¿Quiere venir conmigo o no? —Y sea intencionadamente, o únicamente a causa de su excitación, le dio un empujón tan fuerte en el pecho que él habría salido lanzado por la ventana de no haberse sujetado al suelo con los pies, deslizándose, en el último momento, del alféizar.

—Casi me caigo afuera —dijo en tono lleno de reproche.

—Es una lástima que no haya sucedido. ¡Se porta usted muy mal! Lo voy a empujar de nuevo.

Y realmente lo abrazó y lo condujo con sus músculos acerados por el deporte, casi hasta la ventana, pues él, en la consternación del primer instante, había olvidado oponer todo su peso. Pero allí reflexionó, se liberó con un movimiento de caderas y la abrazó.

—¡Ay, me hace daño! —dijo ella en seguida.

Pero Karl consideró entonces que ya no debía volver a soltarla. Aunque le dejaba libertad de moverse cuanto quería, seguía sus pasos sin soltarla. ¡Era tan fácil, además, estrecharla así, con ese vestido tan ceñido que llevaba!

—Déjeme —susurró ella y su rostro encendido continuaba muy cerca del suyo; debía esforzarse si quería verla, tan cerca la tenía—. Déjeme, le daré algo muy lindo.

«¿Por qué suspira tanto? pensó Karl; no puede dolerle pues, no la aprieto tanto», y seguía sin soltarla.

Pero de pronto, después de un momento en que se mantuvo callado y sin prestar atención, sintió que las fuerzas de la muchacha crecían de nuevo contra su propio cuerpo; ya se le había escurrido y, cogiéndole con un ingenioso movimiento desde arriba, se defendió de sus piernas con posiciones de los pies, utilizando una rara técnica de lucha; mientras respiraba con regularidad, lo empujaba delante de sí hacia el muro. Allí había un diván, en él recostó a Karl, y sin inclinarse mucho, dijo:

—Ahora muévete si puedes.

—Gata, gata rabiosa —fueron las únicas palabras que Karl atinó a decir en aquel torbellino de rabia y vergüenza en que se hallaba—. ¡Si estarás loca, gata rabiosa!

—Cuidado con lo que dices —dijo ella, y deslizando una de sus manos por el cuello de él, empezó a estrangularlo con tanta fuerza que Karl se sintió absolutamente incapaz de hacer otra cosa que jadear. Con la otra mano ella tanteaba su mejilla, palpándola a modo de ensayo, retirándola una y otra vez, cada vez más lejos, como si en cualquier momento pudiera dejar caer una bofetada—. ¿Qué ocurriría —preguntaba al mismo tiempo— si, como castigo por tu proceder frente a una dama, te mandara a tu casa con una buena paliza? Puede que eso fuera útil a tu vida futura, aunque no fuese motivo de hermosos recuerdos. Pero me das lástima; eres un muchacho bastante guapo y, si hubieras aprendido el jiujitsu, me hubieras zurrado tú. Y sin embargo, sin embargo… me tienta terriblemente eso de darte una bofetada, tal como estás ahora tumbado. Es probable que más tarde lo lamente; pero si lo hiciese, será bueno que lo sepas desde ahora, lo haré casi contra mi voluntad. Y en tal caso, lógicamente, no me contentaré con una sola bofetada, sino que te daré a derecha e izquierda hasta que se te hinchen las mejillas. Quizá seas un hombre de honor, casi lo creo así y no querrás continuar viviendo con las bofetadas, y te eliminarás del mundo. ¿Pero por qué, por qué te has puesto contra mí de tal modo? ¿No te gusto acaso? ¿No vale la pena venir a mi cuarto? ¡Cuidado! Ahora casi te doy una bofetada sin querer. Si hoy todavía te escapas sin más, la próxima vez compórtate con mejor educación. Yo no soy tu tío, con el que puedes ser testarudo. Por otra parte quiero advertirte, eso sí, que no debes creer que tu situación presente y el ser abofeteado sean de veras algo equivalente desde el punto de vista del honor. Si creyera eso preferiría abofetearte realmente. ¿Qué dirá Mack cuando le cuente todo esto?

Al recordar a Mack soltó a Karl, y en los pensamientos poco claros de éste, Mack surgió como un liberador. Sintió todavía durante algunos minutos más la mano de Klara en su cuello, y por lo tanto, continuó retorciéndose un poco y luego se quedó quieto.

Klara lo invitó a que se levantara, pero no le respondió, ni se movió. Ella encendió una vela en alguna parte, la habitación se iluminó y en el cielorraso apareció un dibujo de fantasía, azul, zigzagueante; pero Karl, con la cabeza apoyada en el almohadón del sofá, permanecía como Klara lo había dejado y completamente inmóvil. Klara anduvo por el cuarto, su falda crujía alrededor de sus piernas, y luego se detuvo un largo rato, casi con seguridad junto a la ventana.

Al rato se la oyó preguntar:

—¿Ya se te pasó el enojo?

A Karl le resultaba muy penoso no poder hallar tranquilidad alguna en aquel cuarto que el señor Pollunder le había destinado para pasar la noche. Por él deambulaba esa muchacha, se detenía y hablaba, ¡y él ya estaba harto, tan indeciblemente harto de ella! Dormir en seguida e irse allí después era su único deseo. Ya ni quería acostarse en la cama, le bastaba con aquel diván. Sólo aguardaba que ella se fuese para saltar a la puerta, echarle el cerrojo y arrojarse después, nuevamente, sobre el diván. ¡Tenía tanta necesidad de estirarse y de bostezar!, pero no quería hacerlo delante de Klara. Y entonces se quedaba así acostado, miraba fijamente hacia arriba, sentía como su rostro se volvía cada vez más inmóvil y una mosca que volaba en su derredor centelleaba ante sus ojos, sin que él supiera a ciencia cierta qué era.

Klara se aproximó otra vez, se inclinó buscando la dirección de sus miradas y si él no se hubiese dormido hubiera debido mirarla.

—Me voy ahora —dijo ella—. Quizá después tengas ganas de ir a verme. La puerta que lleva a mis habitaciones es la cuarta a partir de ésta y queda de este mismo lado del pasillo. Cruzas tres puertas más y la que encuentras luego será la mía. No bajaré a la sala, me quedaré ahora en mi cuarto. Me has fatigado. Por cierto, no pienso quedarme esperándote, pero si quieres ir puedes hacerlo. Recuerda que prometiste tocar algo para mí en el piano. Aunque quizá te haya extenuado del todo y ya no puedas moverte. Si así fuera, quédate y duerme a tu gusto. No le diré nada de nuestro enojo a mi padre por ahora; dejo constancia de ello por si esto te preocupa.

Luego, frente a su aparente cansancio, dejó el cuarto deprisa, en dos saltos.

Karl se incorporó inmediatamente y se quedó sentado; ese decúbito ya se le había hecho inaguantable. Para moverse un poco fue hasta la puerta y miró al pasillo. ¡Qué oscuridad había allí! Bien contento se sintió después de cerrar la puerta con la llave, al hallarse nuevamente ante su mesa, a la luz de la vela. Decidió no quedarse por más tiempo en esa casa; bajaría para ver al señor Pollunder y le diría con franqueza cómo le había tratado Klara —no le importaba para nada confesar su derrota— y con ese motivo, sin duda suficiente, pediría permiso para irse a su casa, en un vehículo o a pie.

Si el señor Pollunder ofreciera algún reparo a ese súbito regreso, Karl al menos le pediría que le hiciese acompañar por un sirviente hasta el hotel más próximo. Por lo general, no se procedía así, como Karl lo proyectaba, con los huéspedes amables, pero todavía era más raro que se procediese como Klara lo había hecho con un invitado. Hasta había llegado a creer una gentileza su promesa de no decirle nada al señor Pollunder, lo cual era para poner el grito en el cielo. ¿Acaso le habían invitado a una demostración de lucha romana, para que resultara vergonzoso para él haber sido echado por una muchacha que se había pasado con seguridad la mayor parte de su vida aprendiendo llaves de lucha romana? Para colmo, a lo mejor Mack era quien le había enseñado. Que se lo contara todo; él comprendería sin duda, esto Karl lo sabía, aunque no había tenido nunca la posibilidad de comprobarlo en la práctica. Pero Karl también sabía que si Mack le enseñase a él, su adelanto sería mucho mayor que el de Klara, entonces algún día volvería allí, muy probablemente sin ser invitado, examinaría primero el lugar, claro está, el lugar cuyo conocimiento exacto había constituido una gran ventaja para Klara, tomaría después a la misma Klara y golpeando con ella ese diván, sobre el cual lo había arrojado hoy, sacudiría el polvo.

Entonces había tan sólo que dar con el camino de regreso a la sala, donde, por otra parte, seguramente a causa de su primera distracción, había dejado su sombrero en algún lugar inadecuado. Claro que llevaría la bujía con él, pero ni así, con luz, sería fácil orientarse. Por ejemplo no sabía siquiera si su habitación estaba en la misma planta que la sala. Al venir, Klara lo había arrastrado continuamente de modo tal que ni siquiera había podido volverse. El señor Green y los sirvientes portadores de candelabros también le habían dado que pensar; en pocas palabras, ahora, realmente ni sabía si habían pasado por una o por dos o por ninguna escalera. A juzgar por la vista que ofrecía, el cuarto estaba ubicado a bastante altura y Karl, por lo tanto, trataba de imaginar que habían recorrido escaleras, aunque ya para llegar a la puerta principal de la casa había debido subir escaleras y además ¿por qué no había de ser más alto este frente de la casa? ¡Si por lo menos, en alguna parte del pasillo, se hubiera podido vislumbrar alguna claridad, o si escuchara una voz lejana, por apagada que ésta fuese!

Su reloj de bolsillo, obsequio del tío, indicaba las once; cogió la bujía y salió al pasillo. Dejó la puerta abierta para por lo menos poder encontrar de nuevo su habitación si llegaba a resultar infructuosa su búsqueda y luego, en caso de necesidad extrema, la puerta del cuarto de Klara. Para mayor seguridad arrimó una silla a la puerta, para evitar que se cerrase por sí sola.

En el pasillo surgió el inconveniente de que en dirección a Karl —caminó por supuesto hacia la izquierda, alejándose de la puerta de Klara— soplaba una corriente de aire que, aunque muy débil, hubiera podido apagar fácilmente la vela, por lo que debió proteger la llama con la mano, además de tener que detenerse frecuentemente para que se recobrara la llama sofocada. Avanzaba despacio, y por ello el camino le pareció doblemente largo. Karl había atravesado ya largos trechos de muros que carecían totalmente de puertas; no se podía imaginar qué había detrás de ellos. Después las puertas comenzaron a sucederse una tras otra; intentó abrir algunas, pero estaban cerradas y por lo visto deshabitados los cuartos. Aquello era un despilfarro sin par del espacio, y Karl pensó en las viviendas del este neoyorquino que el tío prometió enseñarle, donde en un estrecho cuarto, según se decía, vivían varias familias y donde el rincón de una habitación era el hogar de una familia, rincón en el cual los niños se apiñaban alrededor de sus padres. Aquí había, en cambio, numerosos cuartos que permanecían desocupados y sólo servían para sonar a hueco cuando se golpeaban sus puertas.

El señor Pollunder le parecía a Karl un hombre desorientado, descaminado por falsos amigos, loco por su hija y perdido por ello. Sin duda el tío pensaba de él como correspondía, y sólo su principio de no influenciar sobre el concepto que Karl se formaba de la gente era culpable de aquella visita, de aquellas andanzas por los pasillos. Karl le diría esto al día siguiente, sin más; ya que según sus principios el tío escucharía con agrado y valorando el concepto que el sobrino tenía sobre sí mismo. Además este principio quizás era lo único que a Karl le molestaba de su tío, y ni siquiera ese desagrado era total.

Uno de los muros del pasillo acabó inesperadamente y vino a cubrir su lugar una balaustrada de mármol, fría como el hielo. Karl puso la vela a su lado y se asomó con cautela. Una ráfaga de oscuro vacío sopló a su encuentro. Si aquello era el salón principal de la casa —surgió a la luz de la vela un pedazo abovedado de cielo raso—, ¿por qué entonces no entraron ellos por este salón o vestíbulo? ¿Para qué, sí, para qué serviría aquel recinto enorme y profundo? Uno estaba allí arriba como en la galería de una iglesia. Karl casi sentía pena por no poder quedarse hasta el día siguiente; le hubiera agradado hacerse conducir a todas partes por el señor Pollunder y que lo informara acerca de todo.

Por otra parte, la balaustrada no era muy larga y pronto Karl fue acogido de nuevo por el pasillo cerrado. En un recodo repentino del pasillo dio con todo su cuerpo contra la pared y sólo el constante cuidado con que la sostenía evitó por suerte que la vela cayera o se apagase. Como el pasillo no terminaba nunca, y no se veía una ventana que permitiera una mirada al exterior, y nada se movía arriba o abajo, Karl llegó a pensar que daba vueltas constantemente en un mismo pasillo circular y esperó hallar acaso la puerta abierta de su cuarto; pero no volvió a encontrar ni ésta ni la balaustrada.

Hasta ese momento Karl se había abstenido de llamar en voz alta, porque no deseaba hacer ruido en casa ajena y a tan altas horas de la noche. Pero finalmente le pareció que no estaría del todo injustificado hacerlo en aquella casa sin alumbrado y ya estaba a punto de gritar hacia ambos lados del pasillo un retumbante «¡hola!», cuando al mirar hacia atrás, divisó una lucecita que se acercaba. Entonces pudo estimar la longitud de aquel pasillo rectilíneo; la mansión era una fortaleza, no una quinta.

Tan grande fue su alegría por aquella luz salvadora que corrió hacia ella, olvidando toda cautela; al dar los primeros pasos ya se apagó su vela. Mas no le dio importancia; venía a su encuentro un viejo sirviente con un farol y éste ya le indicaría el buen camino.

—¿Quién es usted? —preguntó el sirviente aproximando el farol a la cara de Karl e iluminando al mismo tiempo la propia. Surgió así su rostro un poco rígido por estar encuadrado en una barba tupida, grande y blanca, que llegaba en sedosos rizos hasta el pecho.

«Sirviente fiel debe de ser éste puesto que se le permite usar semejante barba», pensó Karl contemplando con fijeza toda su extensión y sin sentirse molesto porque él mismo fuese observado.

Por otra parte, de inmediato contestó que era huésped del señor Pollunder y que deseaba ir de su cuarto al comedor, que no podía hallar.

—¡Ah, sí! —dijo el sirviente—, aún no hemos instalado la luz eléctrica.

—Lo sé —respondió Karl.

—¿No desea encender su bujía en mi farol? —preguntó el sirviente.

—Sí —dijo Karl haciéndolo.

—Hay muchas corrientes de aire en los pasillos —dijo el sirviente—; la vela se apaga fácilmente, por eso yo llevo un farol.

—Sí, un farol es mucho más práctico —dijo Karl.

—Claro, ya se ha ensuciado toda su ropa con el sebo de la vela —dijo el sirviente recorriendo con la luz de la vela el traje de Karl.

—¡No lo había advertido! —exclamó Karl, y lo lamentó mucho, pues era un traje negro del que su tío había dicho que era el que mejor le sentaba. Tampoco —recordó entonces— había quedado mejor el traje tras aquella pelea con Klara.

El sirviente fue bastante amable y se puso a limpiar el traje en cuanto esto era posible, es decir, a la ligera. Karl daba vueltas delante de él, una y otra vez, indicándole, aquí o allí alguna mancha más que el sirviente limpiaba sumisamente.

—¿Por qué hay aquí tantas corrientes de aire? —preguntó Karl cuando siguieron caminando.

—Porque todavía falta edificar mucho —respondió el sirviente—. Se han iniciado las obras de reconstrucción, pero eso marcha muy despacio. Para colmo ahora están en huelga los obreros de la construcción, como quizás usted ya sepa. Muchos disgustos trae una obra semejante. Ahora se abrieron por ahí algunos grandes boquetes que nadie cierra y la corriente de aire cruza toda la casa. Si no tuviera los oídos tapados con algodón no sobreviviría.

—¿Debo entonces hablar más alto? —preguntó Karl.

—No, tiene usted una voz clara —contestó el sirviente—. Pero volviendo a esta obra de construcción: aquí sobre todo, cerca de la capilla, que después deberá ser separada sin falta del resto de la casa, la corriente de aire es inaguantable.

—¿Entonces la balaustrada por la que se llega a este pasillo da a una capilla?

—Sí.

—Me lo imaginaba —dijo Karl.

—Es una obra realmente singular —dijo el sirviente—; si no hubiera sido por ella, con seguridad el señor Mack no habría comprado la casa.

—¿El señor Mack? —preguntó Karl— . Yo pensé que la casa era del señor Pollunder.

—Así es —dijo el sirviente—, pero el señor Mack ha dicho la palabra decisiva en la compra. ¿No conoce al señor Mack?

—¡Sí! —dijo Karl—, ¿pero qué relación tiene él con el señor Pollunder?

—Es el novio de la señorita —respondió el sirviente.

—En verdad no lo sabía —dijo Karl, y se detuvo.

—¿Tanto le asombra? —preguntó el sirviente.

—No, sólo deseo estar enterado. Si uno ignora tales relaciones puede cometer errores graves —contestó Karl.

—Pues me sorprende que no le dijeran nada de esto —dijo el sirviente.

—Sí, es cierto —dijo Karl, avergonzado.

—Sin duda pensaron que usted ya lo sabía —dijo el sirviente—, ya que no es una novedad. Además, ya llegamos. —Mientras decía eso abrió una puerta, tras la cual apareció una escalera que llevaba derecho a la puerta trasera del comedor, tan regiamente iluminado como cuando llegó.

Antes de que Karl entrara en el comedor, desde donde llegaban igual que hacía dos horas las voces de los señores Pollunder y Green, dijo el sirviente:

—Si usted quiere, le espero aquí y le acompaño después a su habitación. De todos modos no es fácil orientarse en esta casa la primera noche.

—No, volveré a mi habitación —dijo Karl; sin saber por qué se entristecía al dar esa información.

—Bueno, no será tan grave —dijo el sirviente, sonriendo con ligera superioridad y palmeándole el brazo. Seguramente se explicaba las palabras de Karl pensando que éste tenía intención de permanecer toda la noche en el comedor, charlando con los señores y bebiendo con ellos. Karl no deseaba hacer confidencias en este momento; pensó además que ese sirviente, que le agradaba más que los otros de la casa, podría mostrarle más tarde el camino y el rumbo que tenía que tomar para Nueva York, y por eso dijo:

—Si quiere esperar aquí, sería muy amable de su parte y lo acepto agradecido. De todos modos retornaré en unos instantes y le diré lo que pienso hacer. Realmente creo que todavía me hará falta su ayuda.

—Bueno —dijo el sirviente, puso el farol en el suelo y se sentó sobre un pedestal bajo que no tenía nada encima, cosa que seguramente también tenía que ver con la reconstrucción de la casa—. Entonces aguardaré aquí. Puede dejarme la bujía, si le parece —todavía agregó el sirviente viendo que Karl se preparaba a entrar en la sala con la vela encendida.

—Que distraído soy —dijo Karl, dándole la vela al sirviente; éste se limitó a asentir con un movimiento de cabeza, sin que se comprendiera si en realidad lo hacía intencionadamente o si causaba esa impresión sólo porque se acariciaba la barba con la mano.

Karl abrió la puerta, que crujió con fuerza, pero no por culpa suya, ya que estaba formada de una sola hoja de vidrio que casi se doblaba si alguien la abría con rapidez sosteniéndola sólo por el picaporte. Karl soltó la puerta asustado, pues justamente deseaba entrar en el mayor silencio. Ya no quería volverse atrás e incluso tuvo tiempo de advertir cómo tras él, el sirviente, que por lo visto había bajado del pedestal, cerraba la puerta con cuidado y sin el menor ruido.

—Disculpen que les moleste —dijo dirigiéndose a los dos señores, quienes le miraron con sus grandes rostros sorprendidos. Pero al mismo tiempo abarcó la sala con una rápida mirada, para ver si podía hallar en seguida, en algún lado, su sombrero. Pero éste no estaba visible en ninguna parte, la mesa del comedor se veía desocupada por completo; a lo mejor el sombrero había sido llevado de alguna manera —cosa bastante fastidiosa— a la cocina.

—¿Pero dónde ha dejado usted a Klara? —preguntó el señor Pollunder, a quien por otra parte no parecía disgustar la interrupción, ya que de inmediato cambió de posición en su butaca, dando ahora a Karl todo su frente.

El señor Green se hizo el desentendido y sacó un billetero del bolsillo, que era un monstruo de su especie por tamaño, y pareció buscar una pieza determinada en sus numerosas subdivisiones; pero mientras buscaba leía de paso otros papeles que en ese momento caían en sus manos.

—Quiero pedirle un favor y no desearía que lo malinterpretase —dijo Karl acercándose presuroso al señor Pollunder y colocando la mano, para estar bien próximo a él, en el brazo del sillón.

—¿Y qué favor quiere pedirme? —preguntó el señor Pollunder, dirigiendo a Karl una mirada franca, libre de sospechas—. Por supuesto que desde ya se lo concedo. —Y rodeando a Karl con un brazo lo atrajo hacia sí, poniéndolo entre sus piernas.

Karl lo toleró de buen grado, aunque por lo general se consideraba demasiado adulto para semejante trato. Pero naturalmente de ese modo le era más difícil hacer su pedido.

—Y bien, ¿se encuentra a gusto entre nosotros? —preguntó el señor Pollunder—. ¿No le parece también que uno se siente, por decirlo así, liberado aquí en el campo? Habitualmente —y una mirada de reojo imposible de ser interpretada erróneamente, medio oculta por el cuerpo de Karl, fue lanzada hacia el señor Green—, habitualmente suelo tener de nuevo esa sensación cada noche.

«Habla, pensó Karl, como si no supiera nada de esta enorme casa, de los infinitos pasillos, de la capilla, de los cuartos vacíos, de esa oscuridad que hay por todas partes.»

—Y bien —dijo el señor Pollunder—, ¡venga ese pedido! —Sacudió a Karl amistosamente; pero éste seguía mudo.

—Le ruego —dijo Karl y por más que bajara la voz era inevitable que el señor Green, sentado al lado, lo oyera todo (y a Karl le hubiera gustado tanto callar ante él ese pedido que quizá podía entenderse como una ofensa a Pollunder)—, le ruego que me permita regresar a mi casa ahora.

Y como lo más grave estaba dicho, lo demás se agolpaba por salir cuanto antes; sin recurrir a la menor mentira, dijo cosas, en las que, en verdad, ni había pensado antes.

—Me gustaría, por lo que más quiero en el mundo, regresar a mi casa. Volveré aquí con gusto, puesto que allí donde usted está, señor Pollunder, yo también estoy a gusto. Sólo que hoy no puedo quedarme. Ya lo sabe que mi tío no me concedió con agrado el permiso para esta visita. Sin duda tuvo sus buenos motivos para ello, como para todo lo que hace, y yo me atreví, de hecho, oponiéndome a su mejor entendimiento, a obligarle a que me diera el permiso. Abusé, ni más ni menos, de su amor por mí. No viene al caso ahora qué objeciones puede haber tenido contra esta visita; sólo sé, con total certeza, que nada había en esas objeciones que pudiera ofenderle, señor Pollunder, a usted que es su mejor amigo, el mejor de los mejores. Ninguno se le puede comparar, ni remotamente, en cuanto a la amistad que le profesa mi tío. Esta es la única disculpa para mi desobediencia, pero no es disculpa suficiente. Puede ser que no conozca exactamente la relación que hay entre mi tío y yo; por eso quiero decir sólo lo más evidente y comprensible. Hasta que no termine mis estudios de inglés y no tenga los conocimientos necesarios del comercio práctico dependo de su bondad por completo, de la cual puedo gozar, en verdad, como pariente consanguíneo. No debe creer que yo podría, de algún modo, ganarme el sustento en forma decente… y Dios me libre de cualquier otra cosa. Es lamentable: mi educación fue muy poco práctica en ese sentido. Durante cuatro años fui un alumno mediocre de un colegio secundario europeo, y para ganarse la vida eso es mucho menos que nada, ya que nuestros colegios secundarios o gymnasium, están muy atrasados en sus planes de enseñanza. Se reiría si le dijera lo que estudié. Si se continúa estudiando, si se concluye el gymnasium y se entra en la Universidad, todo se equilibra de alguna forma, con seguridad, y se llega a poseer al final una cultura ordenada, que en algo es útil para dar ese aplomo para ganar dinero. Pero, desgraciadamente, se me privó de completar esos estudios; a veces pienso que no sé nada, por otra parte, para concluir, todo lo que podría saber poco sería para los norteamericanos. Ahora, desde hace poco tiempo, se instala en mi país de cuando en cuando algún gymnasium modernizado, donde se estudian también lenguas modernas y quizá ciencias económicas; cuando dejé la escuela primaria esto todavía no ocurría. Cierto es que mi padre quería que tomara lecciones de inglés; pero, en primer lugar, entonces no podía imaginar ni remotamente la desgracia que me caería encima y hasta qué punto me haría falta el inglés, y, en segundo lugar, debía estudiar mucho para el gymnasium, de modo que no me quedaba tiempo para otras tareas. Digo esto para mostrarle cuánto dependo de mi tío y cuánto reconocimiento le debo, por consiguiente. Sin duda concederá que no puedo permitirme hacer absolutamente nada contra mi voluntad, aun en el caso de que sólo presintiera que algo lo incomodaría. Y por eso, aunque sólo fuera para reparar a medias la falta que cometí con él, tengo que irme en seguida a mi casa.

El señor Pollunder escuchó con atención todo ese largo discurso y con frecuencia, sobre todo cuando nombraba al tío, estrechó a Karl, aunque de modo imperceptible, y algunas veces miró seriamente y como expectante hacia Green, quien continuaba ocupado con su billetero.

Y Karl, con la mayor claridad que tomaba durante su discurso la conciencia de su posición ante su tío, se sentía cada vez más intranquilo e intentaba liberarse, sin quererlo, del brazo de Pollunder. Todo lo aprisionaba allí.

El camino cruzando la puerta de cristal, por la escalera, por la avenida de los árboles y por las carreteras cruzando los suburbios, hasta la gran avenida que iba a dar en la casa de su tío, aparecía ante él como algo inexorablemente dispuesto para él, vacío y liso, que lo llamaba con voz poderosa. De un modo impreciso se confundían la bondad del señor Pollunder y la repulsión del señor Green, y de esa habitación llena de humo sólo deseaba para sí el permiso para despedirse. Aunque se sentía entregado ante el señor Pollunder, frente al señor Green se sentía dispuesto a la lucha. Sin embargo, le invadía un miedo vago, cuyos accesos le empañaban los ojos.

Retrocedió un paso y quedó a la misma distancia del señor Pollunder y el señor Green.

—¿No deseaba decirle algo? —preguntó el señor Pollunder al señor Green, y le tomó la mano como rogándole.

—No sé qué podría decirle —respondió el señor Green, que acabó sacando de su billetero una carta que puso delante de sí sobre la mesa.

—Es muy loable que desee regresar junto a su tío y, de seguir toda previsión humana, deberíamos pensar que con esto le daría una gran alegría. A no ser que su tío se hubiese disgustado ya con exceso por su desobediencia, cosa que también puede ocurrir. Entonces, por cierto, mejor sería que se quedara. No es nada fácil, pues, decir algo indudable y preciso, si bien ambos somos amigos de su tío y costaría gran esfuerzo hallar diferencias de grado entre la amistad mía y la del señor Pollunder, no podemos ver nada de lo que pasa en el corazón de su tío, y aún menos a los muchos kilómetros que nos separan ahora de Nueva York.

—Por favor, señor Green —dijo Karl aproximándose a él y venciendo de ese modo sus más íntimos impulsos—, me parece, como se desprende de sus palabras, que también cree que lo mejor para mí sería regresar en seguida.

—No he dicho tal cosa, en modo alguno —respondió el señor Green, hundiéndose en la contemplación de la carta cuyos bordes recorría con los dedos, de un lado a otro.

Parecía dar a entender de esa forma que a él le había preguntado el señor Pollunder y que a éste había respondido, mientras que en realidad poco tenía que ver con Karl.

Mientras tanto, el señor Pollunder se había acercado a Karl y, apartándole con suavidad del señor Green, lo llevó hasta uno de los grandes ventanales.

—Estimado señor Rossmann —dijo inclinándose al oído de Karl y, como para prepararse, se enjugó el rostro con el pañuelo y deteniéndose en la nariz, se sonó—, no vaya a pensar que deseo retenerlo aquí en contra de su voluntad. Ni pensarlo. Eso sí, no puedo poner a su disposición el automóvil porque está guardado en un garaje público, pues aún no tuve tiempo de instalar el mío aquí, donde todo está en construcción todavía. Además, el chófer no duerme en la casa, sino cerca del garaje; ni yo mismo sé dónde, en realidad. Por otra parte, tampoco es su obligación el estar ahora en su casa, su deber es sólo presentarse a tiempo aquí, a la mañana temprano, con el coche; pero todo esto no sería un obstáculo para que regresara en seguida, ya que si se empeña en ello lo acompañaré de inmediato a la próxima estación del tren suburbano, pero se encuentra tan lejos que no llegará a su casa mucho antes de la mañana, en que ya estaremos allí —ya que partimos a las siete— si viene conmigo en mi auto.

—Sin embargo, señor Pollunder, preferiría irme en el tren suburbano —dijo Karl—. No se me ocurrió pensar en él. Usted mismo afirma que así llegaré más temprano que con el coche.

—Pero hay apenas una pequeñísima diferencia.

—No importa, señor Pollunder —repuso Karl—. En recuerdo de su gentileza lo volveré a visitar siempre con gusto, siempre que, naturalmente a pesar de mi conducta de hoy, quiera invitarme todavía, y acaso la próxima vez pueda expresarle mejor por qué es en este momento tan importante para mí cada minuto en que pueda adelantar la entrevista con mi tío. —Y como si ya tuviera el permiso de partir agregó—: Pero no debe acompañarme de ningún modo. Por otra parte es completamente innecesario. Allí afuera me aguarda un sirviente que con gusto me llevará hasta la estación. Únicamente falta ahora que encuentre mi sombrero.

Y diciendo las últimas palabras atravesaba ya la habitación de prisa, en una última tentativa de hallar su sombrero a pesar de todo.

—¿No podría yo facilitarle una gorra? —dijo el señor Green sacando una de su bolsillo—. A lo mejor por casualidad le queda bien.

Karl se detuvo turbado y dijo:

—No voy a dejarlo sin su gorra. Además puedo irme perfectamente con la cabeza descubierta. No me hace falta nada.

—Esta gorra no es mía. ¡Tómela!

—Bueno, entonces se lo agradezco —dijo Karl para no perder más tiempo y tomó la gorra.

Se la puso y en seguida se echó a reír, ya que le quedaba perfectamente bien; la tomó otra vez en sus manos y la contempló; buscaba en ella algo especial, pero no pudo descubrirlo. Era una gorra perfectamente nueva.

—¡Qué bien me queda! —dijo.

—Ya lo ve, ¡le queda bien! —exclamó el señor Green golpeando la mesa.

Karl se dirigía ya a la puerta para buscar al sirviente cuando el señor Green se incorporó y, estirándose después de la abundante cena y el largo descanso, se dio unos golpes en el pecho y, con un tono entre consejo y orden, dijo:

—Antes de irse debe despedirse de la señorita Klara.

—Sí, debe hacerlo —coincidió el señor Pollunder que también se había levantado.

Pero el tono de sus palabras indicaba con claridad que éstas no salían de su corazón; dejaba caer las manos y éstas apenas golpeaban la costura de su pantalón, y una vez y otra vez se abotonaba y desabotonaba la chaqueta que, según la moda del momento, era muy corta y le llegaba apenas hasta las caderas, cosa que no estaba de acuerdo con el vestir de personas tan obesas como él. Además, cuando se lo veía, como en ese momento, junto al señor Green, se advertía claramente que en el caso del señor Pollunder no era una corpulencia sana; la espalda estaba algo encorvada, el vientre tenía un aspecto blando y fofo, era una verdadera carga, y el rostro se veía pálido y afligido. En cambio ahí estaba el señor Green, acaso un poco más grueso aún que el señor Pollunder, pero era de una gordura conveniente, conexa, con equilibrio; los pies permanecían juntos, en actitud militar, y tenía la cabeza erguida y vacilante. Parecía un gran gimnasta, un instructor de gimnastas.

—Vaya a ver primero entonces —insistió el señor Green— a la señorita Klara. Con seguridad le agradará y además encaja muy bien en mi horario, pues, en efecto, antes de irse de aquí tengo que decirle algo, algo interesante por cierto, algo que quizá sea decisivo también en lo referente a su regreso. Sólo que, lamentablemente, una orden superior me obliga a no develarle nada antes de medianoche. Puede imaginarse que yo mismo lo siento, pues esto trastorna mi descanso nocturno, pero así cumplo mi encargo. Ya son las once y cuarto, por lo tanto hasta podré terminar mis conversaciones de negocios con el señor Pollunder, que su presencia sólo complicarán, y podrá estar usted todavía un buen rato junto a la señorita Klara. Más tarde, a las doce en punto, preséntese aquí y sabrá lo necesario.

¿Podía acaso Karl rechazar una invitación que sólo exigía de él un mínimo de cortesía y reconocimiento con el señor Pollunder y que por otro lado le hacía un hombre bastante rudo que no tomaba parte en el asunto, en tanto el señor Pollunder, a quien el asunto tocaba de cerca, permanecía lo más reservado posible, tanto en palabras como en miradas? ¿Y cuál sería esa cosa interesante de la que podía enterarse a medianoche?

Si el asunto no se aceleraba después de su regreso, por lo menos en los tres cuartos de hora en que ya lo retrasaba, bien poco podía interesarle. Pero su mayor duda residía en ir a ver a Klara, quien era en realidad su enemigo.

¡Si al menos llevara consigo el puño de hierro que su tío le obsequió como pisapapeles! La habitación de Klara bien podía resultar una cueva bastante riesgosa. Pero allí era imposible decir la menor cosa en contra de Klara, pues era la hija de Pollunder y para colmo, según acababa de saber, la novia de Mack. Si ella sólo se hubiera comportado con él de otra forma, aunque la diferencia hubiera sido muy pequeña, gracias a sus relaciones la hubiera admirado realmente.

Estaba reflexionando todavía acerca de todo esto cuando advirtió que no se le pedían reflexiones, ya que Green abrió la puerta y dijo, dirigiéndose al sirviente, que saltó del pedestal:

—Lleve a este muchacho hasta la habitación de la señorita Klara.

«Esto sí que se llama cumplir órdenes», pensó Karl, viendo cómo lo arrastraba el sirviente al cuarto de Klara por un camino particularmente breve, casi corriendo, jadeante en su senil endeblez.

Al pasar por su habitación, cuya puerta estaba abierta todavía, quiso entrar un momento, quizá para tranquilizarse un poco. Pero el sirviente no se lo permitió.

—No —dijo—, debe ver a la señorita Klara. Usted mismo lo oyó.

—Sólo me quedaría ahí dentro un momento —dijo Karl, y pensó echarse un rato en el sofá para conseguir una modificación en la situación y para que el tiempo que aún faltaba para medianoche pasase más rápidamente.

—No dificulte la realización de mi cometido —dijo el sirviente.

«Éste parece creer que es un castigo el que deba ver a la señorita Klara», pensó Karl y avanzó unos pasos; pero se detuvo de nuevo enseguida, por pura obstinación.

—Pero venga, señor —dijo el sirviente—, ya que está aquí. Sé que deseaba irse esta misma noche, pero no todo ocurre como uno quiere; ya pensaba yo que seguramente esto no sería posible.

—Sí, señor, quiero irme y me iré —dijo Karl—; y voy ahora a despedirme de la señorita Klara, y nada más.

—¿Sí? —dijo el sirviente, y bien advertía Karl en su rostro que no creía nada de esto—. ¿Por qué entonces duda en despedirse? Venga.

—¿Quién está en el pasillo? —resonó la voz de Klara, y se la vio asomar por una puerta vecina, sosteniendo en la mano una lámpara grande de mesa, de pantalla roja.

El sirviente se le acercó y dio su informe. Karl lo siguió sin prisa.

—Llega usted tarde —dijo Klara.

Sin responderle, Karl dijo al sirviente en voz baja pero, ahora que conocía ya su carácter, adoptando el tono de una orden severa:

—¡Usted me esperará junto a la puerta!

—Estaba por acostarme —dijo Klara, poniendo la lámpara sobre la mesa.

Precisamente como allá abajo en el comedor, también aquí el sirviente cerró la puerta con gran cuidado desde afuera.

—Ya son más de las once y media.

—¿Más de las once y media? —repitió Karl en un modo interrogante, como atemorizado por esas cifras—. Pero entonces debo despedirme rápidamente —dijo Karl—, pues a las doce en punto tengo que estar abajo, en el comedor.

—¡Qué negocios urgentes tiene! —dijo Klara acomodando distraídamente los pliegues de su camisón, que llevaba muy suelto. Le ardía el rostro y sonreía sin cesar. A Karl le pareció que ya no había ningún peligro de trabarse en lucha otra vez con Klara—. ¿No podría sin embargo, ejecutar todavía algo en el plano, aunque sea muy poca cosa, como ayer prometió papá y hoy usted?

—¿No es ya demasiado tarde? —preguntó Karl.

Le hubiera gustado mucho complacerla, pues estaba muy distinta en ese momento, como si de algún modo se hubiese alzado hasta las esferas de Pollunder y, aún más allá, hasta las de Mack.

—Sí, realmente es tarde ya —dijo, y parecía que se habían esfumado sus ganas de escuchar música—. Por otra parte cada sonido resuena aquí en toda la casa; estoy convencida de que si tocara usted se despertaría hasta la servidumbre que duerme allá arriba, en el desván.

—Entonces no tocaré. Por otra parte, espero seguramente volver; y además, si no es mucha molestia, visite alguna vez a mi tío y entonces venga por un momento también a mi cuarto. Tengo un espléndido piano. Me lo regaló mi tío. Y entonces tocaré, si lo desea, todas las piezas que sé; desgraciadamente no son muchas, ni están de acuerdo con un instrumento tan importante, en el cual únicamente sólo deberían dejarse oír los virtuosos. Pero también este placer podrá tenerlo si me comunica su visita por anticipado, pues mi tío desea contratar para mí en el futuro a un maestro famoso —ya supondrá cuánto me alegro de ello—, y la ejecución de éste valdrá en verdad la pena y podrá escucharla si me visita durante la clase. Si debo ser sincero, estoy realmente contento de que sea tarde ya para tocar, pues aún no sé nada. Se sorprendería de lo poco que sé. Y permítame ahora que me despida, pues ya es hora de dormir. —Y como Klara lo miraba bondadosamente y no parecía guardarle ningún rencor por la riña, agregó sonriendo mientras le tendía la mano—: En mi país suele decirse: «Qué duermas bien y tengas dulces sueños».

—Aguarde —dijo ella sin cogerle la mano—, quizá debería tocar, sin embargo. —Y desapareció a través de una puertita del costado junto a la cual estaba el piano.

«Pero, ¿qué pasa?, pensó Karl. No puedo aguardar mucho tiempo por más amable que ella sea.»

Llamaron a la puerta del pasillo, y el sirviente, sin animarse a abrirla del todo, musitó por una pequeña rendija:

—Perdone, acabo de recibir orden de volver y no puedo continuar esperando.

—Vaya entonces —dijo Karl, quien ahora se atrevía a hallar solo el camino hasta el comedor—. Déjeme el farol nada más, delante de la puerta. A propósito ¿qué hora es?

—Faltan unos minutos para las doce menos cuarto —respondió el sirviente.

—Qué lento pasa el tiempo —dijo Karl.

Ya se disponía el sirviente a cerrar la puerta, cuando Karl recordó que no le había dado la propina todavía; sacó entonces una moneda de plata del bolsillo de su pantalón —ahora siempre tenía las monedas, de acuerdo con la costumbre americana, sueltas y sonando en el bolsillo del pantalón; los billetes los guardaba en el bolsillo del chaleco— y se la dio al sirviente con estas palabras:

—Por sus buenos servicios.

Klara había vuelto a entrar, con las manos sobre su peinado bien firme, cuando Karl pensó que a pesar de todo no debió haber dejado que el sirviente se fuera. ¿Quién lo llevaría a la estación del tren suburbano? Pero en tal caso el señor Pollunder ya pondría a su disposición otro sirviente y acaso, por otra parte, el que lo acompañó sólo había sido llamado al comedor y después estaría disponible.

—Bueno, con todo le pido que toque un poco. Tan rara vez escuchamos música aquí que no quiero dejar pasar ninguna ocasión de oírla.

—Entonces, ahora mismo —dijo Karl, y sin pensar más se sentó al piano de inmediato.

—¿Desea un cuaderno de música? —preguntó Klara.

—Gracias; si ni siquiera leo correctamente las notas —repuso Karl, y comenzó a tocar.

Era una cancioncilla que, como bien sabía Karl, debía tocarse con cierta lentitud para que tuviera algún sentido, si quienes la oían eran extraños, pero él la despachó aporreándola en el peor de los tiempos de marcha. Cuando terminó, el silencio perturbado de la casa recuperó su sitio, como presa de un gran agobio. Y ellos continuaron sentados, como cohibidos, sin moverse.

—Muy bonita —dijo Klara, pero no había fórmula cortés capaz de halagar a Karl después de tal ejecución.

—¿Qué hora es? —preguntó.

—Las doce menos cuarto.

—Entonces me queda todavía un momento —dijo, y pensó para sus adentros: «O una cosa u otra. No hace falta que toque diez canciones, todas las que conozco, pero una puedo tocarla bien, según mis posibilidades.»

Comenzó su amada canción soldadesca con una lentitud que la ansiedad repentinamente despertada del oyente se estiraba hacia la nota siguiente, que Karl retenía y sólo soltaba a duras penas. En efecto, para cada canción tenía que buscar primero las teclas necesarias con los ojos, pero además sentía crecer en él como una angustia que, más allá del final de la canción, buscaba aún otro final, sin poder encontrarlo.

—Sí, no sé nada —dijo Karl al terminar la canción, y miró a Klara con lágrimas en los ojos.

En ese instante se escuchó un ruidoso aplauso desde el cuarto vecino.

—¡Hay alguien más escuchando! —exclamó Karl completamente agitado.

—Es Mack —dijo Klara en voz baja. En ese momento se oyó la voz de Mack que llamaba:

—¡Karl Rossmann, Karl Rossmann!

Karl casi saltó con ambos pies al mismo tiempo por encima de la banqueta del piano y abrió la puerta. Ahí vio a Mack, sentado y medio acostado en una gran cama estilo imperio, la colcha echada sobre las piernas. El baldaquino de seda azul tenía algo de primoroso, algo de muchacha, y era el único lujo de esa cama, por lo demás simple, angulosa, de madera pesada. En la mesita de noche ardía una bujía solamente, pero con la ropa de la cama y la camisa de Mack eran tan blancas que reflejaban la luz de la bujía que caía sobre ellas con un brillo casi fulgurante; también el baldaquino resplandecía, por lo menos en los bordes, con su seda apenas ondulada y no muy firmemente tendida. Pero detrás de Mack, sin ninguna transición, se hundía la cama y todo lo demás en una total oscuridad. Klara se apoyó en un barrote de la cama y únicamente tuvo ojos para Mack.

—Hola —dijo Mack, tendiéndole la mano a Karl—. Toca bastante bien; hasta este momento sólo conocía su destreza en la equitación.

—Hago una tan mal como la otra —dijo Karl—. Si hubiera sabido que me estaba oyendo, no habría tocado. Pero su... señorita... —Se interrumpió, dudó en decir «novia», pues Mack y Klara evidentemente ya dormían juntos.

—Ya lo imaginaba —dijo Mack—, por eso Klara tuvo que atraerle desde Nueva York hasta aquí, ya que de otra forma su música nunca hubiera llegado a mis oídos. En verdad es la interpretación característica de un novicio y aun en esas canciones que usted estudió bien y cuya composición es muy primitiva cometió algunos errores, pero, de todos modos, el escucharlo fue para mí un gusto; sin considerar, en absoluto, que no desprecio la ejecución de nadie. ¿Pero no desea sentarse y quedarse un rato más con nosotros? Klara, ¿por qué no le arrimas una silla?

—Gracias —dijo Karl atropelladamente—. No puedo, a pesar de que me gustaría quedarme aquí. Demasiado tarde sé que hay en esta casa habitaciones tan agradables y cómodas.

—Estoy reconstruyendo así toda la casa —dijo Mack.

En ese momento resonaron doce breves campanadas, una tras otra, con escasos intervalos, cayendo el golpe de una dentro aún de la resonancia de la anterior. El soplo de esa gran agitación de las campanas llegó hasta las mejillas de Karl. ¡Qué aldea era ésa que contaba con semejantes campanas!

—Es muy tarde —dijo Karl; tendió a Mack y a Klara sus manos sin tomar las de ellos y salió corriendo al pasillo. No halló allí el farol y lamentó haber dado al sirviente la propina con tanta precipitación.

Se preparaba para andar a tientas, palpando el muro hasta la puerta abierta de su habitación; pero apenas hubo recorrido la mitad del camino vio que el señor Green se aproximaba presuroso, tambaleante. En la mano, con la que sostenía además la vela, tenía una carta.

—Pero, ¿por qué no viene, Rossmann? ¿Por qué me hace esperar? ¿Qué estuvo haciendo en la habitación de la señorita Klara?

«He aquí muchas preguntas, pensó Karl. Y ahora, para colmo, me aprieta contra la pared.» En efecto, el otro se puso delante, muy cerca de él, y Karl quedó con la espalda pegada a la pared. El tamaño que cobraba Green en ese pasillo era francamente grotesco y Karl se planteó, si bien en broma, el asunto de si acaso habría devorado al buen señor Pollunder.

—Verdaderamente no es hombre de palabra. Promete bajar a las doce y en lugar de hacerlo ronda la puerta de la señorita Klara. Yo en cambio le prometí algo interesante para medianoche y aquí estoy ya, y se lo traigo. —Y diciendo esto le entregó la carta a Karl.

En el sobre decía: «A Karl Rossmann, para que le sea entregado personalmente a medianoche, dondequiera que se encuentre».

—Al fin de cuentas —dijo el señor Green mientras Karl abría la carta— ya es, creo, bastante digno de reconocimiento el que haya venido a propósito desde Nueva York por usted, de modo que no está nada bien que me haga correr detrás suyo por estos pasillos.

—¡De mi tío! —dijo Karl apenas miró la carta—. Ya me lo esperaba —dijo dirigiéndose al señor Green.

—Que lo esperara o no, me es completamente indiferente. Pero lea de una vez —dijo acercándole a Karl la vela. A su resplandor, Karl leyó:

> Querido sobrino: como habrás notado durante nuestra convivencia, por desgracia excesivamente corta, soy por completo un hombre de principios. Esto no sólo es muy desagradable y penoso para los que me rodean sino también para mí mismo, pero debo a

mis principios todo lo que soy y nadie tiene el derecho a exigirme que niegue mi existencia sobre la tierra; nadie, ni tú querido sobrino, aunque justamente tú serías el primero de toda la lista si alguna vez se me ocurriese consentir tal ataque general contra mí. Entonces serías justamente tú a quien más me agradaría recoger y alzar en alto con estas dos manos con las cuales escribo ahora y sostengo el papel. Pero, como por ahora nada indica que ello pudiera ocurrir alguna vez, resulta imprescindible que, después de lo ocurrido hoy, te aparte de mí; te pido encarecidamente que no vengas a verme, ni busques vincularte conmigo por carta o por intermediarios.

Contra mi voluntad decidiste alejarte de mi lado esta noche y si así es, mantén esa decisión durante toda tu vida; sólo entonces habrá sido una decisión varonil. Elegí como portador de esta nueva al señor Green, mi mejor amigo, que de seguro hallará para ti suficientes palabras de consuelo, palabras de que, por cierto, no dispongo ahora. Es persona influyente, y aunque más no fuera por amor a mí, te auxiliará en tus primeros pasos independientes, moral y materialmente. Para entender esta separación nuestra que en este momento, al finalizar esta carta, me parece de nuevo inconcebible, es necesario que me repita otra vez: nada bueno viene de tu familia, Karl.

Si el señor Green olvidara darte tu baúl y tu paraguas, recuérdaselo.

Con los mejores augurios para tu bienestar de hoy en adelante, se despide de ti tu fiel tío,

JaKob

—¿Terminó ya ? —preguntó Green.

—Sí —dijo Karl—. ¿Me trajo el baúl y el paraguas —preguntó.

—Aquí está —dijo Green poniendo en el suelo, junto a Karl, el viejo baúl de viaje que hasta entonces había ocultado a sus espaldas.

—¿Y el paraguas? —continuó preguntando Karl.

—Aquí lo tiene todo —dijo Green y sacó también el paraguas que tenía colgado de uno de los bolsillos de su pantalón—. Estas cosas las trajo un tal Schubal, capataz de maquinistas de la Hamburg-Amerika-Linie; dijo que las había encontrado en el barco; oportunamente puede darle las gracias.

—Ahora, por lo menos, nuevamente tengo mis viejas cosas —dijo Karl, y colocó el paraguas sobre el baúl.

—Sí, pero en el futuro debería cuidarlas un poco más; se lo manda decir el señor senador —acotó el señor Green, y después aparentemente obedeciendo a su curiosidad singular preguntó—: ¿Qué baúl tan extraño es éste?

—Es un baúl de los que llevan en mi país los soldados cuando van a realizar el servicio militar —repuso Karl—, es el antiguo baúl de campaña de mi padre. Es, además, bastante práctico —añadió sonriendo—, suponiendo que no se lo deje abandonado.

—Al fin y al cabo ya está usted bastante escarmentado —dijo el señor Green— y con seguridad no cuenta en América con otro tío. Por otra parte aquí le entrego un boleto de tercera clase para San Francisco. Decidí este viaje para usted porque, en primer lugar, las posibilidades de ganar dinero son para usted mucho mayores en el Este; y porque, en segundo lugar, aquí las cosas que podrían convenirle algo tienen que ver con su tío y debe evitarse cualquier encuentro. En San Francisco puede trabajar muy bien sin que nadie le incomode. Empiece tranquilamente muy abajo y trate de ir elevándose de a poco.

Karl no podía notar ninguna malicia en esas palabras; la mala nueva que había estado guardando Green durante toda la noche ya estaba dada, y desde ese momento Green parecía un hombre inofensivo, con quien quizá podría hablarse más claramente que con cualquier otro. El mejor de los hombres, elegido sin culpa como mensajero de una decisión tan secreta y atormentadora, parecerá por fuerza digno de recelo mientras la lleve encima.

—Dejaré esta casa —dijo Karl aguardando oír la aprobación de un hombre experimentado— de inmediato; ya que fui recibido en ella como sobrino de mi tío; siendo un extraño, no tengo nada que hacer aquí. ¿Tendría la gentileza de indicarme la salida de inmediato y de conducirme después hasta un camino que me sirva para llegar hasta la próxima fonda?

—Pero rápido —dijo el señor Green—. Ya me trae usted no pocas molestias.

Al ver la prisa de los grandes pasos que Green ya comenzaba a dar, Karl se detuvo; éste sí que era un apuro sospechoso. Cogió a Green por el borde inferior de la chaqueta y, entendiendo rápidamente el verdadero estado de cosas, dijo:

—Hay algo que debe aún explicarme: me parece que en el sobre de la carta que debía entregarme sólo dice que debo recibirla a medianoche, en cualquier lugar en que se me encuentre. ¿Por qué me retuvo usted aquí a causa de esa carta cuando a las once y cuarto quería irme? Ahí se excedió en el uso de las facultades que le habían otorgado.

Green comenzó su respuesta con un gesto que expresaba con exageración la nimiedad de la observación de Karl, y después dijo:

—¿Dice acaso en el sobre que por su culpa deba matarme corriendo, y permite inferir el texto de la carta que debe entenderse el asunto de ese modo? Si no lo hubiera retenido, hubiese tenido que darle la carta a medianoche en la carretera.

—No —dijo Karl impasible—; no es exactamente así. Dice en el sobre: «para ser entregado después de medianoche». Si estaba demasiado cansado entonces, quizá no hubiera debido seguirme de ningún modo; o bien, cosa que en verdad también negaba el señor Pollunder, a medianoche ya estaría con mi tío; o, para concluir, hubiera sido su deber llevarme de vuelta a casa de mi tío en su propio automóvil —el cual de pronto ni se mencionaba ya—, pues tanto pedía yo regresar. ¿No expresa con la mayor claridad el sobre escrito que hasta la medianoche era un último plazo para mí? Y usted es el culpable de que yo no haya aprovechado ese plazo.

Karl miró a Green con ojos penetrantes y comprendió por cierto cómo luchaba en él la vergüenza que le daba aquel descubrimiento con el goce que le proporcionaba el logro de su intención.

Se repuso por fin, y con un tono como dedicado a quitarle la palabra a Karl, quien ya hacía un rato estaba callado, dijo.

—¡Ni una palabra más! —y así lo empujó fuera (Karl había recogido de nuevo el baúl y su paraguas) a través de una puertita ubicada delante de él, y que abrió de un golpe.

Karl, asombrado, se vio al aire libre. Frente a él una escalera sin pasamano adosada a la casa llevaba al jardín. Sólo había que bajar y dirigirse ligeramente a la derecha, hacia la avenida que llevaba a la carretera. Era imposible perderse con aquel claro de luna tan resplandeciente. Abajo, en el jardín, oyó repetidos ladridos de perros que corrían entre las sombras de los árboles. En el silencio general que reinaba se escuchaba muy precisamente cómo, después de da grandes saltos, echaban sus cuerpos sobre la hierba.

Sin que le fastidiaran estos perros, Karl salió con éxito del jardín. No sabía establecer, con certeza, en qué dirección estaría Nueva York. Durante el viaje de venida había prestado demasiado poca atención a los pormenores que en ese momento hubieran podido serle útiles. Por fin se dijo que no era imprescindible que fuera a Nueva York, donde nadie lo aguardaba. Escogió entonces una dirección cualquiera y comenzó la marcha.

CAPÍTULO IV: CAMINO A RAMSÉS

Karl llegó a la pequeña posada después de una corta marcha: ésta era en realidad sólo una pequeña estación terminal de vehículos de Nueva York, por lo cual apenas se utilizaba como hospedaje. Solicitó la cama más barata que hubiera; creía que era su deber empezar a economizar de inmediato. En virtud de su pedido fue despachado por el dueño de la posada escaleras arriba con un ademán que parecía destinado a un dependiente suyo, y allá arriba lo recibió una mujer vieja, desgreñada, fastidiada por aquella interrupción de su sueño, que casi sin oírlo lo llevó, rogándole constantemente que anduviera sin hacer ruido, a una habitación cuya puerta cerró después, no sin haberle echado antes su aliento a la cara con un «¡sstt!».

Karl, en un primer momento, no se dio bien cuenta si las cortinas de la ventana estaban bajas o si aquella habitación no tenía ventanas, tanta era allí la oscuridad; advirtió por fin una pequeña claraboya, cubierta con un trapo; lo sacó y dejó entrar un poco la luz. La habitación tenía dos camas; pero ambas estaban ya ocupadas, Karl vio a dos hombres jóvenes sumidos en pesado sueño y que no parecían ser muy dignos de confianza, en principio porque sin un motivo razonable dormían vestidos; uno de ellos hasta tenía puestos los zapatos.

En el instante en que Karl descubría la claraboya, uno de los durmientes levantó un poco los brazos y piernas, cobrando un aspecto tal que Karl, no obstante sus problemas, no pudo menos que reírse para sus adentros.

Pronto se dio cuenta de que él se quedaría sin dormir esa noche, no sólo porque allí no había ninguna otra cama, ni diván ni sofá alguno, sino también porque no podía exponer a ningún peligro ese baúl que acababa de recobrar ni el dinero que llevaba. Pero tampoco quería marcharse, pues no se atrevía a pasar frente a la sirvienta y el dueño de la posada, cosa necesaria para abandonar la casa en ese momento. Al fin y al cabo quién sabía si la inseguridad era mayor allí que en la carretera.

Llamaba la atención por cierto que en toda la habitación no pudiera descubrirse ni una sola pieza de equipaje, según se podía advertir en la media luz reinante. Pero tal vez era muy probable que esos jóvenes fueran los criados, obligados a levantarse muy temprano para servir a los huéspedes, y por eso dormían vestidos. En tal caso no era muy honorable, por cierto, dormir con ellos; pero no ofrecía ya en cambio ningún riesgo. Sólo que, mientras que esto no quedara totalmente aclarado y fuera de toda duda, no podía, de ningún modo, acostarse a dormir.

Bajo la cama había una vela y fósforos, y Karl fue a buscar esas cosas con paso sigiloso. No tenía reparo en encender luz, pues la habitación, según orden del posadero, le pertenecía a él tanto como a los otros dos, quienes por otra parte ya habían disfrutado del sueño durante la mitad de la noche y cuya ventaja frente a él era incomparable, ya que tenían las camas en su poder. Por lo demás, procedió lógicamente con mucho cuidado, y al andar y maniobrar con las cosas se esforzaba muchísimo por no despertarlos.

Antes que nada quería examinar su baúl para tener una idea general acerca de sus cosas, ya que sólo las recordaba vagamente, y con seguridad ya se habría perdido lo más valioso. Pues si aquel Schubal ponía su mano sobre algo, quedaba poca esperanza de recobrarlo intacto. Era posible, en verdad, que aguardara del tío una buena propina;

pero por otra parte, en el caso de faltar algunos objetos aislados, bien podía culpar al verdadero cuidador del baúl, el señor Butterbaum.

Al abrir el baúl quedó Karl realmente espantado por esa primera visión que se le ofrecía. Larguísimas horas había dedicado durante la travesía a acomodar y volver a acomodar el baúl, y ahora estaba todo allí encerrado de una manera tan salvaje que la tapa saltó por sí sola al abrirse la cerradura.

Pero en seguida se dio cuenta, y se alegró por ello, de que ese desorden sólo se debía al hecho de que, más tarde, habían metido allí aquel traje que había usado durante el viaje y para el cual el baúl, naturalmente, ya no tenía capacidad. No faltaba nada en absoluto. En el bolsillo secreto de la chaqueta no sólo estaba el pasaporte, sino también el dinero que había traído de su casa; de manera que Karl, si sumaba el que llevaba consigo, disponía de suficiente por ahora. Allí estaban también la ropa blanca que tenía puesta al llegar, bien lavada y planchada. Sin demora, depositó el reloj y dinero en el acreditado bolsillo secreto. Sólo había que lamentar que aquel salchichón veronés, que tampoco faltaba, hubiera contagiado el olor a todas las cosas. De no hallar algún medio para solucionarlo, Karl vería si ante la perspectiva de andar durante meses envuelto en tal olor.

Al exhumar algunos objetos del fondo del baúl —una Biblia de bolsillo, papel de carta y las fotografías de los padres— se le cayó de la cabeza la gorra, que cayó en el baúl. En medio de todos esos objetos viejos y familiares que lo rodeaban, la reconoció de inmediato: era su gorra, aquella gorra que le dio su madre para que usara en el viaje. Pero tuvo el cuidado de no ponérsela a bordo, pues sabía que en América la gente llevaba, en general, gorra en vez de sombrero, y por eso no quería gastar la suya antes del arribo. No había duda de que ese señor Green se había valido de ella para divertirse a costa de Karl. ¿Acaso su tío le había encomendado también eso? Y en un movimiento involuntario, furioso, tornó la tapa del baúl y éste se cerró estruendosamente.

Ya no había remedio; había despertado a los durmientes. Primero se desperezó y bostezó uno de ellos, y de inmediato el otro lo imitó. Y había que tener cuenta que casi todo el contenido del baúl estaba volcado sobre la mesa; si eran ladrones, no necesitaban más que aproximarse y elegir. No sólo para adelantarse a esa posibilidad, sino también para poner todas las cosas en claro desde el principio, Karl se acercó a las camas, vela en mano, y luego explicó con qué derecho se hallaban allí. Pero por lo que parecía, ellos ni esperaban tal explicación; aún demasiado soñolientos para poder hablar, se limitaban a mirarlo sin el menor asombro. Eran ambos muy jóvenes, pero por el trabajo duro o la necesidad les había marcado los huesos de la cara antes de tiempo; barbas desordenadas colgaban de sus mentones; el pelo, sin cortar desde hacía mucho, rodeaba desgreñado las cabezas; y ahora, para colmo, se restregaban y se apretaban los ojos con los nudillos, de tanto sueño que tenían.

Karl, queriendo emplear ese pasajero estado de debilidad, dijo:

—Me llamo Karl Rossmann y soy alemán. Ya que tenemos un cuarto en común, les pido que también cada uno de ustedes me diga su nombre y su nacionalidad. Quiero declarar desde ya que no pretendo ninguna cama, puesto que vine tan tarde, y que, por otro lado, no tengo intención de dormir. Además, no se fijen ustedes en mi buen traje; soy completamente pobre y no tengo ninguna clase de perspectivas.

El más bajo de los dos —el que tenía los zapatos puestos— indicó con brazos, piernas y gestos que todo eso no le importaba para nada y que aquella no era hora para tales discursos; se echó de nuevo y se durmió en seguida. El otro hombre, de cutis oscuro, volvió a acostarse también; pero antes de dormirse, con la mano negligentemente extendida, dijo todavía:

—Éste se llama Robinson y es irlandés; mi nombre es Delamarche, soy francés; y ahora ¡silencio! por favor.

En cuanto terminó de decir esas palabras apagó la vela de Karl, soplándola con un gran soplido y después se echó nuevamente sobre la almohada.

«Bien, este peligro está eliminado por ahora», se dijo Karl volviendo a la mesa.

Si este sueño que tenían no era una excusa, todo iba bien. Lo único desagradable era que uno de ellos fuera irlandés. Karl no recordaba ya a ciencia cierta cuál era el libro donde una vez, en su casa, leyó que en América del Norte había que cuidarse de los irlandeses. Claro que, durante la estancia en casa de su tío hubiera tenido oportunidad de investigar a fondo en qué consistía el peligro que entrañaban esa gente; pero no lo había hecho, había perdido por completo aquella oportunidad porque se consideraba allí, para siempre, en puerto seguro. Ahora por lo menos, observaría bien de cerca a ese irlandés a la luz de la vela que encendió de nuevo; así lo hizo y le parecía más tolerable el aspecto de éste que el del francés. El irlandés conservaba aún un rastro de mejillas redondeadas y sonreía cándidamente durante el sueño, según pudo Karl comprobar desde cierta distancia y de puntillas.

Firmemente decidido a no dormir, a pesar de todo Karl se sentó en la única silla de la habitación, postergó por el momento la tarea de poner en orden el baúl, pues para ello aún tenía toda la noche, y hojeó rápidamente la Biblia sin leer nada. Tomó luego la fotografía de sus padres, en la cual el padre, que era menudo, aparecía muy erguido, en tanto la madre, sentada en un sillón, delante de él, parecía ligeramente encogida. El padre mantenía una de sus manos sobre el respaldo del sillón; la otra, con el puño cerrado, sobre un libro ilustrado que yacía abierto a su lado, en una delicada mesita de adorno. Había además una fotografía en la que se veía a Karl retratado con sus padres. En ella, el padre y la madre lo miraban fijo mientras que él, de acuerdo con la orden del fotógrafo, había debido clavar la mirada en la máquina. Pero no le habían dado esa fotografía para el viaje.

Siguió mirando con mayor detenimiento ésta que tenía delante y desde diversos ángulos trató de recoger la mirada del padre. Pero éste, por más que Karl modificaba la visión mediante distintas posiciones de la vela, no quiso cobrar vida; por otra parte, su bigote horizontal y fuerte no se parecía en nada a la realidad; no era un buen retrato. En cambio la madre había sido mucho mejor retratada; en su boca se insinuaba una mueca como si le hubiera hecho algún mal y ella se esforzase por sonreír. Le parecía a Karl que esto debía llamar tan poderosamente la atención a cualquiera que mirase el retrato que, después de un primer momento, la nitidez de esa impresión resultaría demasiado fuerte, casi absurda. ¡Cómo era posible que un retrato diera, hasta tal punto, la convicción inconmovible de un sentimiento secreto del retratado! Y luego, durante unos instantes, apartó la vista del retrato.

Cuando sus miradas regresaron a él, le llamó la atención aquella mano de la madre, que allí delante colgaba del brazo del sillón, tan cerca que tuvo ganas de besarla. Acaso fuera bueno, pese a todo —pensó— escribir a sus padres, ya que como ambos —y por último su padre muy seriamente en Hamburgo— se lo habían pedido. Por cierto entonces esa horrible noche en que la madre junto a la ventana le había anunciado el viaje a América, él había jurado no escribir nunca más; pero, ¡qué valor tenía aquí, en medio de circunstancias tan nuevas, ese juramento de un muchacho inexperto! Lo mismo hubiera podido jurar entonces que a los dos meses de su estancia en América sería general de la milicia norteamericana, mientras que, en realidad, se veía allí con dos vagabundos en un desván de una posada de los alrededores de Nueva York, debiendo admitir, por otra parte, que ése era verdaderamente el lugar que le correspondía. Y, sonriendo, observó los rostros de sus padres, como si en ellos pudiera leerse si aún abrigaban el deseo de recibir noticias de su hijo.

Durante esta contemplación pronto cayó en la cuenta de que, pese a todo, estaba muy fatigado y que díficilmente pasaría la noche en vela.

El retrato cayó de sus manos; luego apoyó la cara sobre ese retrato cuya frescura placía a su mejilla y, con una sensación agradable, se quedó dormido.

Lo despertaron temprano unas cosquillas debajo del brazo. Era el francés quien se permitía tal impertinencia. Pero también el irlandés ya estaba apostado ante la mesa de Karl. Ambos lo miraban con un interés inferior al que Karl mostró ante ellos durante la noche. No le asombró a Karl que no se hubiera despertado al levantarse aquellos; no había hecho falta que ellos, con mala intención, anduvieran con un cuidado particular, pues había estado completamente dormido, y además no les había dado mucho trabajo vestirse, y, como se veía, lavarse.

En ese momento se saludaron mutuamente como era debido, no sin ciertos cumplidos, y Karl se enteró de que ambos eran mecánicos, que desde hacía mucho tiempo no habían podido conseguir trabajo en Nueva York y que, en consecuencia, habían llegado a una situación considerablemente miserable. Para demostrarlo abrió Robinson su chaqueta, y bien pudo verse que no tenía ninguna camisa debajo, lo que por cierto ya podía advertirse por aquel cuello suelto que llevaba cosido a la chaqueta por detrás.

Tenían la intención de irse a la pequeña ciudad de Butterford, separada de Nueva York por un par de días de viaje y donde, según se decía, habían vacantes. No tenían inconveniente alguno en que Karl los acompañara, y le prometían, primero, que a ratos llevarían su baúl, y, segundo, que si conseguían trabajo ellos mismos le encontrarían un empleo de aprendiz, lo cual sería muy fácil si había trabajo.

Karl no había dado todavía su consentimiento, cuando ellos ya le daban el consejo amistoso de cambiarse aquel traje, pues sería un inconveniente para solicitar un trabajo. Le dijeron que la criada se dedicaba también a la compraventa de ropa. Ayudaron a Karl, quien no estaba del todo resuelto a quitarse el traje, y se lo llevaron. Cuando Karl, que quedó solo, con un poco de sueño aún, estaba poniéndose sus viejas ropas de viaje, se reprochó haber vendido aquel traje que quizá podía perjudicarle si pedía un empleo de aprendiz, pero que en cambio podía serle útil si se trataba de un empleo mejor. Abrió entonces la puerta para gritarles que regresaran; pero en cuanto lo hizo chocó con ellos, que ya volvían. Dejaron sobre la mesa medio dólar como producto de la venta, con unas caras tan contentas que era imposible persuadirse de que en la venta no habían tenido ellos también su ganancia, y una ganancia muy suculenta.

Por otra parte, no había tiempo para discutir nada; entró la criada, tan soñolienta como la noche pasada, y echó a los tres al pasillo, diciendo que tenía que preparar el cuarto para nuevos huéspedes. Naturalmente eso no era cierto en absoluto y procedía así sólo por maldad. Karl, que había querido arreglar su baúl, tuvo que quedarse mirando cómo la mujer agarraba sus cosas con ambas manos y las echaba dentro del baúl con un ímpetu sólo comprensible si se hubiera tratado de algún bicho que hubiera que aplacar. Los dos mecánicos intentaron distraerla; la zarandeaban por las faldas, le palmoteaban en la espalda, pero si tenían intención de ayudar a Karl, su método era completamente equivocado.

Cuando la mujer hubo cerrado el baúl, le puso a Karl el asa en la mano, se deshizo de los mecánicos de un empujón y echó a los tres del cuarto con la amenaza de que, si no le hacían caso, se quedarían sin café. Aquella mujer, evidentemente, parecía haber olvidado totalmente que, desde un principio, Karl no había tenido el menor vínculo con los mecánicos, ya que los trataba como a una sola pandilla. En verdad los mecánicos le habían vendido el traje de Karl, mostrando así cierta relación.

Tuvieron que pasearse durante largo tiempo por el pasillo, y el francés, que se había colgado del brazo de Karl, maldecía continuamente y amenazaba con derribar al posadero si éste se atrevía a aparecer por allí; y daba la impresión que se preparaba para ello frotándose con rabia los puños cerrados uno con otro.

Por fin llegó un muchachito, de aspecto inocente, que tuvo que estirarse para darle la cafetera al francés. Desgraciadamente había una sola cafetera y no se le pudo hacer entender que también hacían falta tazas. Así, sólo uno podía tomar café mientras los otros se quedaban plantados ante él, aguardando. Karl no tenía ganas de tomar café, pero como no deseaba ofender a los otros, se quedaba con la cafetera en los labios, sin beber, cuando le llegaba el turno.

A modo de despedida, el irlandés arrojó la cafetera contra el suelo de mosaicos. Dejaron la casa sin que nadie los viera, y entraron en la pesada y amarillenta niebla matinal. La mayor parte del tiempo caminaron en silencio uno junto al otro por el borde del camino; Karl tenía que llevar su baúl; los otros seguramente lo reemplazarían sólo cuando se lo pidiera.

De vez en cuando algún automóvil emergía rápidamente de la niebla y los tres volvían la cabeza hacia aquellos coches casi siempre enormes, tan llamativos en su construcción y cuya aparición era tan breve que no se tenía ni tiempo de notar a sus ocupantes.

Empezaron luego las caravanas de vehículos que llevaban víveres a Nueva York; avanzaban de modo tan ininterrumpido, en cinco filas que ocupaban todo el ancho del camino, que nadie hubiera podido cruzarlo. De cuando en cuando el camino se ensanchaba hasta formar una plaza en cuyo centro se paseaba un agente de policía sobre una construcción alta en forma de torre que le permitía dominar todo y ordenar el tránsito con un bastoncito, tanto el de la carretera principal como el de las calles laterales que desembocaban allí; ese tránsito que permanecía sin vigilancia hasta la plazoleta siguiente y el próximo agente, pero que los conductores, atentos y en silencio, sin embargo conservaban en un orden suficiente por propia voluntad.

Lo que más sorprendía a Karl era la tranquilidad general. Si no hubiera sido por el griterío de las reses que iban al matadero, quizá no se hubiera advertido más que el golpeteo de los cascos de los caballos y el zumbido de los antideslizantes de los automóviles. Y por supuesto había que tener en cuenta que la velocidad no siempre era la misma. Si en alguna plazoleta, debido a un amontonamiento excesivo proveniente de las calles laterales, era necesario hacer grandes cambios y movimientos, filas enteras se detenían o avanzaban a paso de hombre; pero también ocurría que durante un rato corrieran todos a una velocidad de relámpago, hasta calmarse de nuevo como regidos por un freno único. Y pese a todo ni la menor mota de polvo se levantaba del camino; todo se movía en una atmósfera transparentísima. No había peatones ni iban hacia la ciudad vendedoras de feria, verduleras, como allá en el país de Karl; sin embargo de vez en cuando surgían grandes automóviles chatos que llevaban una veintena de mujeres de pie con canastas a la espalda, quizá verduleras que estiraban el cuello para ver bien el tránsito y de esa forma, encontrar alguna esperanza de hacer el viaje más rápido. Y después se veían otros automóviles parecidos sobre los cuales se paseaban aisladamente unos hombres con las manos enfundadas en los bolsillos del pantalón.

Sobre uno de esos vehículos, que llevaba diferentes leyendas, leyó Karl, no sin que se le escapara un suave grito: «Se admiten obreros portuarios para la Compañía de Transportes Jakob». El vehículo avanzaba muy lentamente y un hombrecito encorvado, encogido y vivaz, apostado en la escalerilla del coche, invitó a los tres caminantes a subir. Karl se refugió tras los mecánicos, como si en el vehículo pudiera estar el tío en persona y pudiera verlo. Estaba contento porque también rechazaron la invitación los otros, si bien le apenó en cierta forma el gesto soberbio con que lo hicieron. No tenían motivo de apreciarse tanto como para no entrar en los servicios de su tío. Y así les dio a entender en seguida lo que pensaba, si bien no expresamente. En respuesta Delamarche le pidió que hiciera el favor de no meterse en cosas que no entendía, que ese modo de contratar a la gente era una estafa infame y que la firma Jakob tenía muy mala reputación en ese sentido en todo el territorio de los Estados Unidos.

Karl no contestó, pero desde ese momento empezó a confiar más en el irlandés, y por fin le pidió a éste que le llevara un rato el baúl y, después de repetir varias veces su pedido, el hombre no dejó de cumplirlo. Aunque se quejó a cada rato de lo pesado que era, hasta que quedó bien clara su intención de soliviantar el baúl sacando el salchichón veronés, que ya en el hotel había llamado poderosamente su atención. Karl tuvo que sacarlo y desenvolverlo; el francés se apoderó de él, lo cortó con un cuchillo en forma de puñal y se lo comió casi todo él solo; Robinson recibía una rodaja de cuando en cuando, y Karl, en cambio, obligado a cargar otra vez su baúl si no quería abandonarlo sobre la carretera, no recibió nada, como si ya hubiera tomado por anticipado su parte. Le parecía demasiado ruin conseguir un trozo mendigándolo, pero en su interior se le revolvía la bilis.

La niebla había desaparecido totalmente y en la lejanía fulguraba una alta cordillera cuya ondulada cresta atraía la mirada hacia una nube aún más distante, atravesada por los rayos del sol. A la orilla del camino había campos mal labrados que rodeaban grandes fábricas levantadas en medio de terrenos libres, ennegrecidos por el humo. En las grandes casas de la vecindad, aisladas y esparcidas titilaban muchísimas ventanas con muy diverso movimiento e iluminación, y en todos aquellos débiles balconcitos atendían sus numerosos quehaceres mujeres y niños; mientras que a su alrededor, ya descubriéndolos a la vista, ya ocultándolos, flameaban y se hinchaban con el viento matinal trapos y prendas de vestir colgados o tendidos. Si las miradas, deslizándose sobre las casas, se alejaban de ellas, se veían volar las alondras en lo alto del cielo; más abajo las golondrinas revoloteaban a escasa altura de las cabezas de quienes iban en los vehículos.

Había muchas cosas que a Karl le hacían recordar su patria y no sabía si hacía bien al dejar Nueva York e irse al interior del país. Nueva York estaba sobre el mar y eso entrañaba la posibilidad de regresar a su patria en cualquier momento. Y por eso se detuvo y dijo a sus dos compañeros que había cambiado de opinión y que quería quedarse en Nueva York. Y cuando Delamarche sencillamente pretendió empujarlo, no lo permitió, diciendo que, según creía, todavía tenía derecho a decidir por sí mismo. Tuvo que intervenir el irlandés, diciendo que Butterford era mucho más hermoso que Nueva York, e hizo falta que ambos se lo rogaran mucho antes de resolverse a continuar camino. E incluso así no lo hubiera hecho todavía si no se hubiera dicho que sería mejor para él, que quizá fuera mejor llegar a un lugar donde la posibilidad de regresar a la patria no fuese tan fácil. Sin duda trabajaría mejor y progresaría más allí, sin el estorbo de pensamientos vanos.

Y era él ahora quien incitaba a los otros dos, y tanto se alegraron de la diligencia de Karl que, sin esperar que éste se lo pidiese, llevaban el baúl turnándose; Karl no entendía exactamente por qué les causaba en realidad tanta alegría.

Llegaron a un lugar que iba ascendiendo, y de vez en cuando se detenían para ver, mirando hacia atrás, cómo se ampliaba cada vez más el paisaje de Nueva York con su puerto. El puente que une a Nueva York con Brooklyn colgaba frágilmente sobre el East River y cuando se entrecerraban los ojos se podía verlo estremecer. Parecía totalmente libre de tránsito y debajo se deslizaba la cinta de agua lisa, inanimada.

Todo, en las dos gigantescas ciudades, parecía tener una ubicación absurda, sin responder a ningún sentido de utilidad. Apenas se advertían diferencias entre las grandes casas y las pequeñas. En las hendiduras invisibles de las calles la vida seguramente seguía a su modo, pero sobre ellas sólo se divisaba una leve niebla que, aunque inmóvil, parecía muy fácil de disipar. Incluso sobre el puerto, el más grande del mundo, había descendido la paz; y sólo de vez en cuando, y seguramente bajo la influencia del recuerdo de haberlo visto antes de cerca, podía uno creer que veía deslizarse un corto trecho algún barco. Pero tampoco era posible mirarlo por mucho tiempo: se escapaba a la vista y no se le volvía ya a encontrar.

Pero evidentemente Delamarche y Robinson divisaban mucho más; señalando a derecha e izquierda y con las manos extendidas describían arcos sobre plazas y jardines que llamaban por sus nombres. Les parecía incomprensible que Karl hubiera estado más de dos meses en Nueva York sin haber visto de la ciudad casi nada más que una calle. Y le prometieron que, cuando ganaran lo suficiente en Butterford, irían con él a Nueva York y le enseñarían todas las curiosidades y sobre todos los sitios donde uno se divertía hasta el cansancio. Y en seguida Robinson entonó en voz muy alta una canción que Delamarche acompañó palmeando y en la que Karl reconoció un aire de opereta de su país, y con texto inglés le agradaba muchísimo más de lo que le había gustado en su tierra. Y de ese modo se realizó una pequeña función al aire libre en la que todos intervenían y sólo la ciudad, allá abajo, que de acuerdo con lo que decían se divertía tanto con esa melodía, parecía ignorarla.

Una vez Karl preguntó dónde quedaba la Compañía de Transportes Jakob y de inmediato vio los dedos índice de Delamarche y de Robinson extendidos, indicando quizás el mismo punto o quizá puntos distintos entre los que había kilómetros de distancia.

Cuando emprendieron la marcha, Karl preguntó cuándo podrían volver a Nueva York con ganancias suficientes. Delamarche dijo que bien podría ocurrir en un mes, pues en Butterford se necesitaban obreros y los salarios eran altos. Naturalmente depositarían su dinero en una caja común, para que las diferencias ocasionales de ganancia se compensaran como entre buenos compañeros. Lo de la caja común no le gustó a Karl, pese a que él, como aprendiz, ganaría naturalmente menos que un obrero especializado. Por otra parte, dijo Robinson que, por supuesto, si no hubiera trabajo en Butterford tendrían que seguir marchando para emplearse en algún lugar como peones en el campo o bien llegar hasta los lavaderos de oro de California; y esto, según se deducía de los detallados relatos de Robinson, era su proyecto preferido.

—¿Por qué se hizo usted mecánico si ahora quiere ir a los lavaderos de oro? —preguntó Karl, a quien no le agradaba mucho que hablasen de semejante necesidad de emprender largos y dudosos viajes.

—¿Que por qué me hice mecánico? —preguntó Robinson—. No será con seguridad para que el hijo de mi madre se muera de hambre. En los lavaderos de oro son buenas las ganancias.

—Antes —dijo Delamarche.

—Y aún lo son —dijo Robinson, y contó historias de muchos conocidos suyos que se habían hecho ricos allí, que vivían en el lugar todavía y que, como era lógico, ya no movían ni un dedo, pero que por su antigua amistad le ayudarían a él a enriquecerse y se sobreentendía que a sus amigos también.

—Por fuerza conseguiremos trabajo en Butterford —dijo Delamarche, expresando así el pensamiento más íntimo de Karl; no obstante no era ésa una forma optimista de decirlo.

Durante el día hicieron una sola parada en una posada; comieron frente a ella al aire libre, en una mesa que a Karl le pareció de hierro, una carne casi cruda que no se podía cortar con cuchillo y tenedor, sino que había que arrancar a pedazos. El pan era cilíndrico y de cada uno de ellos surgía un largo cuchillo. Con esa comida se tomaba un líquido negro que hacía arder la garganta, pero que gustaba a Delamarche y a Robinson; con frecuencia alzaban sus vasos, los chocaban y auguraban el cumplimiento de diferentes deseos, sosteniendo por unos instantes los vasos levantados uno contra otro.

En la mesa de al lado estaban sentados unos obreros con sus camisas manchadas de cal, y todos bebían el mismo líquido. Los numerosos automóviles que pasaban despedían nubes de polvo sobre las mesas. Se hacían circular grandes hojas de periódicos, se conversaba con excitación de la huelga de los obreros de la construcción y se escuchaba con frecuencia el nombre de Mack. Karl averiguó sobre esto y supo que se trataba del padre del Mack que él conocía, y que era el empresario de construcciones más importante de Nueva York; que la huelga le costaba millones y que quizá hiciera peligrar su posición comercial. Karl no creyó para nada aquellas habladurías de gente mal informada y maliciosa.

Además le amargaba la comida la muy problemática cuestión de cómo pagar la consumición. Hubiese sido natural que cada uno pagara su parte, pero tanto Delamarche como Robinson habían confesado oportunamente que se habían agotado sus últimos dólares con el pago del albergue de la noche anterior. No se podía descubrir que alguno de ellos tuviera un reloj, anillo o cualquier otra cosa que se pudiera vender. Y Karl no podía decirles claramente, por supuesto, que habían ganado algo con la venta de sus ropas, ya que esto habría sido un agravio que les hubiera separado para siempre.

Pero lo que más asombro le causaba era que ni Delamarche ni Robinson mostraran la menor preocupación por el pago; al contrario, presentaban el buen humor necesario con la mayor frecuencia posible, como para tratar de establecer relaciones con la camarera, que se paseaba entre las mesas, satisfecha y con paso firme y pesado. Tenía el pelo un poco suelto, de modo que a los costados le caía sobre la frente y las mejillas; se lo echaba hacia atrás introduciendo las manos por debajo. Por fin, cuando podía esperarse de ella la primera palabra amable, se acercó a la mesa y, apoyando ambas manos en ella, preguntó:

—¿Quién paga?

Nunca hubo manos que se levantaran con mayor rapidez que en ese instante las de Delamarche y Robinson para señalar a Karl. Éste no se asustó por eso, pues lo esperaba y no veía nada malo en que los compañeros, de quienes también él esperaba sus ventajas, se hicieran pagar algunas menudencias; aunque por cierto, hubiera sido más decente arreglar el asunto diciéndolo claramente antes del momento decisivo. El único fastidio era que se hacía necesario sacar en ese momento el dinero del bolsillo oculto. Al principio había tenido la intención de guardar su dinero para un caso extremo de necesidad y colocarse, por el momento, en un mismo nivel con sus compañeros. La ventaja que él obtenía con su dinero y, en primer término por no hablar a sus compañeros de su propiedad, quedaba compensada de sobra, para ellos, por el hecho de que ya desde su niñez estaban en América, de que contaban con la experiencia y los conocimientos suficientes para ganar dinero y de que, al fin y al cabo, no estaban habituados a otras condiciones de vida mejores que las actuales.

Las intenciones de Karl hasta ese momento respecto de su dinero no tenían por qué perturbarse a causa de ese pago, ya que podía prescindir de un cuarto de dólar y, por lo tanto, podía ponerlo sobre la mesa, diciendo que no tenía nada más y que estaba dispuesto a sacrificarlo por su viaje en común a Butterford. Por otra parte, esa suma alcanzaba muy bien para ese viaje a pie. Pero no sabía en ese momento si tenía dinero suelto suficiente, y además ese dinero, y los billetes doblados, estaban enterrados sabe Dios en qué profundidades del bolsillo secreto, donde la mejor forma de hallar alguna cosa era justamente echando sobre la mesa todo su contenido. Además, era innecesario desde todo punto de vista que los compañeros conociesen la existencia de aquel bolsillo secreto.

Por suerte, a sus camaradas les seguía interesando mucho más la camarera que cómo conseguía Karl el dinero para pagar. Pidiéndole que hiciera el detalle de la cuenta, Delamarche atrajo a la camarera, obligándola a ubicarse entre él y Robinson, y ella sólo pudo rechazar los atrevimientos de ambos poniendo ya a uno, ya a otro, toda la mano sobre la cara, de modo de apartarlos.

Mientras tanto Karl, acalorado por el esfuerzo que tuvo que hacer, reunía debajo de la tabla de la mesa, en una de sus manos, el dinero que pieza por pieza iba pescando y cazando con la otra en el bolsillo secreto. Finalmente, pese a que aún no conocía bien el dinero norteamericano, creyó reunir la suma suficiente, a juzgar por la cantidad de las monedas, y las colocó sobre la mesa. El sonido del dinero interrumpió de inmediato las bromas. Para fastidio de Karl, y con el consiguiente asombro general, resultó que había allí casi un dólar. Aunque ninguno preguntó por qué Karl no había dicho antes nada sobre ese dinero suficiente, para un cómodo viaje en tren hasta Butterford, Karl se sintió, sin embargo, muy mortificado.

Lentamente, después de pagar la comida volvió a guardar el dinero; Delamarche alcanzó a sacarle de la mano una moneda que necesitaba para la propina de la camarera, a la cual abrazó estrechándola contra sí, para darle después, desde el otro lado, la moneda.

Karl se sintió agradecido hacia ellos, ya que al seguir el camino no hicieron ninguna alusión al dinero y, durante un rato, hasta pensó confesarles a cuánto alcanzaba toda su fortuna, pero sin embargo, no lo hizo, pues no se presentó ninguna ocasión favorable.

Al atardecer llegaron a una zona más rural, más fértil. Alrededor se veían campos que no estaban subdivididos, y que se extendían con su fresco verdor sobre suaves colinas; ricas residencias rurales bordeaban el camino, y horas y horas caminaron entre las rejas doradas de los jardines, atravesaron varias veces el mismo río de lenta corriente y muchas veces, por encima de sus cabezas, oyeron el estruendo de los trenes que cruzaban los viaductos construidos sobre altas arcadas.

Estaba ocultándose el sol sobre el borde recto de los bosques distantes cuando se dejaron caer sobre la hierba, rodeados de una pequeña arboleda situada en una altura, para descansar de las fatigas del día. Allí se echaron Delamarche y Robinson, estirándose y desperezándose cuanto podían. Karl se quedó sentado, con la cabeza erguida, mirando hacia el camino que se deslizaba unos metros más abajo y sobre el cual pasaban, veloces, los automóviles, casi rozándose uno al lado del otro, como habían pasado durante todo el día, y como si los despacharan en número exacto allá a lo lejos, una vez y otra y los aguardaran, en igual número, en la otra lejanía. Durante todo el día, desde las primeras horas de la mañana, Karl no había visto que se detuviera un solo automóvil ni que se bajara un solo pasajero.

Robinson propuso que pasaran la noche allí, pues todos estaban bastante cansados, y porque desde ese lugar podrían reiniciar la marcha mucho más temprano; y, por último, porque sería difícil que encontrasen un albergue más barato y mejor ubicado antes de que cayera la noche por completo. Delamarche estaba de acuerdo y sólo Karl creyó su deber observar que tenía dinero suficiente para pagar todas las camas, aunque fuera en un hotel. Delamarche dijo que más tarde les haría falta ese dinero y que lo guardase bien. No ocultó el hecho de que ya estaban contando, por supuesto, con el dinero de Karl. Como estaba aceptada su primera propuesta, Robinson declaró en seguida que, antes de dormir y para juntar fuerzas para el día siguiente, era necesario que comieran algo bien sólido, y que uno de ellos fuera a buscar comida para todos al hotel que se veía sobre el camino, y que ostentaba el letrero luminoso de Hotel Occidental. Como era el más joven y como, por otra parte, ninguno parecía dispuesto, Karl no vaciló en ofrecerse para ese mandado, y después de recibir el encargo de traer tocino, pan y cerveza, fue hasta el hotel.

Seguramente había una gran ciudad no muy lejos, ya que el primer salón del hotel donde Karl entró se encontraba repleto de una ruidosa multitud. Delante de la barra, que se extendía a lo largo de una de las paredes principales y de dos paredes laterales, corrían sin cesar muchos camareros con delantales blancos que les cubrían el pecho, y que no obstante no alcanzaban a satisfacer a los impacientes parroquianos, porque desde muy diferentes lugares se escuchaban y volvían a escucharse continuas maldiciones y puñetazos en las mesas. Nadie se fijaba en Karl.

Evidentemente no había servicio alguno en el salón mismo, y los clientes, sentados alrededor de mesas muy pequeñas que desaparecían fácilmente entre tres comensales, se dirigían a la barra y traían de allí todo lo que querían. En cada mesita había un frasco grande con aceite, vinagre o algo similar, y antes de comer echaban el líquido de esos frascos en platos traídos de la barra. Para alcanzar ésta de alguna forma, donde probablemente sólo empezarían las dificultades, Karl debió abrirse paso, necesariamente, entre muchas mesas, cosa que, por cierto, no podía hacerse, aunque pusiera el mayor esmero, sin molestar a los parroquianos que, sin embargo, soportaban todo como si fuesen insensibles e incluso aguantaron, sin dar muestras de disgusto, el que Karl fuera empujado contra una de las mesitas, aunque por culpa de uno de los mismos parroquianos, y casi estuviera a punto de tumbarla. Se disculpó, pero obviamente no le entendieron; ni tampoco entendió él nada de las voces que le dirigían.

Le dio trabajo hallar un pequeñísimo espacio libre en la barra, cuya visión le taparon durante buen rato los codos de sus vecinos. Parecía un hábito el acodarse allí y apoyar el puño contra la sien. Recordó Karl cómo su profesor de latín, el doctor Krumpal, detestaba precisamente esa postura, y cómo se acercaba siempre cautelosamente y de improviso barriendo los codos de los pupitres con un empujón socarrón aplicado con una regla que sacaba de pronto.

Estaba Karl oprimido contra la barra, ya que apenas ocupó su lugar pusieron una mesa detrás de él, y uno de los parroquianos que se sentaron alrededor de ella rozaba torpemente con su gran sombrero la espalda de Karl, a poco que se inclinase hacia atrás cuando hablaba. Y además, tenía muy pocas esperanzas de conseguir algo del camarero, aun después de haberse ido satisfechos los dos rudos vecinos... Varias veces, por encima de la mesa, Karl había tirado del delantal a uno de los camareros, pero éste se había zafado siempre con una mueca. No podía retener a ninguno; no hacían nada más que correr y correr. Si por lo menos hubiera habido cerca de Karl alguna cosa para comer o beber, lo habría cogido, habría averiguado el precio y, dejando el dinero sobre la barra, se habría marchado contento. Pero justamente frente a él sólo había fuentes con pescado —una suerte de arenques, cuyas negras escamas brillaban doradas en los bordes— que quizá fuera carísimo y con seguridad no saciaría a nadie. Además, podía llegar hasta unos barrilitos de ron, pero no era ron lo que quería llevar a sus compañeros. Éstos, por propia índole, parecían interesarse vivamente en cualquier oportunidad por el alcohol concentrado y él, por su parte, no quería halagar esa natural inclinación.

Lo único, entonces, que le quedaba por hacer a Karl era buscar otro sitio y recomenzar sus tentativas. Pero la hora era ya muy avanzada. En el otro extremo del salón el reloj, cuyas agujas casi no se distinguían a través del humo por más que se lo mirara muy fijamente, marcaba más de las nueve. Y en cualquier otro lugar de la barra el gentío era aún mayor que en el sitio que había dejado, pues estaba un poco apartado.

Además, a medida que se hacía más tarde, más se llenaba el salón. Por la puerta entraban constantemente nuevos parroquianos en medio de una gran algarabía. En varios lugares los parroquianos, con ademán soberbio, sacaban las cosas de encima de la barra, se sentaban en ella y brindaban. Éstos eran los mejores asientos y desde ellos se veía el salón entero.

Aunque Karl seguía abriéndose paso, ya no tenía ninguna esperanza cierta de lograr algo. Se reprochaba que, ignorando las condiciones del lugar, se hubiese ofrecido para esta diligencia. Sus camaradas le reconvendrían con razón y aun pensarían que no había llevado nada por economizar dinero. Y de pronto se encontró en una zona donde, en las mesitas que le rodeaban, la gente comía carne asada con vistosas patatas amarillas. Le resultaba inconcebible que hubieran podido obtener eso.

Entonces vio, unos pasos más adelante, a una señora de cierta edad que evidentemente era parte del personal del hotel, quien hablaba riéndose con uno de los parroquianos. Al mismo tiempo hurgueteaba sin cesar su peinado con una horquilla. De inmediato Karl se sintió decidido a hacer su pedido a esa señora, ya porque ella, siendo la única mujer del salón, constituía una excepción en medio del estruendo general, ya sea por la simple razón de que era la única empleada del hotel a la que se podía llegar, suponiendo que no se alejara corriendo, ocupada en sus negocios, si se le dirigía la primera palabra.

Pero sucedió todo lo contrario. Karl no le había hablado aún, y sólo estaba en acecho cuando ella, así como a veces suele pasar que apenas se desvía la mirada en medio de la conversación, dirigió la vista hacia Karl e interrumpiendo su charla le preguntó con amabilidad y en un inglés correcto, como el de la gramática, si necesitaba algo.

—Sí —dijo Karl—; no puedo conseguir nada aquí.

—Venga entonces conmigo, muchacho —dijo ella.

Se despidió de su conocido, quien se descubrió —lo que allí parecía una cortesía increíble—, cogió a Karl de la mano, se dirigió a la barra, apartó a un parroquiano que estaba detrás de la misma, donde había que cuidarse de los camareros que corrían en forma incansable, abrió una doble puerta disimulada en la pared empapelada y llegaron a una despensa grande y fresca.

«Hay que conocer el funcionamiento», se dijo Karl.

—Bueno ¿qué desea? —le preguntó la señora con solicitud.

Era muy rolliza, su cuerpo se balanceaba, pero su rostro era de líneas casi finas, claro está que en cierta medida.

De pronto, por poco estuvo tentado Karl ante tantos comestibles cuidadosamente ordenados en estantes y mesas, de pedir una cena más fina, sobre todo porque bien podía aguardar que esa señora influyente le vendiera más barato; por último, ya que no se le ocurría nada apropiado, sólo pidió tocino, pan y cerveza.

—¿Nada más? —preguntó la señora.

—No, muchas gracias —dijo Karl—; pero que sea para tres personas.

Respondiendo a una pregunta de la señora sobre los otros dos, Karl se refirió en pocas palabras a sus amigos; le alegraba que lo interrogaran un poco.

—Pero si es comida para presos —dijo la señora, y esperaba, evidentemente, que Karl expresara otros deseos.

Éste tenía miedo ahora que ella le regalara aquello, que no aceptara su dinero, y por eso callaba.

—Enseguida estará listo —dijo la señora.

Se dirigió hacia una de las mesas, con agilidad admirable si se toma en cuenta su gordura, cortó con un largo cuchillo delgado, de hoja aserrada, un pedazo grande de tocino veteado con mucha carne, tomó un pan de un estante, levantó tres botellas de cerveza del suelo, puso todo dentro de una liviana canasta de paja y se lo entregó a Karl. Entre una y otra cosa explicó a Karl que lo había traído allí porque en la barra los comestibles por lo general perdían rápidamente su frescura a pesar del consumo inmediato, a causa del humo y de las muchas emanaciones. Pero para aquella gente todo eso era bastante bueno.

Karl no decía nada ya, pues no llegaba a comprender cómo merecía tratamiento tan distinguido. Pensó en sus compañeros que, por buenos conocedores del país que fueran, quizá no hubieran llegado, con todo, hasta esa despensa, y habrían debido contentarse con los comestibles echados a perder de la barra. Ningún ruido del salón llegaba hasta allí;

las paredes debían de ser muy gruesas para conservar convenientemente frescas aquellas bóvedas.

Durante buen rato tuvo Karl la canasta de paja en las manos; mas no pensaba en pagar, ni siquiera se movía. Sólo cuando la señora quiso agregar aún en la canasta una botella parecida a aquellas que había afuera en las mesas, se lo agradeció estremecido.

—¿Tiene aún mucho camino? —preguntó la señora.

—Hasta Butterford —contestó Karl.

—Eso queda muy lejos —dijo la señora.

—Un día más de viaje —dijo Karl.

—¿Nada más? —preguntó la señora.

—No, nada más —dijo Karl.

La señora acomodó algunas cosas encima de las mesas. Entró un camarero, miró a su alrededor como buscando algo, después la señora le indicó una gran fuente en la que había un montón de sardinas aderezadas con un poco de perejil y el hombre se la llevó al salón en las manos levantadas.

—Pero ¿por qué quiere pasar la noche a la intemperie? —preguntó la señora. Aquí tenemos bastante sitio. Duerma en nuestro hotel.

Era esto muy tentador para Karl, especialmente porque había pasado tan mal la noche anterior.

—Afuera tengo mi equipaje —dijo dudando y con cierta vanidad.

—Tráigalo entonces —dijo la señora—; eso no será un inconveniente.

—Pero ¿y mis dos compañeros? —dijo Karl, y en seguida comprendió que éstos sí constituían un inconveniente.

—Naturalmente, también pueden pernoctar aquí —dijo la señora—. ¡Que vengan! No se haga rogar de ese modo.

—Por otra parte, mis compañeros son gente buena —dijo Karl—, pero no son muy limpios…

—¿No vio usted la mugre del salón? —preguntó la señora, e hizo un gesto—. En nuestra casa puede entrar realmente el peor. Haré preparar de inmediato tres camas. Eso sí, tendrá que ser en el desván, porque el hotel está completo; yo también me mudé al desván. De todos modos es mejor que dormir a la intemperie.

—No puedo traer a mis compañeros —dijo Karl.

Imaginaba el barullo que harían en los pasillos de ese elegante hotel; Robinson ensuciaría todo y Delamarche, irremediablemente, fastidiaría hasta a aquella señora.

—No veo por qué es imposible —dijo la señora—, pero si así lo quiere, deje a sus compañeros afuera y venga solo a nuestra casa.

—Eso no puede ser, no puede ser —dijo Karl—; son mis camaradas y tengo que quedarme con ellos.

—Es usted un cabeza dura —dijo la señora desviando la mirada—, se tienen con usted las mejores intenciones, con gusto se querría ayudarlo y se opone con todas sus fuerzas.

Karl lo reconocía, pero no sabía cómo solucionarlo; por eso agregó solamente:

—Muchísimas gracias por su amabilidad.

Luego se acordó de que aún no había pagado y preguntó por el importe de lo que llevaba.

—Pague cuando me devuelva la canasta —dijo la señora—; a más tardar mañana a la mañana la necesito.

—¡Muy bien! —dijo Karl.

La señora abrió la puerta que llevaba directamente al aire libre y, mientras él salía haciendo una reverencia, ella prosiguió hablando:

—Buenas noches, pero no procede usted bien.

Se había alejado ya unos pasos cuando gritó una vez más detrás de él:

—¡Hasta mañana!

En cuanto salió volvió a oír el ruido, que no había disminuido en nada, de la sala, al que se mezclaban ahora los sonidos de un conjunto de instrumentos de viento. Sintió alegría por no haber tenido que salir cruzando el salón.

El hotel tenía iluminados ahora sus cinco pisos y alumbraba la carretera que pasaba delante. Afuera los automóviles seguían marchando, aunque ya se interrumpía su continuidad. Venían desde lejos, creciendo mucho más rápidamente que durante el día; barrían el suelo de la carretera con los blancos rayos de los faros. Con luces empalidecidas atravesaban el área luminosa del hotel y se internaban con rapidez en la oscuridad más distante con nuevos destellos.

Karl halló a sus compañeros ya profundamente dormidos; lo cierto era que había tardado demasiado. Justamente pensaba extender sobre unos papeles que encontró en la canasta, dándole así un aspecto apetitoso, lo que había traído, y despertar a sus compañeros cuando todo estuviera listo, cuando vio aterrado que su baúl, que había dejado cerrado y cuya llave conservaba en el bolsillo, estaba completamente abierto y la mitad de su contenido tirado en derredor, sobre el pasto.

—¡Levántense! —exclamó—. Mientras dormían vinieron ladrones.

—¿Falta algo acaso? —preguntó Delamarche.

Robinson no estaba todavía completamente despierto y ya extendía la mano para coger la cerveza.

—No lo sé —exclamó Karl—. Pero el baúl está abierto y de cualquier forma es un descuido echarse a dormir y dejar el baúl sin vigilancia.

Delamarche y Robinson se rieron y el primero dijo:

—La próxima vez no se ausentará por tanto tiempo. El hotel está a diez pasos de aquí y necesita tres horas para ir y volver. Teníamos hambre, pensábamos que a lo mejor guardaba en su baúl cualquier cosa para comer y le hicimos cosquillas a la cerradura hasta que se abrió. Por otra parte, no había nada. Puede volver a guardarlo todo tranquilamente.

—¡Ah, sí! —dijo Karl mirando fijamente al interior de la canasta que se vaciaba con rapidez y prestando atención al ruido curioso que había Robinson cuando bebía, pues primero el líquido le penetraba muy hondo en la garganta, para volver a ser lanzado hacia arriba con una suerte de silbido y rodar hacia abajo en poderoso torrente.

—¿Terminaron de comer? —preguntó en cuanto vio que los dos tomaban un poco de aliento por un momento.

—Pero ¿no comió ya en el hotel? —preguntó Delamarche, creyendo que Karl pedía su parte.

—Si aún quiere comer apúrese —dijo Karl dirigiéndose hacia su baúl.

—Éste parece que tiene sus caprichos —dijo Delamarche a Robinson.

—No tengo caprichos —dijo Karl—. Pero ¿es correcto forzar mi baúl en mi ausencia y sacar todas mis cosas afuera? Sé que entre compañeros hay que tolerar muchas cosas y sin duda estoy dispuesto a ello, pero esto es demasiado. Voy a pasar la noche en el hotel y no iré a Butterford. Acaben pronto de comer. Tengo que devolver la canasta.

—Ves, Robinson, así se habla —dijo Delamarche—. Así se expresa la gente educada. Es alemán y basta. Tú bien me lo habías hecho notar y puesto en guardia contra él ya desde un principio; pero fui un tonto perfecto y lo llevé con nosotros, pese a todo. Tuvimos confianza en él y perdimos así medio día por lo menos, y ahora, porque allí en el hotel alguien lo pescó, ahora se despide, es muy simple: se despide. Pero como es alemán, y por lo tanto falso, no lo hace abiertamente, busca la excusa del baúl; y como es alemán y por lo tanto rudo, no puede irse sin ofender nuestro honor, y nos llama ladrones, porque sólo le hicimos una bromita con su baúl.

Karl, acomodando sus cosas, dijo sin volverse:

—Siga hablando así y entonces será más fácil marcharme. Sé perfectamente lo que es el compañerismo. También tuve amigos en Europa y ninguno podría echarme en cara ninguna falsedad, ninguna vileza. Aunque ahora hemos interrumpido nuestras relaciones; pero si volviera alguna vez a Europa, todos me recibirían bien y me reconocerían enseguida como amigo. Y siendo así ¿cómo podría traicionarlo, Delamarche, y a usted, Robinson, que fueron tan amables conmigo, dispuestos a ayudarme y a conseguirme un empleo de aprendiz en Butterford, cosa que nunca negaré? Pero se trata de algo muy diferente. Ustedes no poseen nada y a mis ojos eso no los rebaja en absoluto, pero envidian mis cortos bienes y quieren humillarme por eso, y realmente no puedo tolerarlo. Y ahora, después de haber abierto mi baúl, ni siquiera dicen una sola palabra de disculpa, al contrario, me insultan e insultan a mi pueblo también… y así me quitan, por supuesto, toda posibilidad de quedarme con ustedes. Por lo demás, todo esto no lo digo contra usted, Robinson. La única objeción que tengo contra su carácter es que depende demasiado de Delamarche.

—Ya lo vemos —dijo Delamarche acercándose a Karl y empujándolo ligeramente como para llamarle la atención—. Vemos cómo muestra la hilacha. Todo el día caminó detrás de mí, prendido a mis faldones, repitiendo cada uno de mis movimientos y quedándose quieto como un ratoncito. Pero como ahora se siente respaldado por alguna cosa en ese hotel, empieza ya a pronunciar grandes discursos. Es un pequeño sinvergüenza y no sé aún si consentiremos todo esto tranquilamente y sin más; si no le exigiremos que nos pague lo que durante el día aprendió de nosotros. Escucha, Robinson, dice que envidiamos sus bienes. Un día de trabajo en Butterford, y para qué hablar de California, y tendremos diez veces más que lo que nos ha mostrado y de lo que quizá tenga escondido en el forro de su chaqueta. Y por eso, ¡cuidado con lo que dice su boca!

Karl se había incorporado ya y vio que entonces también se acercaba Robinson, medio dormido, pero algo alegre por la cerveza.

—Si me quedara mucho tiempo todavía —dijo—, debería quizás estar listo para nuevas sorpresas. Parece que ustedes quieren zurrarme.

—La paciencia se acaba —dijo Robinson.

—¡Será mejor que se calle, Robinson —dijo Karl sin sacarle los ojos de encima a Delamarche—: para sus adentros no deja de reconocer que tengo razón, pero públicamente debe tomar el partido de Delamarche!

—¿Trata de sobornarlo? —preguntó Delamarche.

—Ni se me ocurre —dijo Karl—. Estoy feliz de irme y no deseo ya tener la menor relación con ninguno de los dos. Una sola cosa quiero decirles aún: me reprochó que tengo dinero y que lo escondí ante ustedes. En el supuesto caso de que así fuera, ¿no tenía que proceder así tratándose de gente que sólo conocía desde hacía unas horas? ¿No me confirman, además, con su actual conducta, que era acertada semejante manera de proceder?

—Quédate tranquilo —dijo Delamarche a Robinson, a pesar de que éste no se movió. Preguntó a Karl—: Puesto que es tan descaradamente sincero, lleve más lejos todavía su franqueza, ya que estamos aquí tan amigablemente uno frente al otro, y confiese por qué quiere ir en realidad al hotel.

Karl debió retroceder un paso por encima del baúl, tanto se había acercado Delamarche. Pero éste no abandonó por eso su propósito, apartó el baúl, dio otro paso adelante, pisando sobre una pechera blanca que había quedado en el pasto y repitió su pregunta.

A modo de respuesta subió desde el camino un hombre, con una linterna de bolsillo de luz potente, que se acercó al grupo. Era un camarero del hotel. En cuanto vio a Karl, dijo:

—Lo estoy buscando hace media hora. Recorrí ya todos los terraplenes a ambos lados del camino. La señora cocinera mayor manda decir que necesita con urgencia la canasta de paja que le prestó.

—Aquí está —dijo Karl, y su voz casi temblaba de emoción.

Con aparente modestia Delamarche y Robinson se alejaron como hacían siempre ante los extraños que gozaban de un buen puesto.

El camarero tomó la canasta y dijo:

—Además, la señora cocinera mayor manda preguntar si no cambió de parecer, si no quiere pasar la noche en el hotel a pesar de todo. Y que también los otros dos señores serán bien recibidos, si usted desea llevarlos. Las camas están listas. Es cierto que la noche es más bien templada, pero dormir en esta cuesta no deja de ser peligroso; a menudo hay aquí víboras.

—Ya que la señora cocinera mayor es tan amable, acepto su invitación pese a todo —dijo Karl, y esperó alguna manifestación de sus compañeros.

Pero Robinson continuaba de pie allí, apático, y Delamarche tenía las manos en los bolsillos del pantalón y miraba las estrellas. Evidentemente ambos se sentían muy confiados de que Karl los llevaría sin más.

—En ese caso —dijo el camarero— tengo orden de conducirlo al hotel y de cargar su equipaje.

—Si es así, espere aún un momento, por favor —dijo Karl y se agachó para poner en el baúl las pocas cosas que todavía estaban dispersas por el pasto.

De pronto se incorporó. Faltaba la fotografía. Estaba encima de las demás cosas que había en el baúl, pero ya no aparecía por ninguna parte. Sólo faltaba aquella fotografía.

—No puedo hallar la fotografía —dijo con tono de súplica dirigiéndose a Delamarche.

—¿Qué fotografía? —preguntó éste.

—La fotografía de mis padres —respondió Karl.

—No vimos ninguna fotografía —dijo Delamarche.

—Ahí no había ninguna fotografía, señor Rossmann —confirmó por su parte Robinson.

—¡Pero es imposible! —dijo Karl, y sus miradas en busca de ayuda atrajeron al camarero—. Estaba sobre las otras cosas con el baúl y ha desaparecido. ¡Ojalá no hubieran ustedes bromeado con el baúl!

—No debe tener la menor duda —dijo Delamarche—: en el baúl no había ninguna fotografía.

—Era más importante para mí que todo lo demás que hay en el baúl —dijo Karl dirigiéndose al camarero que iba de un lado a otro, revisando la hierba— porque es irremplazable; ya no me enviarán otra. —Y al abandonar el camarero su inútil búsqueda añadió—: Era el único retrato que poseía de mis padres.

Ante esto, el camarero, en voz alta y sin ningún miramiento, dijo:

—Quizá podríamos revisar todavía los bolsillos de los señores.

—Sí —respondió Karl enseguida—, es necesario que halle esa fotografía. Pero antes de registrar los bolsillos, quiero decir que daré el baúl con todo su contenido a quien espontáneamente me devuelva la fotografía.

Después de un momento de silencio general, dijo Karl al camarero:

—Por lo visto mis compañeros prefieren que revisemos sus bolsillos. Pero aún así prometo a aquél en cuyo bolsillo esté la fotografía el baúl entero. No puedo hacer nada más.

De inmediato el camarero se dispuso a registrar a Delamarche, porque le pareció un caso más difícil que Robinson, al cual dejó en manos de Karl. Le advirtió a Karl que debían revisar a ambos simultáneamente, pues de otro modo uno de los dos podría hacer desaparecer la fotografía sin que nadie reparara en ello.

Apenas metió la mano en el bolsillo de Robinson, Karl halló una corbata suya, pero no se apoderó de ella, y dirigiéndose al camarero exclamó:

—Déjele a Delamarche todo lo que encuentre, sea lo que fuere, por favor. Sólo quiero la fotografía, sólo eso.

Al registrar los bolsillos interiores de la chaqueta tocó Karl con la mano el pecho caliente y sudoroso de Robinson, y su conciencia le indicó que a lo mejor cometía con sus compañeros una gran injusticia.

Actuó entonces lo más rápido posible. Por otra parte todo fue inútil; la fotografía no se encontró: ni estaba en poder de Robinson ni Delamarche la tenía.

—Nada queda por hacer —dijo el camarero.

—Quizá rompieron la fotografía y tiraron los pedazos —dijo Karl—. Creía que eran mis amigos, pero ocultamente sólo querían perjudicarme. No tanto Robinson, a ése no se le hubiera ocurrido que la fotografía podía guardar tanto valor para mí, sino Delamarche.

Karl vio delante de sí sólo al camarero, cuya linterna alumbraba un pequeño círculo; todo lo demás, incluso Delamarche y Robinson, permanecía hundido en la oscuridad.

Por supuesto nadie pensaba ya siquiera en la posibilidad de llevar a esos dos al hotel. El camarero cargó el baúl sobre el hombro. Karl tomó la canasta de paja y partieron.

Ya estaba Karl en camino cuando, interrumpiendo sus pensamientos, se detuvo y dirigiendo la voz hacia arriba, hacia las tinieblas, exclamó:

—Escuchen, si, pese a todo, alguno de ustedes tiene esa fotografía y quiere llevármela al hotel, la oferta del baúl sigue en pie y juro no denunciarlo.

Lo que bajó no fue en verdad una respuesta, sólo era una palabra brusca, el principio de una exclamación de Robinson, al que seguramente Delamarche bruscamente le tapó la boca. Karl quedó aguardando aún un largo rato, para ver si a pesar de todo los de arriba cambiaban de parecer. Por dos veces, a intervalos exclamó:

—¡Todavía estoy aquí!

Pero no le respondió sonido alguno; sólo una vez cayó rodando una piedra cuesta abajo, quizá por casualidad, quizá consecuencia de un tiro fallido.

CAPÍTULO V: HOTEL OCCIDENTAL

Ya en hotel, Karl fue conducido en seguida a una especie de despacho donde la cocinera mayor, con una libreta de notas en mano, dictaba una carta a una joven mecanógrafa. Ese dictado tan preciso, el contenido y el elástico repiqueteo de las teclas, pasaba velozmente sobre el tictac del reloj del muro, que apenas se oía de cuando en cuando y que indicaba ya casi las once y media.

—¡Bueno! —dijo la cocinera mayor y cerró de pronto su libreta de notas; la dactilógrafa se levantó de un salto y tapó con rapidez la máquina con su caja de madera, sin quitar los ojos de encima a Karl mientras realizaba mecánicamente su trabajo. Conservaba aspecto de colegiala; su delantal estaba planchado cuidadosamente con ondulaciones sobre los hombros, por ejemplo; llevaba un peinado bastante alto, y uno se sorprendía un poco si después de observar esos detalles se detenía en su rostro serio. Después de dos reverencias, primero hacia la cocinera mayor y después hacia Karl, se marchó e involuntariamente echó a Karl y a la cocinera mayor una mirada interrogante.

—Me alegro que haya venido usted, a pesar de todo —dijo la cocinera mayor—. ¿Y sus compañeros?

—No los traje —dijo Karl.

—Seguramente querrán emprender camino muy temprano —dijo la cocinera mayor, como intentando explicarse el caso.

«¿No pensará que yo también me iré con ellos?», se dijo Karl; pero para disipar toda duda dijo:

—Nos separamos enfadados.

La cocinera mayor pareció recibir estas palabras como si fueran una agradable noticia.

—Entonces, ¿está libre? —preguntó.

—Sí, libre —dijo Karl, ¡y nada en el mundo le sonó más vano!

—Bueno, dígame pues, ¿no querría aceptar un trabajo aquí, en el hotel?

—Con muchísimo gusto —dijo Karl—, pero mis conocimientos son terriblemente reducidos. Por ejemplo, ni siquiera sé escribir a máquina.

—Eso no es lo más importante —dijo la cocinera mayor—. En este caso le ofrezco por el momento un empleo de poca importancia, luego, trabajando con ahínco y tesón, podrá ir ascendiendo. De todos modos considero que sería mejor y más conveniente para usted echar raíces en algún lugar en vez de andar vagando así por el mundo. No me parece hecho para esa vida.

«Todo esto también lo suscribiría mi tío», reflexionó Karl mientras asentía con la cabeza. Al mismo tiempo recordó que él, por quien tanto se preocupaban, ni siquiera se había presentado aún.

—Perdóneme usted, por favor —dijo—, que todavía no me haya presentado: me llamo Karl Rossmann.

—¿Es usted alemán, no es cierto?

—Sí —dijo Karl—, hace muy poco que estoy en los Estados Unidos.

—¿Y de dónde es?

—De Praga, Bohemia —dijo Karl.

—¡No me diga! —exclamó la cocinera mayor en alemán, con un fuerte acento inglés, y casi alzó los brazos al cielo—. Entonces somos compatriotas; me llamo Grete Mitzelbach y soy de Viena. Y conozco muy bien Praga, ya que tuve un empleo durante medio año en El ganso de oro, en la Wenzelplatz. ¡Quién lo hubiera dicho!

—¿Cuándo fue eso? —preguntó Karl.

—Hace muchos, muchísimos años.

—El antiguo Ganso de oro —dijo Karl— fue demolido hace dos años.

—Claro, sí —dijo la cocinera mayor, totalmente absorbida por sus recuerdos de tiempos pasados.

Pero reanimándose de pronto y tomando las manos de Karl exclamó:

—Ahora que hemos descubierto que es compatriota mío, ya no puede irse de aquí, de ninguna manera. No querrá hacerme eso. ¿No le gustaría ser ascensorista, por ejemplo? Sólo tiene que decir que sí, y lo es. Si ha recorrido un poco de mundo sabrá que no es del todo fácil hallar trabajo así, pues ofrecen el mejor comienzo que uno pueda imaginar. Se topa con todos los huéspedes, éstos lo ven siempre, le dan encargos de escasa importancia; en pocas palabras, a diario tiene ocasión de llegar a algo mejor. Y deje que me ocupe del resto.

—Me agradaría bastante ser ascensorista —dijo Karl después de una breve pausa. Hubiera sido muy absurdo tener escrúpulos contra el puesto de ascensorista por aquellos cinco años de estudios clásicos que había cursado en el gymnasium. Más motivos tenía aquí, en Estados Unidos, para abochornarse por aquellos cinco años de estudios clásicos. Además, los ascensoristas siempre habían gustado a Karl; le parecían algo así como el adorno del hotel—. ¿No hay que saber idiomas? —preguntó todavía.

—Habla usted alemán, y un buen inglés: basta con eso.

—El inglés lo aprendí estando ya en América, en dos meses y medio —dijo Karl, pues creía que no hacía falta ocultar su única ventaja.

—Eso ya es testimonio suficiente en su favor —dijo la cocinera mayor—. ¡Si me pongo a recordar las dificultades que tenía con el inglés! Claro que desde entonces pasaron unos treinta años bien contados. Ayer precisamente me acordé durante una conversación. Pues debe saber que ayer cumplí cincuenta años —y sonriendo trató de leer en el rostro de Karl la sensación que le provocaba tan digna edad.

—Le deseo muchas felicidades —dijo Karl.

—Eso nunca está de más —dijo ella estrechando la mano de Karl y poniéndose de nuevo un poco pensativa por esa vieja expresión de su patria que ahora, al hablar alemán, se le ocurría—. Pero lo estoy reteniendo —exclamó luego— y estará seguramente muy cansado; además podremos hablar de todo esto y mucho mejor, durante el día. La alegría de encontrar a un compatriota me pone así, atontada. Venga, lo llevaré a su habitación.

—Todavía quisiera pedirle un favor, señora cocinera mayor —dijo Karl al ver el teléfono sobre la mesa—; es posible que mañana, quizá muy temprano, mis amigos me traigan una fotografía que necesito mucho. ¿Tendría la gentileza de avisar por teléfono al portero para que deje entrar a esa gente; o si no, que me haga llamar?

—Sí —dijo la cocinera mayor—. Pero ¿no sería lo mismo que él recibiera la fotografía? ¿Y qué clase de fotografía es, si no es indiscreción?

—Es la fotografía de mis padres —dijo Karl—. No, yo mismo tengo que hablar con esa gente.

La cocinera mayor no agregó nada más y dio por teléfono la orden correspondiente a la portería, mencionando con el número 536 la habitación de Karl. Salieron luego a un pequeño pasillo, frente a la puerta de entrada, donde, apoyado en el enrejado de un ascensor, dormía de pie un muchacho ascensorista.

—Podemos subir nosotros solos —dijo la cocinera mayor en voz baja e hizo que Karl entrara al ascensor—. Una jornada de diez o doce horas es demasiado para un chico tan joven —dijo mientras subían—. Pasan realmente cosas raras en Estados Unidos. Ahí está ese muchachito, por ejemplo: llegó hace apenas medio año con sus padres; es italiano. Ahora parece que ya no podrá aguantar de ningún modo el trabajo; ni siquiera tiene carnes en la cara y duerme durante las horas de servicio a pesar de ser naturalmente muy aplicado; sin embargo, será suficiente que trabaje sólo medio año más en Estados Unidos —en este hotel o en cualquier otro lugar— para que aguante todo fácilmente. En cinco años será un hombre fuerte. Podría referirle durante horas cosas y más cosas con ejemplos similares. Y no vaya a pensar que todo esto se me ocurre a causa suya, pues usted es un muchacho fuerte; diecisiete años, ¿no es cierto?

—Cumpliré dieciséis el próximo mes —respondió Karl.

—¡Tan pocos! ¡Sólo dieciséis! —dijo la cocinera mayor—. ¡Valor entonces!

Una vez arriba llevó a Karl a una habitación que, aunque era una buhardilla —tenía inclinado uno de los muros—, mostraba por otra parte, cuando la iluminaron dos lamparitas eléctricas, un aspecto muy agradable.

—No se asuste por el mobiliario —dijo la cocinera mayor—, pues no es una habitación de hotel, sino un cuarto de mi propia vivienda, que consta de tres, de modo que no me molestará para nada. Cerraré la puerta de comunicación y podrá quedarse aquí y disponer tranquilamente de la habitación. Mañana, como nuevo empleado del hotel, se le dará un cuarto propio, por supuesto. Si hubiera venido con sus amigos, habría mandado hacer las camas en el dormitorio común de los criados, pero, como está solo, creo que le gustará más así, aunque tenga que dormir en un sillón. Le deseo, que duerma y descanse bien. Así tendrá nuevas fuerzas para el servicio, que todavía mañana no será demasiado duro.

—Muchísimas gracias por su gentileza.

—Espere —dijo deteniéndose; ya estaba junto a la salida—. Es verdad que así bien pronto lo despertarán.

Se acercó a una de las puertas laterales de la habitación y llamó:

—¡Therese!

—Sí, señora cocinera mayor —contestó la voz de la pequeña dactilógrafa.

—Cuando me despiertes por la mañana, tienes que entrar por el pasillo; porque aquí, en la habitación duerme una visita. Está muerto de fatiga. —Mientras decía estas palabras sonreía a Karl—. ¿Entendió?

—Sí, señora cocinera mayor.

—¡Buenas noches pues!

—Buenas noches.

—Desde hace algunos años —dijo la cocinera mayor como para explicar— que duermo muy mal. Ahora, es cierto, puedo estar bien contenta con mi trabajo y no tengo por qué preocuparme de nada. Pero deben de ser las consecuencias de mis preocupaciones pasadas las que me provocan este insomnio. Si consigo conciliar el sueño a las tres de la mañana, puedo darme por contenta. Pero como a las cinco, a más tardar a las cinco y media, debo estar en mi puesto, tengo que hacerme despertar, y es necesario que sea con mucho cuidado, para que no me vuelva más nerviosa de lo que ya soy. Es Therese quien me despierta. Ahora ya lo sabe todo y todavía estoy aquí. ¡Buenas noches! —Y, pesar de su peso, dejó la habitación casi deslizándose sobre sus pies.

Karl esperaba ansioso la hora de entregarse al sueño, pues las andanzas del día lo habían cansado mucho. Y en verdad no podía esperar un lugar más confortable para conseguir un largo y tranquilo sueño. Ciertamente no era una habitación destinada a dormitorio, sino más bien un pequeño cuarto que la cocinera mayor acostumbraba a usar como sala de recibo y al que sólo por esa noche se había provisto de un lavabo. Sin embargo, Karl no se sentía un intruso allí; al contrario, estaba muy cómodo. Su baúl había sido dejado efectivamente allí y ya hacía mucho por cierto que Karl no gozaba de la seguridad de tenerlo a buen recaudo.

Sobre un armario bajo, de cajones, cubierto con una carpeta grande de lana, de un tejido muy abierto había varias fotografías con sus marcos y cristales; al inspeccionar el cuarto, Karl se detuvo allí y las miró. Eran casi todas fotografías antiguas y representaban en su mayoría a muchachas que, con sus vestidos fuera de moda e incómodos, con sombreritos que, si bien pequeños, eran de copa alta, ofrecían su rostro al espectador, aunque eludían sus miradas. Entre los retratos de hombres a Karl le llamó la atención sobre todo el de un joven soldado que había puesto su quepis sobre una mesita, y que permanecía de pie, rígido, con su pelo salvaje, negro, y lleno el rostro de una risa altanera, aunque reprimida. Los botones de su uniforme habían sido dorados después sobre la fotografía.

Todas esas fotografías eran sin duda de Europa, y quizás esto hubiera podido establecerse exactamente si se buscaban las inscripciones que tenían al dorso; pero Karl no quiso tocarlas. Así como estaban esas fotografías, hubiera podido colocar también la fotografía de sus padres en su futuro cuarto.

Justamente se desperezaba Karl, después de lavarse todo el cuerpo —en consideración a su vecina intentaba hacerlo todo con el mayor silencio— y se estiraba ya sobre su sillón, cuando creyó oír unos golpecitos suaves en una puerta. No se podía distinguir inmediatamente de qué puerta se trataba sin considerar que quizá fuera un ruido casual. Pasó un momento antes de que se repitieran los golpes y Karl ya casi se había dormido cuando sonaron otra vez. Pero ahora no tenía la menor duda de que llamaban a su puerta y de que los golpecitos provenían de la dactilógrafa. Karl se acercó a la puerta de puntillas y en voz tan baja que, si a pesar de todo estaban durmiendo al lado no hubiera despertado a nadie, preguntó:

—¿Quiere usted algo?

Al instante y en voz igualmente baja, llegó la respuesta:

—¿Querría abrir la puerta? La llave está de su lado.

—Sí —dijo Karl—, sólo que antes tengo que vestirme.

Se hizo una breve pausa, y se oyó:

—No hace falta. Abra y acuéstese en la cama: aguardaré un poco antes de entrar.

—Bueno —dijo Karl, e hizo lo que le pedían, sólo que antes alumbró el cuarto con la luz eléctrica—. Ya estoy acostado —dijo después alzando un poco la voz.

Y en efecto entraba ya desde su cuarto, que estaba a oscuras, la pequeña dactilógrafa vestida igual que cuando la vio en la oficina; seguramente no había pensado siquiera, en todo ese tiempo, en acostarse.

—Le pido que me disculpe —dijo, y se quedó de pie ante la cama de Karl, inclinándose ligeramente hacia él—. No me traicione por favor. No es mi intención molestarlo mucho tiempo, sé que está muerto de cansancio.

—No es para tanto —dijo Karl—. Pero quizá habría sido mejor, de todos modos, que me hubiese vestido.

Se vio obligado a permanecer allí tendido cuan largo era para poder taparse hasta el cuello, pues no tenía pijama.

—Me quedaré solamente un momento —dijo ella tomando una silla—. ¿Me permite sentarme junto al sillón?

Karl asintió. Entonces se sentó tan cerca, tan pegada al sillón, que Karl para mirarla tuvo que retroceder hasta la pared. Tenía cara redonda, de rasgos regulares, sólo la frente era desmesuradamente amplia, pero esto, en verdad podía ser consecuencia del peinado que no le sentaba realmente. Su traje estaba limpio y cuidado. Con la mano izquierda apretaba un pañuelo.

—¿Se quedará mucho tiempo aquí? —preguntó.

—No lo decidí todavía —contestó Karl—; sin embargo, creo que me quedaré.

—Realmente estaría muy bien si se quedase —dijo pasándose el pañuelo por el rostro—, ¡estoy tan sola aquí!

—Me extraña —dijo Karl—. La señora cocinera mayor es por cierto muy amable con usted. De ninguna manera la trata como suele tratarse a una empleada. Casi creí que era pariente suya.

—¡No! —dijo—; me llamo Therese Berchtold y soy de Pomerania ¿sabe?

Karl se presentó a su vez. Tras lo cual lo miró francamente por primera vez a la cara, como si cuando dijo su nombre se hubiera vuelto un poco más extraño para ella. Durante unos instantes permanecieron en silencio. Después ella dijo:

—No crea que soy desdichada. Por supuesto que sin la señora cocinera mayor estaría mucho peor. Antes fui ayudante de cocinera de este hotel y estuve a punto de ser despedida porque no podía cumplir un trabajo tan rudo. Aquí le exigen a una muchísimo. Hace un mes una muchacha de la cocina se desmayó a causa de la fatiga excesiva y tuvo que estar en cama hospitalizada durante quince días. Y yo no soy muy fuerte. Sufrí ya muchos trabajos; por eso no me desarrollé como corresponde. No me creerá, con toda seguridad, pero ya tengo dieciocho años. Pero ahora sí; ahora ya me estoy haciendo más fuerte.

—Servir en esta casa debe de ser realmente abrumador —dijo Karl—. Hace un momento vi en la planta baja a un ascensorista que dormía de pie.

—Sin embargo, los ascensoristas disfrutan de mejor situación, entre todos —dijo ella—; ganan muchísimo en propinas y, al fin y al cabo, no tienen que sacrificarse ni remotamente como la gente de la cocina. Yo tuve suerte realmente una vez, la señora cocinera mayor necesitó en cierta oportunidad una chica que preparara las servilletas para un banquete y mandó a buscar una de las muchachas de la cocina; hay en la casa unas cincuenta de esas muchachas y justamente me tenían a mano abajo a mí. Quedó muy satisfecha, porque en cuanto al arreglo de las servilletas tenía bastante experiencia. Y así, desde entonces, me conservó a su lado y ha ido formándome de a poco, hasta convertirme en su secretaria. Aprendí muchísimo con ella.

—¿Tienen tanto que escribir? —preguntó Karl.

—¡Muchísimo! —respondió—. No puede imaginárselo. Ya lo vio usted; hoy trabajé hasta las once y media, y el de hoy no es un día extraordinario. Pero no sólo escribo: también tengo que hacer muchas diligencias en la ciudad.

—¿Cómo se llama la ciudad? —preguntó Karl.

—¿No lo sabe? —respondió—. Ramsés.

—¿Es una gran ciudad? —preguntó Karl.

—Muy grande —contestó—, no me gusta ir allá. Pero ¿no quiere realmente dormir?

—No, no —dijo Karl—, ni siquiera me dijo todavía para qué ha venido.

—Porque no tengo nadie con quien hablar. No me quejo, pero si no se tiene en verdad a nadie, una se siente feliz de que alguien la escuche. Ya lo había visto abajo en el salón; venía a buscar a la señora cocinera mayor, cuando ella lo llevaba a usted a la despensa.

—Es un salón tremendo —dijo Karl.

—Ya ni me doy cuenta —repuso ella—. Pero solamente quería decir que la señora cocinera mayor es tan buena y amable conmigo como sólo lo fue mi madre, y, no obstante, hay una diferencia de posición demasiado grande entre nosotras como para que yo pueda hablarle con entera franqueza. Antes, entre las chicas de la cocina tenía buenas amigas; pero ya hace mucho que no están en la casa y a las chicas nuevas apenas las conozco. Después de todo, a veces pienso que mi trabajo actual me cansa más que el de antes, y que ni siquiera lo realizo tan bien como el de la cocina, y que la señora cocinera mayor me tiene en el empleo sólo por lástima. Después de todo, es necesario en verdad contar con mejor preparación escolar para llegar a secretaria. Es un pecado decirlo: tantas y tantas veces tengo miedo de volverme loca... Pero por el amor de Dios —dijo de pronto mucho más rápidamente y tocando con fugacidad el hombro de Karl, ya que éste mantenía las manos debajo de la manta—, no vaya a decirle nada de esto; ni una palabra a la señora cocinera mayor, porque entonces sí que estaría perdida. Si además de las molestias que ya causo con mi trabajo, le agregara todavía alguna pena, sería realmente el colmo.

—Se entiende que no le diré nada —respondió Karl.

—Entonces está bien —dijo ella—, y quédese aquí. Me agradaría mucho que se quedara en la casa, y, si le parece, podríamos ayudarnos y llevarnos bien. Apenas le vi cogí confianza. Y, sin embargo, ¡imagine que mala soy!, tenía miedo de que la señora cocinera mayor lo tomara como secretario y me echara. Sólo después de estar sentada un largo rato allí, sola, mientras estaba en la cocina, pensé y entiendo que hasta sería excelente que se hiciera cargo de mis trabajos, porque seguramente podrá hacerlos mejor. Si no quisiera hacer los recados en la ciudad, podría quedarme yo con ese trabajo. Y después de todo, sería mucho más útil con seguridad en la cocina, ahora más que antes, ya que estoy un poco más robusta.

—La cuestión ya está resuelta —dijo Karl—, yo seré ascensorista y usted seguirá como secretaria. Pero con que sólo le insinúe usted sus proyectos a la señora cocinera mayor, yo contaré también todo lo demás, lo que me dijo hoy, aunque luego debiera lamentarlo.

Semejante tono afectó tanto a Therese que se arrojó junto a la cama y, lloriqueando, hundió el rostro en la ropa del lecho.

—Pero si no diré nada —dijo Karl—, sólo que tampoco usted debe decir nada.

Y ahora ya no podía estar cubierto completamente bajo la colcha; acarició un poco el brazo de la joven; no se le ocurría nada adecuado para decirle y sólo pensó que era una vida triste la que allí se llevaba. Por fin ella se tranquilizó, hasta darle vergüenza su llanto; miró a Karl con gratitud, intentó convencerlo para que durmiera hasta tarde y prometió que, si tenía un momento libre, subiría alrededor de las ocho a despertarlo.

—En efecto, tiene mucha habilidad para despertar —dijo Karl.

—Sí, sé hacer algunas cosas —dijo ella; pasó dulcemente la mano sobre la colcha de Karl a modo de despedida y se fue corriendo a su habitación.

Al día siguiente Karl pidió con insistencia que le permitieran iniciar su trabajo inmediatamente, aunque la cocinera mayor quisiera darle franco ese día, para que visitara la ciudad de Ramsés. Pero Karl declaró rotundamente que no faltaría ocasión para eso y que ahora lo más importante para él era empezar a trabajar, ya había interrumpido sin provecho otro trabajo, en Europa, aunque con fines muy diferentes y ahora iba a comenzar como ascensorista a una edad en la cual otros muchachos seguramente, al menos los más capacitados, estarían ya próximos a hacerse cargo, por natural consecuencia, de algún cargo superior. Le parecía muy bien iniciarse como ascensorista, pero no estaría mal, sin duda, que se apresurase cuanto antes posible. En tales circunstancias no le daría placer alguno esa visita a la ciudad. Ni siquiera podía resolverse a cumplir un encargo rápido que le pedía Therese. No lo abandonaba la idea de que, si no se esmeraba, terminaría como Delamarche y Robinson.

En la sastrería del hotel le probaron el uniforme de ascensorista, ornado con gran derroche de botones y cordones dorados; y, sin embargo, se estremeció un poco cuando se lo puso, pues la chaqueta, especialmente en las axilas, era fría, rígida y húmeda al mismo tiempo por el sudor de los ascensoristas que la habían usado antes. El uniforme además debió ser agrandado especialmente para Karl, sobre todo en el pecho, ya que ni uno solo de los diez que había le iba bien, aunque sea aproximadamente. A pesar del trabajo de costura que se hizo necesario y de que el sastre parecía muy cuidadoso —dos veces debió volver al taller el uniforme ya listo— todo quedó arreglado en sólo cinco minutos, y Karl dejó el salón del sastre ya convertido en ascensorista, con pantalones estrechos y una chaquetilla que, no obstante la decidida afirmación contraria del sastre, le quedaba muy ajustada y le tentaba constantemente a hacer ejercicios respiratorios, pues tenía deseos de comprobar si le era posible.

Después se presentó el camarero mayor, a cuyas órdenes quedaría: un hombre elegante, arrogante, narigón que tendría ya seguramente unos cuarenta años. Ni siquiera tuvo tiempo de entablar las más mínima conversación y lo único que hizo fue llamar, mediante un timbre, a un joven ascensorista; era, por casualidad, el que Karl había visto la noche anterior. El camarero mayor sólo lo llamaba por el nombre de pila, Giácomo, pero de ese detalle sólo se enteró Karl más tarde, porque con la pronunciación inglesa, el nombre quedaba tan desfigurado que era irreconocible.

Pues bien, ese muchacho recibió orden de enseñar a Karl todo lo necesario para el servicio de los ascensores, pero era tan huidizo, y se apresuraba tanto, que éste apenas si pudo enterarse de lo poco que en el fondo había que saber. Probablemente Giácomo estaba molesto porque debía dejar el servicio de los ascensoristas a Karl para pasar a ser ayudante de camareras; lo cual, según ciertas experiencias que con todo no quiso desvelar, consideraba indigno. El hecho de que el vínculo de un ascensorista con la máquina del ascensor consistiera sólo en ponerla en movimiento apretando simplemente el botón, fue lo primero que desilusionó a Karl, pues hasta para reparar los motores se recurría tan exclusivamente a los mecánicos del hotel que, por ejemplo, aunque Giácomo llevaba ya de servicio en el ascensor medio año, no había visto con sus ojos ni los motores del sótano ni la maquinaria del interior del ascensor, a pesar de que, como claramente decía, eso le hubiera gustado mucho.

En general era un servicio monótono y, a causa de la jornada de doce horas —los turnos se relevaban una vez durante el día y otro por la noche—, tan agotador que, según las referencias de Giácomo, era totalmente insoportable si no se podía dormir algunos minutos de pie.

Karl nada dijo, pero se dio cuenta de que precisamente esa habilidad de Giácomo era la que le había hecho perder el puesto.

A Karl le convenía mucho el hecho de que el ascensor que tenía a su cuidado fuese uno destinado a los últimos pisos, por lo cual no tendría que tratar con los más exigentes de entre la gente rica. Por cierto, no aprendería allí tanto como en otro lado, y por eso era una circunstancia favorable sólo para el comienzo.

Al cabo de la primera semana, Karl comprendió que estaba perfectamente a la altura del servicio. Los bronces de su ascensor eran los mejor pulidos, ninguno de los otros treinta se podían equiparar en ese aspecto con el suyo, y quizá habrían quedado más brillantes todavía si el muchacho que servía en el mismo ascensor se hubiese esmerado igual, aunque tan sólo fuese aproximadamente; pero se sentía más bien sostenido en su negligencia ante el ahínco de Karl. Era norteamericano de nacimiento y se llamaba Rennel; un joven vanidoso, de ojos oscuros y mejillas tersas, un poco hundidas. Tenía un traje elegante, y en las noches que no tenía servicio se apuraba para ponérselo e irse, levemente perfumado, a la ciudad; de cuando en cuando también le pedía a Karl que lo reemplazase por la noche, con la excusa que debía ausentarse por problemas familiares, y preocupándose muy poco de que su aspecto desmintiese semejante pretexto. Sin embargo, Karl lo apreciaba y veía con gusto que Rennel, en esas noches, estuviese de pie junto al ascensor momentos antes de salir, luciendo su hermoso traje y se disculpase aún un poco mientras se calzaba los guantes, partiendo luego por el corredor. Por otra parte Karl, al reemplazarlo, sólo quería hacer un favor que ante un colega más antiguo parecía natural al principio; pero esto, pensaba, no debía convertirse en costumbre. Porque, en efecto, el eterno subir y bajar el ascensor era bastante cansador, sobre todo durante la tarde, ya que en esas horas casi no había interrupción.

Bien pronto aprendió Karl a hacer también esas reverencias breves y firmes que se exigen de un ascensorista y ya cogía la propina al vuelo. Desaparecía ésta en el bolsillo de su chaleco y nadie hubiera podido decir, guiándose por la expresión de su rostro, si era grande o pequeña. Ante las damas abría la puerta añadiendo una leve galantería y, con un movimiento gallardo y elegante, entraba lentamente en el ascensor tras ellas que, preocupadas por sus faldas, sombreros y adornos colgantes, solían subir con más vacilación que los hombres. Durante el viaje permanecía, puesto que esa era la forma menos llamativa, junto a la puerta y dando la espalda a los pasajeros, mientras que sostenía el pomo de la puerta del ascensor para empujarla hacia un costado en el momento justo de la llegada, de modo rápido y a la vez nada alarmante.

Sólo en raras ocasiones alguno le tocaba el hombro durante el viaje para solicitarle una información cualquiera, y entonces se volvía rápidamente, como si lo hubiese esperado, y respondía en voz alta. Con frecuencia, a pesar de los muchos ascensores y sobre todo cuando terminaban las funciones de los teatros o después del arribo de determinados trenes expresos, se producía una aglomeración tal que, después de dejar apenas a los pasajeros en los pisos altos, debía lanzarse de nuevo abajo, para recoger a los que allí esperaban. También tenía la posibilidad de aumentar la velocidad normal tirando de un cable metálico que cruzaba toda la caja del ascensor, pero en realidad el reglamento lo prohibía y decía, además, que era peligroso. Karl, en efecto, jamás utilizó ese recurso llevando pasajeros, pero cuando ya los había depositado arriba y habiendo abajo otros que esperaban, no se detenía en consideraciones: con movimientos fuertes, rítmicos, maniobraba con el cable como un marinero. Sabía por los demás que así hacían los otros ascensoristas, y él no quería perder sus pasajeros dejándolos a otros muchachos. Alguno de los huéspedes que se alojaban en el hotel durante una temporada, cosa bastante usual por otra parte, demostraban de cuando en cuando, con una sonrisa, que reconocían en Karl a su ascensorista, y éste aceptaba la gentileza con el rostro serio, pero con gusto.

A veces, cuando el movimiento decrecía un poco, podía aceptar pequeños encargos especiales también: por ejemplo, buscar alguna cosa que un huésped del hotel había dejado en su cuarto, al no querer molestarse él mismo en ir hasta allí; y entonces volaba Karl hacia arriba, sólo en su ascensor, que en esas ocasiones le parecía mucho más familiar; entraba en la habitación ajena, donde habitualmente veía tiradas sobre los muebles o colgadas en perchas cosas que nunca había visto, y percibía el olor peculiar de un jabón de otra persona, de un perfume, de una pasta dentífrica, y sin detenerse a nada, regresaba apresuradamente con el objeto perdido, que casi siempre hallaba a pesar de las erróneas indicaciones.

Con frecuencia lamentaba no poder aceptar pedidos especiales más importantes, pues para eso había ordenanzas especiales y mensajeros que cumplían sus diligencias en bicicleta y hasta en motocicleta. Únicamente para llevar pequeños recados desde las habitaciones hasta los comedores o las salas de juego, podía Karl ser empleado si las circunstancias lo favorecían.

Cuando después de la jornada de doce horas volvía del trabajo, tres días a las seis de la tarde, y los otros tres a las seis de la mañana, se sentía tan cansado que se iba directamente a la casa, sin preocuparse por nadie. Tenía su cama en el dormitorio común de ascensoristas; por cierto, la señora cocinera mayor, cuya influencia quizá no fuera, a pesar de todo, tan grande como creyó aquella noche, se había ocupado en conseguirle un cuartito propio, y sin duda también lo hubiera obtenido; pero viendo cuántas dificultades le ocasionaba esto y también las veces que la cocinera mayor llamaba por esa cuestión al superior de Karl, aquel camarero mayor tan ocupado, Karl desistió y convenció a la cocinera mayor de que realmente renunciaba al cuarto propio, aduciendo que no deseaba que los otros muchachos envidiasen una ventaja que por cierto no había logrado por propios méritos.

No era un dormitorio tranquilo el de los ascensoristas; como cada uno distribuía su tiempo libre de doce horas en diferentes formas entre los ratos dedicados a la comida, el sueño, a las diversiones y a alguna ganancia circunstancial, en la habitación reinaba constantemente el mayor movimiento. Algunos dormían tapándose con sus colchas hasta las orejas para no escuchar nada; pero si pese a eso se despertaba alguno, lanzaba gritos tan furiosos por el barullo de los otros, que ya no podían tolerarlo tampoco los demás durmientes, por dormilones que fuesen.

Casi todos los muchachos tenían su pipa; era ése un modo de abandonarse a una suerte de lujo; Karl también había comprado una y bien pronto empezó a tomarle gusto. Como durante el servicio estaba prohibido fumar, el resultado era que, en el dormitorio, quien no dormía a pierna suelta, fumaba. Por lo tanto, cada cama aparecía rodeada en su propia humareda y el todo era una niebla general.

Era imposible de lograr, aunque en principio la mayoría estaba de acuerdo, que por la noche quedara la luz encendida de un solo ángulo de la habitación. Si esta propuesta se hubiera impuesto, los que deseaban dormir habrían podido hacerlo tranquilamente, amparados por la oscuridad que reinaría en una de las mitades del salón —era una habitación grande con cuarenta camas—; en tanto los demás, en la parte iluminada, hubieran podido jugar a los dados o a los naipes, y dedicarse a todas las ocupaciones que necesitaban luz. Si alguno cuya cama estuviera ubicada en la mitad alumbrada de la sala hubiera querido dormir, podía acostarse en una cama libre de la zona oscura, pues siempre había suficientes camas desocupadas y nadie objetaba nada contra el uso ocasional de su cama por otro. Pero la disposición de tener una sola zona iluminada no se obedeció ni siquiera de noche. Continuamente se daba el caso, por ejemplo, de dos muchachos que, después de aprovechar la oscuridad para dormir un rato, sentían ganas de jugar a las cartas en sus camas, sobre una tabla colocada en el medio y, naturalmente, encendían una lámpara eléctrica apropiada a ese fin, cuya luz hiriente sobresaltaba a los durmientes, sobre cuyas caras daba directamente. Cierto que todavía se revolcaba y se retorcía uno un poco, pero por último no encontraba nada mejor que hacer que jugar con su vecino, que también había sido despertado, una partida bajo la iluminación reciente. Y otra vez, naturalmente, echaban humo todas las pipas.

También algunos, por cierto, que querían dormir a toda costa —habitualmente, Karl estaba entre ellos—, y éstos, en lugar de poner la cabeza sobre la almohada, la cubrían o la envolvían con la misma; pero cómo se podía dormir si el vecino más próximo se levantaba, a altas horas de la noche, para marchar a la ciudad en busca de placer; si se higienizaba ruidosamente, mojando la cabecera de la propia cama; si no sólo se calzaba las botas con gran estruendo, sino que además trataba de asentárselas mejor golpeando el suelo con el tacón —casi, todos a pesar de la horma americana de su calzado, usaban zapatos demasiado ajustados—, incluso llegaba a levantar, ya que faltaba alguna insignificancia para su atuendo, la almohada del que dormía, debajo de la cual éste, claro ya despierto, sólo esperaba la ocasión de lanzarse sobre el inoportuno.

Ahora bien, todos eran deportistas, jóvenes y fuertes en su mayoría, que no perdían ninguna oportunidad aprovechable para sus ejercicios deportivos. Y si en la noche se levantaba uno de un salto, despertado de su profundo sueño por un terrible estrépito, podía estar seguro de hallar en el suelo, junto a la cama, a dos luchadores; y de pie, sobre todas las camas de alrededor, bajo una luz penetrante, a los entendidos, en camisa y calzoncillos.

Una vez, a raíz de una demostración nocturna de boxeo de esta clase, uno de los púgiles cayó sobre Karl; éste dormía y lo primero que vio al abrir los ojos fue la sangre que le salía al muchacho de la nariz y que se esparcía sobre toda la ropa de la cama antes de que nada pudiera hacerse para impedirlo.

Con frecuencia se pasaba Karl las doce horas, casi íntegramente, tratando de conciliar el sueño durante algún tiempo, si bien por otra parte también era para él un atractivo grande el participar en las diversiones de los demás. Pero constantemente se figuraba que los otros, todos, le llevaban ventaja en la vida, una ventaja que tenía que compensar mediante mayor aplicación en el trabajo. A pesar de que le importaba especialmente dormir en provecho de su trabajo, no se quejaba de las condiciones que imperaban en el dormitorio ni ante la cocinera mayor ni ante Therese; porque, en primer lugar, y pensándolo bien, todos los muchachos soportaban penosamente esas condiciones, sin quejarse nunca seriamente; y en segundo lugar, porque consideraba los inconvenientes del dormitorio como parte inseparable de su trabajo de ascensorista, trabajo que por lo pronto recibiera agradecido de manos de la cocinera mayor.

Una vez por semana, debido al cambio de turno, tenía un franco de veinticuatro horas, y las usaba en parte para hacer una o dos visitas a la cocinera mayor; o bien esperaba el escaso tiempo libre de Therese para pasar con ella unos minutos en algún rincón del pasillo y muy rara vez en su habitación, para intercambiar así una fugaces palabras. A veces también la acompañaba cuando hacía sus trámites en la ciudad, que debía realizar con la mayor premura. Iban entonces casi corriendo; Karl le llevaba el bolso hasta la primera estación del metro y el viaje pasaba en un abrir y cerrar de ojos, como si el tren fuese impulsado sin ofrecer la menor resistencia; y apenas lo abandonaban, traqueteaban escaleras arriba, en vez de esperar el ascensor, que les resultaba muy lento. Aparecían después las grandes plazas, desde las cuales las calles eran irradiadas como rápidos rayos estelares, plazas que aportaban un gentío en ese tránsito que en línea recta llegaba desde todas partes; pero Karl y Therese corrían, muy juntos, a las diferentes oficinas, lavaderos, depósitos y negocios donde había que hacer pedidos o presentar quejas, cosas de poca importancia en verdad, pero que no se podían arreglar, sin más, por teléfono.

Therese pronto advirtió que la ayuda de Karl no era nada despreciable, sino que, por lo contrario, aceleraba marcadamente una gran cantidad de cosas. Cuando la acompañaba nunca tenía que estar esperando, como le sucedía otras veces con frecuencia, hasta que la gente de los comercios muy afanada, la atendiese. Él se acercaba al mostrador y golpeaba tanto los nudillos que por último el método daba resultado; por encima de murallas humanas lanzaba sus exclamaciones en ese inglés que continuaba teniendo un acento algo exagerado que se destacaba con facilidad entre cien voces. Se acercaba a la gente sin hesitación, por más que se retirasen, orgullosos, al fondo de los más amplios salones de comercio. No era arrogante y apreciaba toda resistencia, pero se sentía respaldado por la segura posición que le brindaba derechos: el Hotel Occidental era un cliente que no permitía bromas y, al fin y al cabo, Therese, no obstante su experiencia comercial, necesitaba bastante ayuda.

—Tendría que venir siempre conmigo —decía a veces, riendo feliz, de regreso de alguna empresa cumplida con particular éxito.

Únicamente tres veces durante ese mes y medio de su permanencia en Ramsés se quedó Karl un rato largo, más de un par de horas, en el cuartito de Therese. Por cierto, era más chico que cualquiera de los cuartos de la cocinera mayor; las cosas que contenía rodeaban en cierto modo sólo la ventana, pero Karl, por sus experiencias en el dormitorio colectivo, ya sabía apreciar el valor de una habitación propia y bastante tranquila, y aunque no lo expresase claramente, Therese advertía, sin embargo, cómo le gustaba su habitación.

No tenía secretos para él; no hubiera sido fácil además, después de aquella visita de la primera noche, guardar todavía secretos ante él. Era hija natural; su padre, capataz de obras, las había hecho venir después de emigrar, a la madre y a la hija, desde Pomerania; pero como si así hubiese cumplido su deber o como si hubiese esperado a otras personas y no a esa mujer cansada por el trabajo y a esa niña endeble, que había ido a buscar en el desembarcadero, continuó viaje bien pronto y sin muchas explicaciones a Canadá. Ellas se quedaron y no tuvieron de él ni una carta ni ninguna otra noticia, lo que, por otra parte, no era de extrañar, pues se hallaban perdidas en los grandes alojamientos colectivos del este neoyorquino, cosa que impedía toda posibilidad de dar con ellas.

Una vez, Therese se puso a contarle —Karl estaba a su lado junto a la ventana y miraba hacia la calle— la muerte de su madre; cómo corrieron la madre y ella, una noche de invierno —ella tendría entonces unos cinco años— por las calles, cada una con su hatillo, buscando un lugar donde pasar la noche; cómo la madre la llevaba primero de la mano —arreciaba un fuerte temporal de nieve y no era fácil avanzar— hasta que se le entumeció la mano y soltó a Therese, sin siquiera darse la vuelta para mirarla; ella entonces, con gran esfuerzo, tuvo que sostenerse por sí misma de las faldas de su madre. Therese tropezaba con frecuencia y casi caía, pero la madre seguía adelante como obsesionada, sin detenerse. ¡Y qué nevadas aquellas en las largas y rectas calles de Nueva York! Karl todavía no había pasado ningún invierno en Nueva York. Si uno camina contra el viento, y éste sopla en círculo, entonces no se pueden abrir los ojos ni un momento; y el viento, incesantemente, le llena a uno la cara con nieve, y uno corre, pero sin adelantar nada; es irritante por cierto. Y con todo un niño, es claro, aventaja siempre a los adultos, pues corre por debajo del viento y hasta siente cierta felicidad y placer en ello. Y así, aquella vez, Therese no podía entender del todo a su madre, y estaba físicamente convencida de que, si esa noche se hubiese comportado con más inteligencia —era aún una niña muy pequeñita— frente a su madre, ésta no hubiera sufrido aquella muerte tan miserable.

Hacía ya dos días que la madre no trabajaba y no tenían ni la más insignificante moneda, habían pasado el día a la intemperie y sin tomar bocado y en sus hatillos sólo ocultaban unos trapos inútiles que, quizá por superstición, no se atrevían a tirar. Ahora bien, para la mañana siguiente la madre pensaba que podría conseguir un trabajo en una obra en construcción, pero tenía miedo —cosa que trató de explicar a Therese durante el día— de no poder aprovechar esa oportunidad, porque estaba muerta de cansancio ya por la mañana y, para terror de los transeúntes, había tosido y escupido mucha sangre; su único deseo era llegar a calentarse en algún lado y descansar. Y esa noche, justamente, era imposible encontrar el más insignificante rincón. Allí donde el casero no comenzaba ya por echarlas del vestíbulo, refugio que, de todos modos, les hubiera permitido reponerse algo del temporal, cruzaban y subían corriendo los angostos y helados pasillos y subían afanosamente los altos pisos, rodeando las estrechas terrazas de los patios, llamando a las puertas a la buena de Dios, ya sin osar hablarle a nadie, ya pidiendo a cada uno de los que encontraban, y una y dos veces la madre hasta llegó a arrodillarse sin aliento, en el peldaño de una escalera solitaria, y atraía hacia sí violentamente a Therese, que casi se defendía, y la besaba con dolorida presión de sus labios. Si se piensa luego que éstos eran los últimos besos, no se concibe cómo, a pesar de que fuera una criaturita, pudo estar tan ciega como para no comprenderlo.

Algunas habitaciones por las que pasaban tenían las puertas abiertas para permitir la salida del aire sofocante; y en medio de aquel humo neblinoso que, como causado por un incendio, llenaba los cuartos, sólo surgía la figura de alguien que aparecía en el marco de la puerta, indicando con su muda presencia o con una palabra, la imposibilidad de un refugio en dicho cuarto.

Ahora, a través de esa visión retrospectiva, le parecía a Therese que sólo en las primeras horas la madre había buscado seriamente algún lugar, porque después de la medianoche probablemente ya no le había dirigido la palabra a nadie, aunque no había dejado de correr, con breves intervalos, hasta el alba y aunque hubiera en aquellas casas, donde nunca se cierran ni las puertas de la calle ni las del interior, un movimiento continuo y se topara uno con gente a cada momento.

Por supuesto, aquello no era, en realidad, una carrera, y la rapidez de su paso sólo se debía al esfuerzo extremo de que ellas eran capaces, y en verdad no debió ser más que un lento arrastrarse. Therese no podía tampoco recordar si, desde la medianoche hasta las cinco de la madrugada, habían estado en veinte casas o sólo en dos o aun en una sola. Los pasillos de esas casas habían sido edificados astutamente según planos apropiados al mejor uso del espacio, pero no tomaban en cuenta la necesidad de orientarse fácilmente a través de ellos; ¡cuántas veces atravesaron los mismos pasillos! Therese recordaba vagamente, por ejemplo, que dejaron el portal de una casa después de recorrerla por una eternidad; pero también le parecía que, ya en la calle, se volvieron en seguida, precipitándose otra vez en el interior de la misma casa.

Para la niña todo aquello entrañaba, naturalmente, sufrimientos increíbles: el verse ya estrujada por la madre, ya asida a ella, arrastrada sin una palabra de consuelo; y todo esto no parecía tener entonces más que una sola explicación para su corta inteligencia, y era que la madre intentaba huir de ella. Por eso se aferraba Therese, cada vez más —aunque la madre la tomaba de la mano, se aferraba ella para mayor seguridad también con la otra—, de las faldas de la madre, y lloraba a intervalos. No quería que la dejaran allí, entre las personas que subían estruendosamente la escalera delante de ellas, que a su espalda, invisibles aún, se acercaban tras un recodo; que peleaban en los pasillos ante una puerta, empujándose mutuamente al interior de las habitaciones. Los borrachos deambulaban por la casa con su sordo canturreo, y la madre conseguía deslizarse con Therese, por suerte, a través de esos grupos de gente que amenazaban con cerrarles el paso.

Sin duda, a altas horas de la noche, cuando ya no se prestaba atención y ya nadie insistía con gran rigor en su derecho, habrían podido introducirse siquiera en uno de esos dormitorios colectivos, subalquilados por empresarios; ya habían pasado frente a varios, pero Therese no comprendía nada de eso y la madre no buscaba ya descanso.

Por la mañana, comienzo de un bello día de invierno, acaso habían dormitado un poco, acaso sólo habían estado ambas apoyadas en la pared de un casa, mirando fijamente las cosas con los ojos muy abiertos. Ocurrió que Therese había extraviado su hatillo y la madre quiso pegarle para castigar así la falta de cuidado, pero Therese no oyó ni sintió golpe alguno.

Continuaron después a través de las calles que se animaban, la madre quitaba con la mano la escarcha del pretil y finalmente llegaron —entonces Therese lo tomaba como lo más natural del mundo, hoy en cambio no podía comprenderlo— precisamente a esa obra en construcción adonde la madre había sido citada para aquella mañana. No le dijo a Therese que aguardara, ni que se fuera, y Therese veía en ello la orden de que aguardara pues eso era lo que mejor estaba de acuerdo con sus propios deseos. Se sentó, pues, sobre una pila de ladrillos y se quedó mirando cómo la madre desataba su hatillo, cómo sacaba un trapo de color y se sujetaba un pañuelo que había llevado en la cabeza durante toda la noche. Therese estaba demasiado fatigada y por eso ni siquiera se le ocurría auxiliarla.

Sin presentarse antes en la garita del capataz, según la costumbre, sin preguntar a nadie, la madre ascendió por una escalera, como si supiese ya el trabajo que le habían asignado. A Therese le extrañó todo aquello, ya que habitualmente se ocupaba a las ayudantas sólo abajo y para preparar y apagar la cal, para alcanzar los ladrillos y otros trabajos simples. Creyó, por lo tanto, que la madre pensaba dedicarse ese día a una tarea mejor pagada y, mirando hacia arriba le sonreía medio dormida.

La obra no estaba todavía alta, apenas había adelantado en la planta baja, aunque las altas vigas de los armazones destinadas a la futura construcción —todavía sin los tirantes de unión— se destacaban ya, erguidas, sobre el cielo azul.

Allá arriba, la madre eludía hábilmente las dificultades de andar entre los albañiles que ponían ladrillo sobre ladrillo y que, cosa inconcebible, no le pedían explicaciones. Se sujetaba cautelosamente, apenas tocándolo, de un tabique de madera, a modo de barandilla; y Therese, en medio de su modorra, miraba alelada desde abajo esa habilidad, y aun creía recibir de su madre una mirada dulce. Pero entonces la madre, en su marcha, había llegado a una pequeña pila de ladrillos ante la cual terminaba la barandilla y quizá también el camino; pero a ella no le importó, se encaminó directamente a aquel montón de ladrillos y, pasando sobre él, se arrojó al vacío. Muchos ladrillos rodaron tras ella y por último, después de un buen rato, se desprendió en algún lado una pesada tabla que le cayó encima con gran ruido.

El último recuerdo que Therese tenía de su madre era haberla visto yacer despatarrada, aun con su falda a cuadros que había traído de Pomerania; el de haber visto cómo la cubría casi por completo aquella pesada tabla que yacía sobre ella, y cómo se amontonaba la gente que llegaba de todas partes, y cómo arriba, en lo alto de la obra, algún hombre dejaba oír su voz colérica.

Ya era tarde cuando Therese terminó su relato. Había desarrollado la narración detalladamente, cosa que no hacía otras veces, y especialmente en los momentos indiferentes, así al describir las vigas de los armazones, de las que cada una por sí misma se destacaba erguida contra el cielo, había debido callarse con los ojos llenos de lágrimas.

Ahora, a los diez años de ocurrido aquello, recordaba con toda precisión que la visión que guardaba de la madre en lo alto de la apenas terminada planta baja era el último recuerdo que conservaba de la vida de su madre, y no conseguía transmitírselo con claridad suficiente a su amigo; quiso volver una vez más sobre el tema después, pero se interrumpió, hundió el rostro entre las manos y no dijo ni una sola palabra más.

Pero también había horas más felices en su amistad con Therese. Ya en su primera visita, Karl vio allí un libro de correspondencia comercial y, accediendo a su pedido, ella se lo prestó. Al mismo tiempo se pusieron de acuerdo en que Karl haría los ejercicios propuestos en el texto y se los presentaría a Therese, que ya había estudiado el contenido del libro, porque era imprescindible para cumplir sus pequeños trabajos. Y ahora se quedaba Karl noches enteras, con algodón en los oídos sobre su cama en el dormitorio, y para no cansarse adoptaba todas las posturas imaginables, leía el libro y garabateaba los ejercicios en un cuadernito con una estilográfica que le había obsequiado la cocinera mayor, como premio por prepararle de modo muy práctico y con mucho cuidado un gran registro del inventario.

Logró sacar provecho de la mayoría de las molestias que le causaban los otros muchachos, pidiéndoles repetidas veces consejo en asuntos relativos al inglés, hasta que se cansaron y lo dejaron en paz. Le sorprendía a menudo que los demás se hubiesen resignado así a su condición actual, sin advertir siquiera su carácter precario —ascensoristas de más de veinte años ya no se admitían—, y sin percibir la urgencia de decidirse sobre su futura profesión, y que, a pesar del ejemplo de Karl, sólo leían, en el mejor de los casos, novelas policiales que, hechas trizas y sucias, se pasaban de cama en cama.

En las entrevistas, Therese corregía luego con meticulosidad excesiva; surgían conceptos que eran objeto de controversias. Karl citaba como testigo a su gran profesor neoyorquino, pero éste tenía realmente tan poco valor para Therese como los criterios gramaticales de los ascensoristas. Ella le quitaba la estilográfica de la mano y tachaba los puntos de cuya incorrección estaba segura; pero si había dudas, y pese a que ninguna autoridad superior a Therese vería el ejercicio, Karl volvía a tachar, por pura minuciosidad, las marcas puestas por Therese.

A veces aparecía la cocinera mayor y se inclinaba siempre a favor de Therese, pero esto tampoco probaba nada, pues Therese era su secretaria. Pero al mismo tiempo su llegada conseguía la reconciliación general, porque se preparaba el té y se mandaba traer pasteles. Karl entonces debía referir cosas de Europa, naturalmente entre muchas interrupciones de la cocinera mayor, que volvía a preguntar y a sorprenderse de nuevo, por lo cual Karl advertía cuánto habían cambiado allá las cosas, especialmente, en un lapso relativamente corto, y cuánto se habrían modificado ya las cosas desde su ausencia y cómo se irían modificando constantemente.

Haría más o menos un mes que Karl estaba en Ramsés cuando una noche le dijo Renell, al pasar, que delante del hotel le había hablado un hombre que se llamaba Delamarche, preguntándole por Karl. Renell no había tenido ningún motivo para ocultar nada, y de acuerdo con la verdad le había dicho que Karl era ascensorista, pero que tenía posibilidades de ocupar puestos mucho más importantes a causa de la protección que le brindaba la cocinera mayor. Karl comprendió cuán cuidadosamente había sido tratado Renell por Delamarche, ya que hasta lo había invitado a cenar con él esa noche.

—No tengo la menor relación con Delamarche —dijo Karl—. ¡Y ten cuidado con él!

—¿Yo? —preguntó Renell y, estirándose, se fue enseguida.

Era el muchacho más apuesto del hotel y entre los demás se rumoreaba —sin que se supiera de quién provenía— que una distinguida señora, que se hospedaba en el hotel hacía cierto tiempo, lo había acometido a besos —por lo menos— en el ascensor.

Él, que conocía el rumor, hallaba sin duda un gran encanto en ver pasar a su lado a aquella señora confiada en su aspecto exterior; ni el menor detalle revelaba la posibilidad siquiera de una conducta semejante, con sus pasos tranquilos y suaves, sus finos velos y su muy ceñido talle. Vivía en el primer piso y el ascensor de Renell no era el suyo; pero desde luego, cuando los otros ascensores estaban ocupados, no podía prohibirse a huéspedes de tal categoría el acceso a otro ascensor. Y así sucedía que dicha señora tomaba de cuando en cuando el ascensor de Karl y de Renell y, por cierto, sólo cuando Renell estaba de servicio. A lo mejor era pura casualidad, pero nadie lo creía así, y cuando subía el ascensor con los dos, se apoderaba de toda la fila de ascensoristas cierta inquietud que todos trataban de reprimir y que hasta había motivado una vez la intervención del camarero mayor.

Sea cual fuere la causa, ya la dama, ya el rumor, Renell de todos modos había cambiado, se había vuelto mucho más orgulloso todavía; dejaba la tarea de lustrar los bronces totalmente a Karl —éste ya esperaba la ocasión para plantear a fondo la cuestión—, y en el dormitorio ya no se lo veía. Ningún otro se había alejado tan completamente de la comunidad de los ascensoristas, porque por lo común conservaban todos una seria solidaridad, al menos en asuntos de servicio, y tenían una organización reconocida por la Dirección del hotel.

Karl dejó que todo esto pasara por su mente, pensó también en Delamarche y, por otra parte, continuó cumpliendo como siempre su servicio.

Hacia medianoche tuvo una pequeña distracción, ya que Therese, que lo sorprendía frecuentemente con pequeños obsequios, le llevó una gran manzana y una chocolatina. Charlaron un rato y las interrupciones producidas por los viajes del ascensor casi no los molestaron. La charla tocó también el tema de Delamarche, y Karl advirtió que, en realidad, se había dejado influenciar por Therese: si desde hacía algún tiempo pensaba que aquel hombre era peligroso, se debía a que así se lo había parecido a Therese de acuerdo con los relatos de Karl. Pero éste, en el fondo, pensaba que era sólo un pillo, que había dejado que la desgracia lo perdiera y con quien bien podía uno entenderse. Pero Therese le contradijo con viveza y mediante largos discursos exigió a Karl que prometiera que jamás hablaría ni una sola palabra con Delamarche. En lugar de prometérselo, Karl le pidió varias veces que se fuera a dormir, pues hacía mucho ya que había pasado la medianoche, y como ella se negó, la amenazó con dejar el puesto y llevarla hasta su cuarto. Cuando por fin la vio dispuesta a marcharse, le dijo:

—¿Por qué me traes preocupaciones inútiles, Therese? Por si esto te ayudara a dormir, te prometo con gusto que sólo hablaré con Delamarche si no puedo evitarlo.

Luego hubo muchos viajes, porque el muchacho del ascensor vecino había sido utilizado para algún trabajo auxiliar en otro sitio y Karl tuvo que atender ambos ascensores. Ya hubo huéspedes que hablaron de desorden y un señor que acompañaba a una dama llegó a tocar suavemente a Karl, con un bastón, para que trabajase con mayor prisa, pedido absolutamente innecesario, por otra parte. Si los huéspedes, al ver que en uno de los ascensores no había ningún muchacho, se hubiesen acercado de inmediato al ascensor de Karl la cosa habría sido más simple; pero no hacían tal cosa, sino que por el contrario, se acercaban al ascensor vecino y allí se quedaban de pie, con la mano sobre el picaporte; o, si no, lo que era aún peor, entraban ellos mismos en el ascensor, cosa que, según el apartado más severo del reglamento de servicio, los ascensoristas debían evitar a toda costa. Y así tuvo que correr Karl, en un continuo ir y venir que resultaba muy agotador, sin que sin embargo adquiriera así la conciencia de cumplir rigurosamente con su deber.

Para colmo, hacia las tres de la mañana un mozo de cuerda, hombre viejo con quien mantenía cierta amistad, pretendía que lo ayudase en algo; pero él no podía proporcionarle de ninguna manera esa ayuda, pues justamente en aquel momento había huéspedes esperando ante sus dos ascensores y había que tener una gran presencia de ánimo para decidir en el acto, y dando grandes pasos, por uno de los grupos. Se sintió contento, por lo tanto, cuando el otro muchacho volvió a su puesto y le dirigió unas palabras de reproche por su larga ausencia, si bien el chico probablemente no tuvo culpa alguna.

Después de las cuatro de la madrugada todo se fue tranquilizando un poco; a Karl ya le hacía falta con urgencia esa tranquilidad. Se quedó pesadamente apoyado al lado de su ascensor, comenzó a comer despacio la manzana, de la que emanaba, ya al primer mordisco, un fuerte aroma y miró hacia abajo, hacia un pozo de luz rodeado por los grandes ventanales de las despensas, tras las cuales apenas se llegaba a vislumbrar, entre sombras, unas masas colgantes de plátanos.

CAPÍTULO VI: EL CASO ROBINSON

En aquel momento alguien le dio unas palmaditas en el hombro. Karl, pensando, por supuesto, que se trataba de un huésped, se apresuró a guardar su manzana en un bolsillo y corrió hasta el ascensor, dirigiendo al hombre apenas una mirada.

—Buenas noches, señor Rossmann —dijo entonces el hombre; soy Robinson.

—Vaya ¡cómo ha cambiado! —dijo Karl sin poder reprimir la sorpresa.

—Sí, ahora me va bien —dijo Robinson, contemplándose a sí mismo con una mirada que se deslizó hacia abajo sobre su propia ropa, compuesta quizá de prendas bastante finas, pero en tan abigarrada mezcla que el conjunto parecía simplemente miserable. Lo más llamativo era un chaleco blanco, evidentemente recién estrenado, con cuatro pequeños bolsillos fileteados de negro; Robinson, por otra parte, trataba de lucirlo exprofeso hinchando el pecho.

—Usa prendas caras —dijo Karl, y pensó rápidamente en su simple y bello traje, con el cual hubiera podido competir hasta con el mismísimo Renell, y que aquellos dos tipos malvados vendieran.

—Sí —dijo Robinson—, casi diariamente me compro algo. ¿Qué le parece el chaleco?

—No está mal —dijo Karl.

—No son bolsillos verdaderos, están sólo para figurar —dijo Robinson haciendo que Karl tocara la prenda para convencerse por sí mismo. Pero Karl retrocedió, pues la boca de Robinson despedía un inaguantable olor a aguardiente.

—Otra vez está bebiendo mucho —dijo Karl; ya se encontraba de nuevo junto a la balaustrada.

—No —dijo Robinson—, no mucho —y en desacuerdo con su anterior alegría agregó—: ¿Qué otra cosa le queda al hombre en este mundo?

Un viaje en el ascensor interrumpió la conversación y apenas estuvo de vuelta recibió una llamada telefónica con la orden de ir a buscar al médico del hotel para una señora del séptimo, que se había desmayado.

Mientras estaba en camino para cumplir la orden, Karl alimentaba secretamente la esperanza de que, entretanto, Robinson se hubiera marchado, porque no quería por nada del mundo que lo viesen con él, y recordando la advertencia de Therese, tampoco quería saber nada de Delamarche.

Pero Robinson continuaba esperando, con el rígido aspecto de un borracho completo, y en ese mismo momento pasaba por allí un importante empleado del hotel, de levita negra y sombrero de copa, sin que Robinson afortunadamente, le mereciera, según parecía, mucha atención.

—Rossmann, ¿no quiere venir a vernos alguna vez? Ahora lo pasamos muy bien —dijo Robinson, mirando a Karl de un modo seductor.

—¿Me invita usted o Delamarche? —preguntó Karl.

—Delamarche y yo; convinimos en ello —dijo Robinson.

—Entonces le digo a usted y le pido que le transmita también lo mismo a Delamarche, que nuestra despedida, si esto no quedó bien claro ya de por sí, fue definitiva. Ustedes dos me causaron más pesares que los que nadie me trajo nunca. ¿Acaso se proponen no dejarme tranquilo tampoco de ahora en más?

—Pero si somos sus compañeros —dijo Robinson, y asquerosas lágrimas de borracho asomaron a sus ojos—. Delamarche le manda decir que quiere compensarle por todo lo pasado. Vivimos ahora con Brunelda, una espléndida cantante.

Y de inmediato se dispuso a entonar una sonora canción, pero Karl, a tiempo, lo increpó siseando:

—Cállese, ¡cállese enseguida! ¿Pero no sabe dónde está?

—Rossmann —dijo Robinson, asustado ya por lo del canto—, pero si yo, diga lo que quiera, soy su amigo. Y ahora que tiene aquí un puesto tan extraordinario, ¿no podría prestarme un poco de dinero?

—Pero si sólo le servirá para bebérselo otra vez —dijo Karl—; si hasta estoy viendo allí, en su bolsillo, una botella de aguardiente, del que con seguridad bebió durante mi ausencia, porque al principio estaba todavía, más o menos, en su juicio.

—Lo hago sólo para animarme cuando estoy en camino de hacer alguna gestión —dijo Robinson excusándose.

—No crea que tengo siquiera el propósito de corregirle —dijo Karl.

—¡Y el dinero! —dijo Robinson con los ojos fuera de las órbitas.

—Sin duda Delamarche le ha encomendado que le llevara dinero. Bien, le daré dinero, pero con la condición expresa de que se vaya enseguida de aquí, y que nunca vuelva a visitarme en esta casa. Si desea comunicarme algo, escríbame: Karl Rossmann, ascensorista, Hotel Occidental, son señas suficientes. Pero aquí, se lo repito, no debe volver a verme. Aquí estoy de servicio y no tengo tiempo para recibir visitas… Bueno, ¿quiere entonces el dinero con esa condición? —preguntó Karl, y ya introducía la mano en el bolsillo de su chaleco, resuelto a sacrificar la propina de la noche.

Robinson, en respuesta a la pregunta, se limitó a asentir meneando la cabeza y respirando con gran dificultad. Karl interpretó el hecho de modo equivocado y preguntó:

—¿Sí o no?

Y entonces Robinson le dio a entender por señas que se acercara, y entre contorsiones bastante elocuente, musitó:

—Rossmann, me siento muy mal.

—¡Al demonio! —exclamó Karl a quien se le escaparon sin querer tales palabras, y con ambas manos lo empujó hasta la balaustrada. Y ya emergía el chorro y caía desde la boca de Robinson a las profundidades. Desamparado, en los intervalos que le dejaba su malestar, se arrastraba hacia Karl ciegamente.

—Usted es, por cierto, un buen chico —decía luego, o bien—: ya me siento bien, ya —cosa que no era cierta ni de lejos, o—: ¡Qué brebaje me habrán echado ahí esos perros!

Karl, lleno de asco y desasosiego, ya no soportaba estar cerca de él y empezó a pasearse. En aquel rincón, junto al ascensor quedaba Robinson, en realidad un poco escondido; pero qué ocurriría si, no obstante, alguien se fijase en él, uno de esos ricos huéspedes intransigentes que parecen gozar quejándose del servicio, o si pasara uno de esos pesquisas del hotel que cambian siempre, que nadie conoce salvo la Dirección y cuya presencia se recela en cada hombre que uno ve, basta que se le descubra una mirada escudriñadora, acaso motivada sólo por su miopía.

Y allá abajo sólo hacía falta que con ese ajetreo propio del restaurante, que no paraba en toda la noche, alguien fuese a las despensas, que advirtiese aquella porquería en el pozo de luz y preguntase a Karl por teléfono qué pasaba allí arriba, por amor de Dios. ¿Podría Karl, en esa circunstancia desconocer a Robinson? Y si así lo hiciera, ¿no se referiría Robinson, a causa de su estupidez y desesperación y como toda excusa, justa y únicamente a Karl? ¿Y no sería inevitable entonces que le echaran en el acto, ya que habría ocurrido la cosa inconcebible de que un ascensorista —el más bajo y prescindible de la larga escala de la servidumbre de aquella casa— dejara ensuciar el hotel por su amigo, permitiendo que asustara a los huéspedes o que los ahuyentara del todo? ¿Podía soportarse por más tiempo a un ascensorista que tenía esa clase de amigos, a quienes, para colmo, permitía que lo visitaran en horas de servicio? ¿No parecería desde cualquier punto de vista evidente que un ascensorista de esa calaña era él mismo un borracho o algo peor aún?, ¿que valiéndose de las bodegas del hotel, saciara a sus amigos hasta el punto de que llegaran a hacer cosas como la que había hecho Robinson ahora en ese mismo hotel donde se mantenía una limpieza severa y pedante? ¿Y por qué se limitaría ese muchacho a robar víveres, si las oportunidades de hurto eran en verdad infinitas, dada la conocida negligencia de los huéspedes, y si estaban a la vista los armarios abiertos por todos lados, los valores y joyas que quedaban sobre las mesas, los estuches muy abiertos, las llaves distraídamente colocadas en cualquier lugar?

Justamente veía Karl que a lo lejos, de un salón del sótano en el cual acababa de finalizar una función de variedades, empezaban a subir los huéspedes. Se apostó junto al ascensor y ni siquiera osó volver la cabeza hacia Robinson, temiendo lo que allí pudiera presentarse a sus ojos. Pero lo tranquilizó no escuchar de aquel lado ningún ruido, ni siquiera un suspiro. Continuó, por cierto atendiendo a sus huéspedes, subía y bajaba con ellos, y sin embargo, no podía ocultar del todo su distracción, y en cada viaje hacia abajo temía encontrar alguna sorpresa desagradable.

Por fin contó de nuevo con unos momentos libres para echar una ojeada al lugar donde se hallaba Robinson y lo vio muy encogido, acurrucado en su rincón y con el rostro contra las rodillas. Tenía muy echado hacia atrás su sombrero redondo y duro.

—Bueno, ahora váyase —dijo Karl en voz baja y decidido a todo—. Aquí tiene el dinero. Si se apura, podré aún indicarle el camino más corto.

—No puedo dar un solo paso —dijo Robinson enjugándose la frente con un pañuelito—. Aquí moriré. No puede imaginarse lo mal que me siento. Delamarche me lleva a todos lados, a esos lugares distinguidos, pero yo no tolero ese brebaje afeminado; todos los días se lo digo a Delamarche.

Karl perdía la paciencia.

—Pero, de una vez por todas, aquí no puede quedarse —dijo—; por lo menos piense dónde está. Si lo descubren aquí lo castigaran y yo perderé mi empleo. ¿Acaso es eso lo que pretende?

—No puedo irme —dijo Robinson—, antes me tiraría allá abajo. —Y a través de los balaustres señaló el pozo de luz—. Sentado aquí, todavía puedo aguantarlo, pero levantarme, ¡eso sí que no puedo! ¡Si ya traté de hacerlo cuando usted no estaba!

—Bueno, entonces buscaré un coche y lo llevarán al hospital —dijo Karl, sacudiéndole levemente las piernas, porque Robinson a cada momento amenazaba con entregarse a una total apatía.

Pero en cuanto escuchó Robinson la palabra hospital, que parecía despertar en él imágenes horribles, comenzó a llorar a lágrima viva y tendió las manos hacia Karl, suplicando piedad.

—Tranquilo —dijo Karl; le bajó las manos de un revés, corrió hasta el ascensorista a quien él había reemplazado esa noche, le pidió que por unos minutos le hiciera el mismo favor, y volvió corriendo hasta donde estaba Robinson.

Levantó con todas sus fuerzas al hombre que todavía lloraba, y le dijo al oído:

—Robinson, si quiere que me ocupe de usted, haga ahora un esfuerzo y camine un corto trecho. Yo lo guiaré,

¿sabe?, hasta mi cama, donde podrá quedarse hasta sentirse bien. Verá cómo pronto se repondrá. Se asombrará. Y ahora le pido nada más que se comporte razonablemente, pues los pasillos están llenos de gente y mi cama, además, está en un dormitorio colectivo. En cuanto llame la atención, no podré hacer ya nada por usted. Y tenga los ojos abiertos, no puedo llevarlo como a un moribundo.

—Sí, sí, haré lo que usted quiera —dijo Robinson—, pero solo no podrá llevarme. ¿Por qué no busca también a Renell?

—Renell no está —dijo Karl.

—¡Ah, sí, es cierto —dijo Robinson—; Renell está con Delamarche. Si son ellos, los dos, quienes me mandaron por usted. Ya lo confundo todo.

Karl aprovechó éste y otros monólogos incoherentes de Robinson para empujarlo hacia adelante, y así llegaron felizmente hasta un recodo, desde donde un pasillo con menos luz llevaba al dormitorio de los ascensoristas. Venía justamente corriendo por el pasillo un ascensorista que pasó junto a ellos; por lo demás, hasta ese momento, sólo había tenido encuentros sin riesgos; pues esa hora, entre las cuatro y las cinco, era la más calma, y bien sabía Karl que, si no conseguía sacar a Robinson en seguida, a la madrugada y al comenzar el ajetreo diario ya no habría, de ninguna forma, una buena oportunidad para hacerlo.

En el otro extremo del dormitorio había precisamente una gran pelea o algún espectáculo de otro tipo. Se oía un palmoteo acompasado, un zapateo de pies agitados y aclamaciones deportivas. En la mitad de la sala, cerca de la puerta, se veía sobre las camas a muy pocos durmiendo imperturbables, los más estaban acostados boca arriba y miraban al vacío fijamente y de cuando en cuando alguno saltaba de la cama vestido o sin vestir, tal como entonces se encontraba, para saber cómo iban las cosas en el otro extremo de la sala.

Y de ese modo, Karl, sin que lo advirtiesen llevó a Robinson, que mientras tanto se había acostumbrado a andar, a la cama de Renell, pues ésta se encontraba muy cerca de la puerta y por suerte estaba vacía; en tanto que en su propia cama, como bien veía desde lejos, dormía tranquilamente otro chico a quien ni siquiera conocía.

En cuanto Robinson sintió la cama bajo sí —una de sus piernas bamboleaba todavía fuera de ella— se durmió. Karl lo tapó completamente con la colcha, hasta la cabeza, y luego partió creyendo que no tenía por qué preocuparse, pues Robinson, sin duda, no despertaría hasta las seis, y antes de esa hora él ya estaría de regreso; más tarde —a lo mejor entonces también estaría Renell para ayudarle— ya hallaría algún medio para sacar a Robinson de allí. Una inspección del dormitorio, realizada por funcionarios superiores, se hacía sólo en ocasiones extraordinarias —hacía años ya que los ascensoristas habían logrado que se suprimiera la inspección general que antes se efectuaba—, de modo que tampoco en ese sentido nada había que temer.

Al llegar nuevamente a su ascensor, Karl notó que partían hacia arriba, justo en ese momento, su propio ascensor y el de su vecino. Se quedó esperando, impaciente por ver cómo se explicaba ese asunto. Su ascensor bajó primero y de él salió aquel chico que, precisamente, hacía unos instantes había venido corriendo por el pasillo.

—¿Dónde te has metido Rossmann? —preguntó—. ¿Por qué te fuiste? ¿Y por qué no avisaste que te ibas?

—Pero si le dije que tomara mi puesto un momento —contestó Karl, señalando al muchacho del ascensor vecino que se acercaba—. Yo también lo he reemplazado a él durante dos horas y cuando había más movimiento.

—Bueno, bueno —dijo el interpelado—, pero eso no basta. ¿No sabes que por poco que uno se ausente durante el servicio debe avisar, como corresponde, en la oficina del camarero mayor? Para eso está ahí el teléfono. Yo te habría reemplazado gustoso, pero sabes bien que no es cosa fácil. Justamente esperaban ante los dos ascensores huéspedes nuevos, que arribaron en el expreso de las cuatro y treinta. Y como no podía primero hacerme cargo del ascensor tuyo y dejar esperando a mis huéspedes, he subido antes con el mío…

—¿Y entonces? —preguntó Karl intrigado, pues los dos muchachos permanecían en silencio.

—Y entonces —dijo el muchacho del ascensor vecino—, entonces pasa en ese momento el camarero mayor, ve a la gente de pie ante tu ascensor, sin atender, se le revuelve la bilis, llego yo corriendo, me pregunta dónde te has metido, pero yo no tenía la menor idea, porque no me dijiste dónde ibas, y entonces habla por teléfono al dormitorio y hace venir a otro muchacho de inmediato.

—Sí, hasta te crucé en el pasillo —dijo el reemplazante de Karl.

Éste asintió.

—Por supuesto —aseguraba el otro muchacho—, le dije que me habías pedido que te reemplazara, pero ¿acaso ése atiende tales excusas? Quizá tú no lo conoces aún.

El muchacho hizo una pausa y añadió:

—Y además nos dijo que debes presentarte inmediatamente en la oficina. De modo que es mejor que no te detengas: corre allí. A lo mejor todavía te perdona, pues realmente faltaste dos minutos nada más. Dile tranquilamente que me pediste que te reemplazara. Pero de que me reemplazaste a mí, mejor será que no hables, créemelo; a mí no puede sucederme nada, porque tenía permiso, pero no es bueno hablar de un asunto semejante mezclándolo con éste, con el cual no tiene la menor relación.

—Es la primera vez que dejo mi puesto —dijo Karl.

—Siempre sucede así, pero no lo creen —dijo el muchacho, y corrió hasta su ascensor al ver que se aproximaba gente.

El reemplazante de Karl, un chico de unos catorce años, que evidentemente sentía pena por éste, dijo:

—No sería la primera vez que se perdonan cosas así. Habitualmente nos trasladan a otros trabajos. Por lo que sé, nadie fue despedido por un asunto como éste. Inventa algunas excusa. No le digas en ningún caso que te sentiste mal de pronto porque se reirían de ti. Será mejor que le digas que algún huésped te mandó a ver a otro con un mensaje urgente, y que ya no recuerdas quién fue el primero de los huéspedes, y que no hallaste al segundo.

—¡Bah! —dijo Karl—, no será tan grave.

Pero, después de todo lo que había oído ya no creía la posibilidad de un final favorable. Aunque se le perdonase esa falta en el servicio, en el dormitorio continuaba acostado Robinson, que encarnaba su culpa viviente; y el mal carácter del camarero mayor era más que probable que no se contentara con una investigación superficial y que, al final diera, pese a todo, con Robinson. Sin duda no había una prohibición expresa que impidiera llevar extraños al dormitorio, pero si no regía una prohibición tan sólo era porque nadie prohibía, por cierto, cosas inconcebibles.

Cuando Karl entró en la oficina del camarero mayor, éste estaba tomando el desayuno; bebía un sorbo de su café con leche y controlaba luego una lista que, sin duda, le había llevado el portero mayor del hotel, que también estaba allí. Era un hombre grande, a quien su amplio uniforme, profusamente adornado —incluso sobre los hombros y bajando por los brazos le serpenteaban cadenas y cintas doradas—, hacía aparecer más ancho de hombros de lo que era ya por naturaleza. Un bigote negro y brillante estirado en puntas distantes, como suelen usarlo los húngaros, no se movía ni con el más brusco movimiento de cabeza. Además el hombre, por el peso de su ropa, apenas podía moverse, con dificultad por lo general, y no estaba de pie sino con las piernas abiertas como estacas, para distribuir así exactamente su peso.

Karl entró tímidamente y de prisa, hábito adquirido en el hotel, pues la lentitud y el cuidado que en un particular son signos de gentileza, se consideraban pereza en un ascensorista. Además, no debía admitir desde el primer momento su culpa.

El camarero mayor echó una rápida mirada hacia la puerta que se abría, pero volvieron a ocuparlo enseguida su café y su lectura, y ya no tuvo en cuenta a Karl. El portero, en cambio, tal vez porque lo incomodaba la presencia de Karl, tal vez porque traía alguna novedad o pedido secreto, sea como fuese, lo miraba a cada momento molesto, con la cabeza rígida, agachada, para volverse otra vez hacia el camarero mayor, no sin que antes sus miradas encontraran las de Karl, lo que manifiestamente era su intención.

Sin embargo Karl creía que al hallarse ya allí no quedaría bien que dejara la oficina sin recibir antes la orden correspondiente del camarero mayor. Pero éste continuaba estudiando la lista y comiendo al mismo tiempo a intervalos un trozo de torta, del que de vez en cuando, sin interrumpir su lectura, sacudía el azúcar. En eso estaba cuando cayó al suelo una página de la lista; el portero no trató siquiera de levantarla, sabía perfectamente que no lo conseguiría, pero no hizo falta porque en el acto ya estaba Karl alcanzándole la hoja al camarero mayor, que la recibió con un gesto como si hubiese levantado vuelo por sí sola desde el suelo hasta su mano. Esa pequeña cortesía no sirvió para nada, ya que tampoco suspendió el portero sus miradas irritadas.

A pesar de todo, Karl estaba más tranquilo que antes. El hecho de que su problema pareciera tener tan poca importancia para el camarero mayor podía en verdad considerarse buen signo. Al fin y al cabo era eso lo más natural. Un ascensorista no tenía ninguna importancia, en absoluto, y por lo tanto, nada puede permitirse; mas por el mismo hecho de que no significa nada, no puede tampoco generar ningún mal extraordinario. Al fin de cuentas también el camarero mayor había sido ascensorista en su juventud —hecho que todavía era motivo de orgullo para los ascensoristas de la actual generación—, él había sido quien por primera vez organizara a los ascensoristas y con seguridad él también habría abandonado alguna vez su puesto sin autorización, aunque por cierto nadie podría obligarlo a que se acordase ahora de ello y no se debía menospreciar que él, justamente como antiguo ascensorista, considerara que era su deber conservar el orden en el seno de este gremio, mediante una severidad inflexible en ciertos casos.

Pero además confiaba Karl en el paso del tiempo. Según el reloj de la oficina eran ya las cinco y cuarto; Renell podrá volver de un momento a otro, hasta era probable que ya estuviese allí; porque por otra parte, debió llamarle la atención que Robinson no regresara. Esto se le ocurría a Karl ahora. Delamarche y Renell no podían encontrarse muy lejos del Hotel Occidental, pues de otra forma Robinson, en el deplorable estado en que se hallaba, no habría podido llegar hasta allí.

Ahora bien, al encontrar Renell a Robinson en su cama, cosa que debía suceder, todo marcharía perfectamente. Pues Renell, práctico como era, especialmente cuando se trataba de su propio interés, ya se las ingeniaría para alejar a Robinson del hotel en forma rápida, cosa que entonces sería ya mucho más fácil, puesto que éste en ese interín se habría repuesto un poco, y ya que sería probable que Delamarche aguardase frente al hotel para recogerlo.

Ahora bien, una vez que Robinson se alejara, ya podría Karl enfrentarse con el camarero mayor mucho más calmado; quizá por esta vez se salvaría recibiendo nada más que una amonestación que, por cierto, podía resultar bien seria.

Y después pediría consejo a Therese, sobre si convendría que le dijese la verdad a la cocinera mayor —por su parte no veía en ello ningún inconveniente—, y si esto era posible efectivamente, se olvidaría el asunto sin mayores perjuicios.

Cuando ya Karl se había tranquilizado un poco con tales reflexiones, y ya se disponía a contar, sin llamar la atención, la propina recibida esa noche, pues tenía la sensación de que era extraordinariamente abundante, el camarero mayor, pronunciando las palabras: «Haga el favor de aguardar aún un instante, Fedor», dejó la lista sobre la mesa, se incorporó de un salto elástico y encaró a Karl, gritándole de tal modo que éste, en el primer momento, asustado, no atinó sino a mirar fijamente dentro de aquel grande y negro orificio bucal.

—Abandonaste tu puesto sin permiso. ¿Sabes lo que significa eso? Pues significa perder el empleo. No quiero conocer tus disculpas; guarda tus mentiras; me basta de sobra el hecho de que no hayas estado. Si una sola vez tolero y disculpo esto será suficiente para que en el futuro los cuarenta ascensoristas dejen sus puestos durante las horas de servicio y se me verá entonces a mí solo cargar con los cinco mil huéspedes escaleras arriba.

Karl nada dijo.

Se había aproximado a él el portero, quien daba en ese momento unos tirones de la chaqueta de Karl, que mostraba varias arrugas; sin duda lo hacía para llamar la atención del camarero mayor sobre ese pequeño desorden en el traje de Karl.

—¿Acaso te sentiste mal de pronto? —preguntó astutamente el camarero mayor.

Karl le dirigió una mirada interrogativa y respondió:

—No.

—¿De modo que ni siquiera te sentiste mal? —gritó el camarero mayor—. Pues si es así habrás imaginado una mentira realmente grandiosa. ¿Qué pretexto tienes? Vamos, desembucha.

—Yo no sabía que debía pedir permiso por teléfono —dijo Karl.

—¡Oh!, esto es encantador, por cierto —dijo el camarero mayor; tomó a Karl de la solapa y así, casi suspendido en el aire, se lo llevó frente a un reglamento sobre el servicio de los ascensores fijado en el muro. El portero fue también tras ellos.

—¡Lee aquí! —dijo el camarero mayor indicando cierto artículo.

Karl entendió que debía leerlo para sí.

—¡En voz alta! —ordenó en tono de mando el camarero mayor.

En lugar de leer en voz alta, Karl, esperando aplacar más fácilmente al camarero mayor, dijo:

—Conozco el artículo; por supuesto recibí el reglamento y lo leí detenidamente, pero justamente una ordenanza como ésta, que nunca se tiene oportunidad de llevar a la práctica, suele olvidarse. Desempeño mi puesto desde hace dos meses y nunca abandoné el puesto.

—Pues ahora lo abandonarás —dijo el camarero mayor.

Se aproximó a la mesa, levantó de nuevo la lista como si fuese un trapo sin valor y se puso a caminar por la habitación de aquí para allá, con la frente y las mejillas muy rojas.

—¡Y por semejante sinvergüenza debe uno pasar por todo esto! ¡Por tales disgustos durante el servicio nocturno! —repitió esas palabras varias veces—. ¿Sabe quién era el que precisamente quería subir cuando este señor había abandonado el ascensor? —dijo, dirigiéndose al portero. Y pronunció un apellido.

El portero, que sin duda conocía y apreciaba el valor de todos los huéspedes, al oírlo se estremeció tanto que no pudo menos que echar una fugaz mirada a Karl, como si sólo la existencia de éste pudiese realmente confirmar que, en efecto el portador de aquel apellido había debido aguardar en vano unos instantes, junto a un ascensor cuyo ascensorista se había escapado.

—¡Es espantoso! —dijo el portero, presa de una desazón infinita y moviendo lentamente la cabeza en dirección a Karl.

Éste lo miraba apenado y pensaba que ahora debería pagar también las consecuencias de la estupidez de ese hombre.

—Por otra parte yo también te conozco —dijo el portero, estirando su índice gordo, grande, rígido—. Eres el único de los chicos que no me saluda, que sistemáticamente no me saluda. ¿Quién crees que eres, en verdad? Cualquiera que pase por la portería tiene la obligación de saludarme. En cuanto a los demás porteros, puedes actuar como quieras; pero yo exijo que se me salude. Es cierto que alguna vez me hago el desentendido, pero puedes estar bien tranquilo, sé siempre, con precisión, quién me saluda y quién no, ¡pedazo de imbécil!

Se apartó de Karl y con un gesto altivo dio unos pasos hacia el camarero mayor; pero éste, en vez de expresar su opinión sobre ese asunto del portero, terminaba su desayuno hojeando un diario matutino que le había traído un ordenanza.

—Señor portero mayor —dijo Karl, queriendo servirse de la distracción del camarero mayor por lo menos para aclarar el asunto del portero, pues se daba cuenta de que si bien no podía perjudicarle mucho el reproche del portero, sí podía hacerlo su inquina—; en realidad lo saludo a usted. No llevo aún mucho tiempo en América y vengo de Europa, donde, como todo el mundo sabe, se saluda más de lo necesario. Naturalmente, no ha perdido del todo la costumbre y hace apenas dos meses intentaron convencerme en Nueva York, donde casualmente tenía relaciones con gente del gran mundo, en cada oportunidad que se presentaba, de que abandonara mi exagerada cortesía. ¡Y siendo así, cómo dejaría de saludarlo a usted, precisamente a usted! Todos los días lo he saludado, y varias veces por día. ¡Por supuesto no cada vez que lo veía, ya que cien veces al día paso frente a usted!

—Tienes que saludarme siempre, siempre sin excepción y mientras hables conmigo tienes que quedarte con la gorra en la mano y tienes que decirme siempre: «señor portero mayor» y no «usted». Así siempre y siempre.

—¿Siempre? —repitió Karl en voz baja y en tono interrogante; ahora recordaba en efecto, las miradas llenas de severidad y reproche que le había lanzado el portero durante toda su permanencia allí, ya desde aquella primera mañana en que, no habiéndose adaptado aún lo suficiente a su condición de subordinado, preguntó a aquel portero, sin más y con cierta excesiva audacia, si por casualidad no habían preguntado por él dos hombres y si no habían dejado, quizás, alguna fotografía para él.

—Ahora ves adónde lleva semejante conducta —dijo el portero. Ya estaba de nuevo muy cerca de Karl y dijo esto señalando al camarero mayor, que continuaba leyendo, como si aquel fuese el representante de su venganza—. En tu próximo empleo ya sabrás saludar al portero, aunque sea en alguna misérrima taberna.

Karl se dio cuenta de que en realidad había perdido su puesto, ya que el camarero mayor ya lo había declarado y el portero mayor lo repitió como si fuera un hecho consumado, y tratándose de un vulgar ascensorista seguramente no haría falta la confirmación de su cesantía por la Dirección del hotel. Por cierto, pudo imaginar todo esto, pues al fin y al cabo había cumplido durante esos dos meses de la mejor manera posible y, sin duda, mejor que muchos otros muchachos. Pero por lo visto tales cosas no se consideran en el momento decisivo, en ninguno de los continentes, ni en Europa ni en América; más bien, se toman decisiones según la furia del momento y según la primera sentencia que salga de la boca.

Quizá lo mejor hubiera sido en ese momento despedirse en seguida o irse; la cocinera mayor y Therese tal vez durmieran todavía y él podría despedirse por carta, para así ahorrarles evitando la despedida personal, la decepción y la pena que su proceder les causaría; podría acondicionar pronto su baúl y marcharse silenciosamente. Pero si, en cambio, se quedaba aunque sólo fuera un día más, y por cierto le hubiera venido bien dormir un poco, sólo podía suceder que su asunto se agrandase hasta estallar en un escándalo y sólo podría esperar reproches de todos lados y la intolerable escena del llanto de Therese y quizá de la cocinera mayor y probablemente, para rematar, recibiera algún castigo.

Pero por otro lado lo turbaba enfrentarse con dos enemigos y que cada palabra que pronunciase fuese refutada y mal interpretada por el otro; quedó pues callado, disfrutando momentáneamente de la calma que imperaba en la habitación, ya que el camarero mayor continuaba leyendo el diario y el portero mayor ordenaba la lista desparramada sobre la mesa, de acuerdo con los números de las páginas, lo que a raíz de su evidente miopía le causaba grandes dificultades.

Por fin, bostezando, el camarero mayor dejó el diario, dirigió una mirada hacia Karl para corroborar que éste continuaba allí y dando vueltas a la manivela hizo sonar la campanilla del teléfono que estaba sobre su mesa. Dijo «hola» varias veces, pero nadie respondió.

—Nadie contesta —dijo el portero mayor. Éste, que había seguido con particular interés, según le pareció a Karl, la llamada telefónica, dijo:

—Pero si son ya las seis menos cuarto. Debe estar despierta sin duda. Insista, insista sin miedo.

En ese instante llegó, sin que mediase un nuevo pedido, la señal telefónica de respuesta.

—Habla el camarero mayor Isbary —dijo—. Buen día, señora cocinera mayor. Espero no haberla despertado, ¡Dios! Lo siento muchísimo. Sí, sí, son ya las seis menos cuarto. Pero me apena sinceramente haberla asustado. Tendría que desconectar el teléfono cuando duerme. No, no, es imperdonable en realidad y más aún si se considera la insignificancia del problema del que quisiera hablarle. Pero por supuesto, tengo tiempo, aguardaré junto al teléfono, si le parece.

»Debió correr en camisón a atender el teléfono —dijo sonriente al portero mayor, que en el interín había estado inclinado sobre la caja telefónica, con un interés muy grande reflejado en el rostro—. La desperté realmente. Por lo general la despierta esa muchacha que escribe para ella a máquina, y sólo por excepción debió retrasarse hoy. Siento ser la causa de este sobresalto: ya es bastante nerviosa.

—¿Por qué no continúa hablando?

—Se ha ido a ver qué pasa con la chica —respondió el camarero mayor acercando a su oído el auricular, porque la campanilla sonaba de nuevo—. Ya aparecerá —dijo dirigiéndose al teléfono—. No debe permitir que cualquier cosa la atemorice de ese modo. Necesita realmente reponerse, y a fondo. Bien, va mi pequeña consulta... tengo aquí un ascensorista que se llama... —con gesto interrogante se volvió hacia Karl y éste que prestaba mucha atención pudo darle enseguida su nombre—, que se llama Karl Rossmann. Si mal no recuerdo, mostró cierto interés por él; lamentablemente, ha pagado muy mal su amabilidad; abandonó sin previo permiso su puesto, causándome así problemas gravísimos, cuyo alcance ni siquiera puede valorarse todavía, y por tal causa acabo de despedirlo. Espero que no lo tome trágicamente. ¿Cómo dice? Despedido, sí, despedido. Pero si le acabo de decir que dejó su puesto. No, en este caso no puedo transigir, realmente, mi querida cocinera mayor. Se trata de mi autoridad, es mucho lo que está en juego; un muchacho así me echa a perder a todo el grupo. Justamente, cuando se trata de los ascensoristas hay que andar con un cuidado del demonio. No, no; en este caso no puedo hacerle ese favor, por más que me preocupe siempre en ser gentil con usted. Pues si pese a todo le permitiera quedarse en la casa, aunque más no fuera para mantener activa mi bilis, por usted, sí, por usted, señora cocinera mayor, por usted, él no podrá permanecer. Demuestra para con él un interés que de ninguna manera merece; y como no sólo lo conozco a él, sino también a usted, sé que esto sólo le traería las más terribles decepciones y quiero evitárselas a cualquier precio. Lo digo francamente y a pesar de que ese despiadado muchacho está aquí presente a pocos pasos de mí. Se le echa, pues; no, no, señora cocinera mayor; se le echa completamente; no, no, no se lo trasladará a ningún otro trabajo, es totalmente incapaz. Además, también acabo de recibir otras quejas de él. El portero mayor, por ejemplo, ¿Feodor?; sí, Feodor se queja de la falta de consideración e insolencia de este chico. ¿Cómo que eso no basta? Pero querida señora cocinera mayor, desdice su propio carácter por ese muchacho. No, no debe apremiarme de ese modo.

En ese instante el portero se acercó al oído del camarero mayor susurrándole algo. El camarero mayor lo miró primero sorprendido y luego habló al teléfono con tal prisa que Karl al principio no pudo entenderlo perfectamente, y de puntillas se acercó dos pasos más.

—Querida cocinera mayor —oyó—, francamente no hubiese creído que conociera tan mal a las personas. En este momento me entero de algo que tiene que ver con ese angelito de muchacho suyo, y esto le hará variar radicalmente la opinión que tiene de él; casi me apena que sea justamente yo quien deba decírselo. Pues este fino muchachito, al que llama modelo de decencia, no deja pasar ni una sola noche libre de servicio sin ir corriendo a la ciudad, de donde vuelve por la mañana. Sí, sí, señora cocinera mayor: eso está corroborado por testigos intachables, sí... ¿Podría decirme ahora acaso, de dónde saca el dinero que hace falta para tales placeres? ¿Y si puede de ese modo mantener alerta la atención imprescindible en su servicio? ¿O quizá desea que, además, le describa en qué anda en la ciudad? Sí, pues; me apresuraré muy especialmente, para verme libre de este joven. Le ruego que esto le sirva de escarmiento para que sepa qué cuidado hay que usar en el trato con estos jovencitos vagabundos llegados de quién sabe dónde.

—Pero, señor camarero mayor —exclamó entonces Karl, aliviado realmente por aquel enorme error que parecía haberse deslizado allí, destinado quizás antes que a cualquier otra cosa a que inesperadamente todo se volviera en su favor—; aquí hay con toda seguridad una equivocación. Según creo, el señor portero mayor le dijo que me ausento todas las noches. Pero no es cierto en absoluto; por el contrario, me quedo todas las noches en el dormitorio; todos los muchachos podrán corroborarlo. Si no duermo, me dedico a estudiar correspondencia comercial, pero nunca me muevo del dormitorio; no lo he hecho una sola noche. Es fácil de comprobar, sin duda. Por lo visto el señor portero mayor me confunde con otro, y ahora comprendo también por qué cree que no lo saludo.

—¡Te callas inmediatamente! —gritó el portero mayor blandiendo el puño por algo que a otro apenas hubiera hecho mover un dedo—. ¡Que te confundo con otro yo! Si es así ya no puedo ser portero mayor, si confundo a la gente. Escuche eso, señor Isbary, ya no puedo ser portero mayor, claro, puesto que confundo a las personas. Por cierto en mis treinta años de servicio aún no me ha pasado el confundir a nadie, cosa que podrán asegurar los centenares de camareros mayores que ha habido desde entonces, pero en este caso, desgraciado sinvergüenza, quiere que haya empezado a confundirme. ¡Y contigo, con esa cara tan llamativa, pulida, que tienes! ¿Qué puedo confundir en tu caso? Podrías haber ido todas las noches a la ciudad sin que te viera y afirmo, no obstante, sólo por tu rostro, que eres un canalla redomado.

—¡Basta Feodor! —dijo el camarero mayor, cuyo diálogo con la cocinera mayor parecía haberse interrumpido de pronto—. En primer lugar, poco me interesan sus diversiones nocturnas. Podría ocurrir que antes de que lo echemos quisiera provocar todavía algo así como una gran investigación sobre sus ocupaciones nocturnas. Bien puedo imaginar que esto le gustaría. Si fuera posible haría comparecer en pleno como testigos a los cuarenta ascensoristas y los interrogaría; éstos, por supuesto, también lo habrían confundido, de modo que poco a poco haría falta el testimonio de todo el personal; entonces, el movimiento del hotel se paralizaría por un buen rato y si luego, al fin de cuentas, lo echarán pese a todo, él por lo menos se habría divertido en grande. Será pues mejor que nos abstengamos. Ya se burló de la cocinera mayor, una mujer tan buena, y con ello basta. No quiero saber nada más; quedas despedido de tu servicio por falta de disciplina. Aquí tienes un recibo para la caja, abonarán tu sueldo hasta hoy. Esto, por otra parte teniendo en cuenta tu conducta y dicho sea entre nosotros, es simplemente un regalo, lo hago sólo por consideración a la señora cocinera mayor.

Una llamada telefónica impidió que el camarero mayor firmara el recibo enseguida.

—¡Hoy sí que me dan que hacer esos ascensoristas! —exclamó apenas oyó las primeras palabras—. ¡Pero es inconcebible! —exclamó otra vez, después de unos instantes. Y dejando el teléfono se dirigió al portero del hotel diciendo—:

Por favor, Feodor, sujeta un poco a este jovencito, todavía debemos hablar con él. —Y volviéndose otra vez hacia el teléfono ordenó—: ¡Sube enseguida!

Ahora, al menos, el portero mayor podía dar rienda suelta a su rabia, cosa que no había conseguido con las palabras. Sujetó a Karl por la parte superior del brazo, pero no agarrándolo tranquilamente, lo que hubiera podido tolerarse, sino que, de cuando en cuando, aflojaba su mano para apretarla luego in crescendo cada vez más, y dado su enorme vigor, parecía que esto no terminaría nunca; era tan fuerte que a Karl se le nublaba la vista. Mas no se limitaba a tenerlo, sino que, como si hubiera recibido orden de estirarlo al mismo tiempo, le daba de vez en cuando un tirón hacia arriba, sacudiéndolo; y a la vez, en un tono a medias interrogativo, le decía repetidamente al camarero mayor:

—Me parece que ahora no lo confundo; me parece que ahora no lo confundo.

Para Karl fue una verdadera liberación que entrara en ese momento el jefe de los ascensoristas —un tal Bess, un joven grueso que vivía siempre resoplando— el cual vino a distraer un poco hacia sí la atención del portero mayor.

Karl se sentía tan cansado que apenas saludó, cuando vio asombrado que tras el muchacho se deslizó al interior del cuarto Therese, pálida, desgreñada, con los cabellos medio sueltos. Al instante estuvo junto a él cuchicheando:

—¿Lo sabe ya la cocinera mayor?

—El camarero mayor se lo dijo por teléfono —contestó Karl.

—Entonces todo está bien; sí, entonces está todo bien —dijo de prisa con gran vivacidad en los ojos.

—No —dijo Karl—; si no sabes lo que tienen contra mí. Yo tendré que irme. La señora cocinera mayor también fue convencida de ello. No te quedes aquí, márchate, después me despediré de ti.

—Pero, Rossmann, ¿qué te pasa? Te quedarás en esta casa el tiempo que quieras. Si el camarero mayor hace todo lo que quiere la cocinera mayor, como que está enamorado de ella; esto lo supe últimamente. Y siendo así ya puedes quedarte tranquilo.

—Te lo ruego, Therese, vete ya. No podré defenderme como es debido si estás aquí. Y debo defenderme con mucho cuidado, porque me acusan con mentiras. Y cuanta más atención pueda prestar y cuanto mejor me defienda, mayores serán las esperanzas de quedarme; bueno, pues, Therese… —Lamentablemente, obedeciendo a un dolor súbito no pudo dejar de agregar—: ¡Si este portero mayor me soltara! Ignoraba que fuese mi enemigo. ¡Cómo me aprieta y estruja!

«¡Pero como estoy diciendo todo esto!», pensó al mismo tiempo; «ninguna mujer escucharía tranquilamente tales cosas»; y en efecto, Therese, sin que él pudiera alejarla con la mano libre, se dirigió al portero mayor:

—Señor portero mayor, haga el favor de soltar a Rossmann enseguida. ¿No ve el dolor que le causa? Ahora mismo vendrá la señora cocinera mayor en persona e inmediatamente se verá que cometen una injusticia con él. Suéltelo ¿qué placer puede causarle el torturarlo? —Y hasta quiso tomar la mano del portero mayor.

—Es una orden, jovencita; es una orden —dijo el portero mayor, y con la mano libre atrajo hacia sí, gentilmente, a Therese, en tanto apretaba con la otra el brazo de Karl haciendo ya un verdadero esfuerzo, como si no solamente deseara causarle dolor, sino como si aquel brazo que estaba en su poder debiera servirle para conseguir alguna meta especial que aún estaba muy lejos de alcanzar.

Therese necesitó algún tiempo para librarse del abrazo del portero mayor y se disponía justamente a intervenir a favor de Karl ante el camarero mayor, que continuaba oyendo al ceremonioso Bess, cuando, con paso ágil, entró la cocinera mayor.

De inmediato el camarero mayor se incorporó de un salto, apartando a Bess.

—A Dios gracias —exclamó Therese, y durante un momento sólo se oyó en el cuarto estas palabras dichas en voz alta.

—¿Viene, pues, usted misma, señora cocinera mayor? ¿Y por tan poco? Por cierto, me lo imaginaba después de nuestra conversación telefónica y…, sin embargo, no lo hubiera creído. Y pensar que la causa de su protegido empeora minuto a minuto. Me temo que, en efecto, no voy a echarlo; pero en cambio tendré que hacerlo detener. Oiga usted misma. —Le hizo señas a Bess para que se acercara.

—Primero desearía cambiar unas palabras con Rossmann —dijo la cocinera mayor sentándose en un sofá obligada por el camarero mayor—. Acércate, Karl, por favor —agregó.

Karl obedeció o, mejor dicho fue empujado hasta donde ella estaba por el portero mayor.

—Suéltelo —dijo la cocinera mayor, fastidiada—; ¡no es ningún asesino terrible!

El portero mayor lo soltó, pero no sin antes apretarlo una vez más, con tanta fuerza que a él mismo se le saltaron las lágrimas por el esfuerzo que tuvo que hacer.

—Karl —dijo la cocinera mayor, puso con calma las manos sobre su regazo y miró a Karl inclinando la cabeza (en realidad no parecía esto un interrogatorio)—, ante todo quiero decirte que aún tengo plena confianza en ti. También el señor camarero mayor es un hombre justo: respondo por ello. A los dos, en el fondo, nos agradaría que te quedaras. —Al decir esto dirigió una rápida mirada al camarero mayor como si quisiera pedirle que no la interrumpiese, cosa que, en efecto, no sucedió—. Olvida entonces lo que hasta ahora pueden haberte dicho. Ante todo: lo que quizás haya dicho el señor portero mayor no debes tenerlo muy en cuenta. Es ciertamente un hombre irritable, lo que no es nada raro si se considera la clase de funciones que desempeña; pero también tiene mujer e hijos y sabe que no estaría bien torturar sin causa a un joven que depende por completo de sí mismo; él sabe que de ello ya se encarga de sobra todo el mundo.

En la habitación reinaba un silencio profundo. El portero mayor observaba al camarero mayor exigiendo explicaciones, y éste a su vez, moviendo la cabeza, miraba a la cocinera mayor. El ascensorista Bess, de un modo bastante absurdo, reía a espaldas del camarero mayor. Therese lloraba para sus adentros, de gozo y de pena, y tenía que esforzarse mucho para que nadie la escuchase.

Y Karl, aunque aquello sólo podía ser interpretado como un mal signo, no miraba a la cocinera mayor, que seguramente buscaba su mirada, sino que, delante de sí, clavaba los ojos en el suelo. En su brazo el dolor estallaba convulsivamente, ramificándose en todas las direcciones; su camisa estaba pegada a los moretones y en verdad lo que quería era quitarse la chaqueta para examinar eso. Todo lo que decía la cocinera mayor era, por supuesto, muy gentil en el fondo; pero lamentablemente le parecía que, precisamente, ese proceder de la cocinera mayor demostraría claramente que él no se merecía amabilidad alguna, ya que por dos meses había disfrutado sin ser digno de ello de la bondad de la cocinera: sí, sí, que sólo merecía caer en las manos del portero mayor.

—Y digo esto —prosiguió la cocinera mayor— para que ahora respondas sin ninguna turbación; aunque por otra parte, por lo que sé de ti, muy probablemente sea eso lo que de todos modos habrías hecho.

—Por favor, ¿puedo ir entre tanto a buscar al médico? Porque de otro modo el hombre podría desangrarse —se entrometió de pronto, muy cortés pero muy oportunamente, el ascensorista Bess.

—Ve —dijo el camarero mayor a Bess, quien salió corriendo enseguida. Y luego, dirigiéndose a la cocinera mayor—: La cosa es esta: no sin razón ordené al portero mayor que sujetase a este muchacho; pues abajo, en el dormitorio de los ascensoristas, se encontró en una de las camas un hombre totalmente extraño, borracho hasta más no poder, bien tapado. Como es lógico, lo despertaron y quisieron echarlo de allí. Pero entonces el hombre armó un lío tremendo, gritando una y otra vez que el dormitorio era de Karl Rossmann, de quien era huésped, y que Rossmann lo había llevado allí y castigaría a cualquiera que osase tocarlo. Por otra parte, era necesario, decía, que aguardase a Karl Rossmann, porque éste le había prometido dinero y había ido a buscarlo. Fíjese bien, se lo pido, en esto, señora cocinera mayor: le había prometido dinero y había ido a buscarlo. Tú también puedes atender, Rossmann —dijo el camarero mayor dirigiéndose también a Karl, quien en ese instante se había vuelto hacia Therese, pues ésta miraba al camarero mayor como embobada—, quizá pueda recordarte ciertos compromisos que has contraído. Pues ese hombre dijo que vosotros dos, a tu regreso, haríais una visita nocturna a cierta cantante, cuyo nombre por cierto nadie pudo entender, puesto que el hombre sólo podía pronunciarlo cantando.

El camarero mayor se interrumpió, pues la cocinera mayor se había puesto evidentemente pálida y se había levantado del sofá empujándolo un poco hacia atrás.

—Le ahorraré el resto —dijo el camarero mayor.

—No; se lo ruego, no —dijo la cocinera mayor y lo tomó de la mano—, siga contando; quiero escucharlo todo, todo; para eso vine.

El portero mayor, adelantándose y golpeándose el pecho estruendosamente en señal de que lo había entendido todo desde el principio, fue tranquilizado y a la vez rechazado por el camarero mayor:

—¡Sí, tenía usted razón, Feodor! —y añadió dirigiéndose al portero—: No queda mucho que contar. Ya sabe cómo son estos jóvenes, primero se rieron del hombre y luego le golpearon, y como allí hay siempre buenos boxeadores lo han derribado a puñetazos y me parece que no le queda un lugar en el cuerpo que no le sangre.

—¡Ah! —dijo la cocinera mayor, apoyándose en el respaldo del sofá—. ¡Te lo ruego, di una palabra, Rossmann! —agregó.

Therese, dejando el lugar donde había estado hasta ese momento, corrió junto a la cocinera mayor y la cogió del brazo, cosa que Karl nunca la había visto hacer antes.

El camarero mayor estaba de pie detrás de la cocinera mayor, muy cerca de ella, y le pasaba despacio la mano por el modesto cuello de encaje, que se había arrugado un poco. El portero mayor, de pie junto a Karl, dijo:

—¿Para cuándo? —pero con esto sólo quiso encubrir un empujón que dio a Karl por la espalda.

—Es cierto —dijo Karl con menos seguridad de la que hubiera deseado a causa del golpe— que llevé a ese hombre al dormitorio.

—Basta con eso —dijo el portero como si hablara en nombre de todos.

Mas la cocinera mayor, en silencio, miró primero al camarero mayor y después a Therese.

—No tuve más remedio —prosiguió Karl—. El hombre es un antiguo compañero mío; no nos habíamos visto en dos meses y vino a visitarme, pero estaba tan ebrio que ya no pudo irse solo.

El camarero mayor, de pie al lado de la cocinera mayor, musitó como para sí:

—De modo que vino a visitarlo y después estaba tan borracho que ya no podía irse.

La cocinera mayor dijo algo al oído del camarero mayor

por encima de su propio hombro; pero parecía que él ponía reparos, con una sonrisa que no venía al caso por cierto.

Therese —Karl la miraba a ella únicamente—, del todo desamparada, apretaba su cara contra la cocinera mayor y no deseaba ver ya nada. El único que parecía completamente satisfecho por la confesión de Karl era el portero mayor, que dijo varias veces:

—Pero si eso está muy bien; uno debe ayudar al compinche de nuestras borracheras. —Y mediante gestos intentaba grabar lo que decía en cada uno de los presentes.

—De modo que soy culpable —dijo Karl, después hizo una pausa como si esperara una palabra afectuosa de parte de sus jueces, una palabra que le diese valor para su próxima defensa, pero esta palabra no fue pronunciada—. Soy culpable de haber llevado al dormitorio a ese hombre: su nombre es Robinson y es irlandés. Todo lo demás que dijo, lo dijo en su borrachera y no es cierto.

—¿De modo que no le prometiste dinero? —preguntó el camarero mayor.

—Sí —dijo Karl y deploró haberlo olvidado; por imprudencia o distracción se había declarado libre de culpa en términos demasiado absolutos—. Le prometí dinero porque me lo pidió. Pero no iba a buscarlo; pensaba entregarle las propinas obtenidas esa noche. —Y como única prueba extrajo el dinero del bolsillo y mostró en la palma de su mano unas pocas monedas.

—Te complicas cada vez más —dijo el camarero mayor—. Si uno deseara creerte debería olvidar lo que dijiste antes. De modo que primero llevaste al hombre —ni siquiera creo que se llame como dices, porque desde que existe Irlanda no creo que ningún irlandés haya llevado el apellido Robinson—, de modo que primero lo metiste en el dormitorio, lo que ya alcanzaría para que volaras de aquí sin más y, primero dijiste que no le habías prometido dinero;

pero luego si se te pregunta de golpe, entonces sí le prometiste dinero. Sin embargo, no estamos aquí para jugar a las preguntas y respuestas: deseamos que te justifiques. Así que primero no ibas a buscar dinero para él, sino que ibas a darle tus propinas del día; pero resulta después que aún llevas ese dinero contigo, de manera que, por lo visto y pese a todo, ibas a conseguir algún otro dinero, cosa que explica por otra parte tu larga ausencia. Por último, no sería extraordinario que hubieras ido a buscar ese dinero en tu baúl; pero que lo niegues con tanto empeño, eso si es extraordinario, igual que el hecho de que busques ocultar continuamente que fuiste tú quien emborrachó a ese hombre, aquí en el hotel y no antes; de eso no hay duda, puesto que tú mismo confesaste que vino solo, pero que ya no podía irse solo, y él mismo se puso a gritar en el dormitorio que es tu huésped. Por lo tanto restan ahora dos cosas inciertas, que tú si quieres abreviar el asunto podrías aclarar respondiendo directamente, pero que, al fin y al cabo, se podrán establecer igual sin tu ayuda: primero, ¿cómo tuviste acceso a las despensas?; y segundo, ¿cómo pudiste reunir tanto dinero como para darte el lujo de regalarlo?

»Es imposible defenderse si no hay buena intención», dijo Karl para sí y ya no respondió al camarero mayor, por más que Therese sufriera probablemente por ello. Sabía que lo que pudiera decir tendría un aspecto muy diferente después; que ya no sería lo que quería decir; y que las cosas serían buenas o malas según se las juzgara.

—No responde —dijo la cocinera mayor.

—Es razonable —dijo el camarero mayor.

—Ya logrará urdir algo —dijo el portero mayor, mientras se acariciaba suavemente el bigote con aquella mano antes tan brutal.

—Tranquila —dijo la cocinera mayor a Therese, que comenzaba a llorar a su lado—; ya ves, no responde. ¿Cómo quieres que haga algo por él? Al final seré yo la que deba dar la razón al señor camarero mayor. Dilo tú, Therese, ¿crees que he sido negligente en algo, que puedo hacer algo más por él?

¿Cómo podía saberlo Therese y de qué serviría ahora que la cocinera mayor, con esa pregunta y ese pedido hechos públicamente a la jovencita, se humillara ante esos dos hombres?

—Señora cocinera mayor —dijo Karl tomando fuerzas una vez más, y esto sólo en atención a Therese, y sin ningún otro fin—, no creo haber sido en ningún caso un motivo para que usted se avergüence, y después de una meticulosa investigación debería verlo también del mismo modo cualquier otra persona.

—Cualquier otra persona —dijo el portero mayor indicando al camarero mayor—, eso parece algo en contra suya, señor Isbary.

—Bueno, señora cocinera mayor —dijo éste—, son las seis y media; ya es muy tarde. Creo que lo mejor será que me deje a mí la última palabra en este asunto considerado ya con excesiva indulgencia.

Había entrado el pequeño Giácomo y quiso aproximarse a Karl pero, asustado por el silencio general que allí había, se detuvo a la expectativa.

Después de las últimas palabras de Karl, la cocinera mayor no le sacaba los ojos de encima, y nada indicaba que hubiese oído siquiera la observación del camarero mayor. Su mirada estaba fija en Karl y lo observaba de lleno; sus ojos eran grandes y azules, pero algo enturbiados por los años y la constante fatiga. Tal como permanecía allí, de pie, hamacando suavemente el sillón que tenía delante, perfectamente se podía esperar que dijese al instante: «Pues bien, Karl, considero que este asunto no está lo bastante claro y exige todavía, como bien lo has dicho, una investigación detallada. Y ahora la efectuaremos, estén ellos de acuerdo o no, pues la justicia está ante todo». Pero en vez de decir esto, después de una breve pausa que nadie se atrevió a interrumpir —sólo el reloj, confirmando lo dicho por el camarero mayor, dio las seis y media y, como todo el mundo sabía, al unísono con él todos los relojes del hotel sonaban, en el oído y en el presentimiento, como repetida contracción de una única impaciencia general—, dijo:

—No Karl, no, no. No podemos persuadirnos de ello. Las causas justas suelen tener cierto viso particular que tu asunto, lo confieso, no tiene. Tengo derecho a decirlo y el deber de hacerlo; no puedo menos que confesarlo, pues fui yo quien se presentó aquí llevada por la mejor buena voluntad para contigo. Ya lo ves, también Therese calla. (¡Pero si no se callaba, si estaba llorando!)

La cocinera mayor se interrumpió, pues de pronto una idea se apoderó de ella, y dijo:

—Karl, acércate un poco.

Cuando llegó hasta ella —de inmediato se reunieron a sus espaldas en diálogo vivaz el camarero mayor y el portero mayor— le rodeó con el brazo izquierdo y fue con él y con Therese, que los seguía automáticamente, hasta el lugar más apartado de la habitación, y allí se paseó varias veces con ambos hacia un lado y otro, diciendo:

—Es posible, Karl, y parece que tienes confianza en ello, pues de otro modo no te entendería en absoluto, que una investigación te dé la razón en algunos detalles. ¿Por qué no? Quizás en realidad saludabas al portero mayor. Hasta estoy segura de eso, pues lo conozco: ya ves, aun ahora te hablo con entera franqueza. Pero insignificantes justificaciones de ese tipo para nada te servirían. El camarero mayor, cuyo conocimiento de los hombres aprendí a valorar al cabo de muchos años y que es, además, el hombre más serio que yo haya conocido, se ha pronunciado con claridad al dar por cierta tu culpabilidad; culpabilidad que, en verdad, creo que no puede ponerse en duda. Acaso sólo actuaste atolondradamente, pero acaso también, ¿quién sabe?, no seas el que yo pensaba. Y, no obstante —de algún modo se cortaba en sí misma la palabra y miraba, aunque rápidamente, hacia atrás, donde estaban los dos hombres—, no obstante, me cuesta mucho dejar de pensar que, en el fondo, seas un buen muchacho.

—¡Pero señora cocinera mayor! —rogó el camarero mayor que había comprendido su mirada.

—Ya, ya estamos —dijo la cocinera mayor, y empezó a hablar a Karl con mayor insistencia y de prisa—: Oye, Karl, tal como veo este asunto, me daré por satisfecha con que el camarero mayor no quiera iniciar investigaciones de ningún tipo; pues, si deseara hacerlo, tendría que impedírselo por tu propio bien. Que nadie sepa cómo y con qué medios invitaste a ese hombre, quien por otra parte, no puede haber sido uno de tus viejos compañeros, tal como alegas, puesto que te habías peleado definitivamente al despedirte de ellos, y por ende no los invitarías ahora. Yo creo más bien que se trata de un conocido con el cual, irreflexivamente, te veías durante la noche en algún bar de la ciudad. ¿Cómo pudiste ocultarme todo esto? Si acaso no podías soportar las condiciones que imperan en el dormitorio, y ese fue el primer motivo, bastante inocente, de tus trasnochadas, ¿por qué no me dijiste nada? Bien sabes que deseaba conseguirte un cuarto propio y que desistí sólo accediendo a tu pedido. Me pareció que preferías el dormitorio general porque allí te encontrabas menos atado, más libre. Tenías tu dinero, por cierto, en mi caja fuerte y me traías tus propinas cada semana; ¿de dónde, por amor de Dios, muchacho, sacabas dinero para tus placeres, y a dónde ibas a buscar ahora el dinero para tu amigote? Todas estas son cuestiones que, naturalmente, no quiero insinuar siquiera, pues tal vez habría una investigación. Por eso debes dejar sin falta el hotel y por cierto lo antes posible. Ve directamente a la pensión Brenner, estuviste varias veces allí acompañando a Therese, con esta recomendación. —La cocinera mayor con un lápiz dorado que sacó de su blusa, escribió unas líneas en una tarjeta, pero sin interrumpir mientras tanto su discurso—. Te recibirán gratis y yo te enviaré después tu baúl. Therese, ¡ve corriendo al guardarropa de los ascensoristas y prepara su baúl!

Pero Therese continuaba sin moverse, pues, así como había aguantado todo lo negativo, veía ahora el aspecto favorable que parecía tomar el asunto de Karl, gracias a la generosidad de la cocinera mayor.

Alguien abrió un poco la puerta y, sin dejarse ver, la cerró enseguida. Al parecer, era alguien que buscaba a Giácomo, pues éste se adelantó y dijo:

—Rossmann, tengo algo que decirle.

—En seguida —dijo la cocinera mayor y puso a Karl, que la había escuchado con la cabeza baja, la tarjeta en el bolsillo—: guardaré tu dinero por ahora, ya sabes que puedes confiármelo. Por el momento quédate en casa y reflexiona sobre tu asunto; mañana, ya que hoy no tengo tiempo y además me distraje muchísimo aquí, iré a casa de Brenner y veremos lo que se puede hacer por ti en el futuro. No te abandonaré, debes saberlo desde ahora. No tienes que preocuparte por tu futuro, hazlo más bien por esta última etapa de tu vida.

Le dio después unas palmaditas en el hombro y se aproximó al camarero mayor. Karl levantó la cabeza y siguió con la mirada a aquella señora, grande, esbelta, que con paso calmo y porte llano se alejaba de él.

—Pero, ¿no estás contento —dijo Therese quedándose a su lado— de que todo haya salido tan bien?

—¡Sí! —dijo Karl sonriéndole, pero sin comprender por qué debía de alegrarlo tanto el hecho de que lo echaran por ladrón.

Los ojos de Therese reflejaban la alegría más pura, como si le fuese indiferente por completo que Karl hubiera cometido algún crimen o no, que hubiera sido juzgado o no con justicia, con tal de que se le dejara ir, cubierto ya de ignominia, ya de honra. Y así actuaba Therese, nada menos, esa muchacha cuidadosa de sus propios asuntos y que hurgaba y escudriñaba en sus pensamientos, durante semanas una palabra de la cocinera mayor que no fuera suficientemente clara.

Intencionadamente, preguntó Karl:

—¿Harás mi baúl y lo despacharás de inmediato?

Contra su propia voluntad tuvo que mover Karl la cabeza sorprendido, ¡tan rápido se acomodó Therese a esta pregunta!

Therese, convencida de que en el baúl había cosas cuyo secreto habría que ocultar a todo el mundo, no se permitió siquiera mirar a Karl, ni siquiera a tenderle la mano. Sólo musitó:

—Por supuesto Karl, enseguida haré el baúl. —Y salió corriendo.

Pero Giácomo ya no podía más y, estimulado por la larga espera, dijo en voz alta:

—Rossmann, el tipo se revuelca en el pasillo y no podemos sacarlo de allí. Querían llevarlo al hospital, pero se niega y afirma que tú nunca permitirías que lo lleven al hospital. Que se llame un taxi, dice, y se lo envíe a su casa, y que tú pagarás el viaje. ¿Qué hacemos?

—El hombre te tiene confianza —dijo el camarero mayor.

Karl se encogió de hombros y colocó su dinero, contando las monedas, en la mano de Giácomo.

—No tengo más —dijo después.

—Y que te pregunte también si deseas ir con él —siguió diciendo Giácomo, mientras hacía sonar las monedas.

—No, no irá —dijo la cocinera mayor.

—Bueno, Rossmann —dijo el camarero mayor rápidamente y sin siquiera aguardar que Giácomo hubiera salido—, ya estás despedido.

El portero mayor asintió, moviendo varias veces la cabeza, como si ésas fuesen sus propias palabras que el camarero mayor se limitaba a repetir.

—No puedo pronunciar en voz alta las causas de tu expulsión, pues en ese caso debería hacerte encarcelar.

El portero mayor echó a la cocinera mayor una mirada severa, pues comprendía muy bien que era ella la causa de aquel trato en exceso benigno.

—Ahora te presentas a Bess, te cambias la ropa, le das tu librea y dejas inmediata, pero inmediatamente, esta casa.

La cocinera mayor cerró los ojos; quiso así tranquilizar a Karl. Al inclinarse a modo de despedida, vio Karl que el camarero mayor retuvo la mano de la cocinera mayor, en secreto y como jugando con ella.

El portero mayor acompañó a Karl, con pasos pesados, hasta la puerta, que no le permitió cerrar, sino que al contrario, mantuvo abierta para poder gritar después de que éste salió:

—¡Dentro de un cuarto de minuto quiero verte pasar a mi lado, por la puerta principal! ¡No lo olvides!

Karl se apuró cuanto pudo para evitar problemas al llegar a la puerta principal, pero las cosas transcurrieron mucho más lentamente de lo que esperaba. Primero, no pudo encontrar a Bess enseguida y además en ese momento, la hora del desayuno, todo estaba repleto de gente; y luego ocurrió que algún muchacho había tomado prestados los viejos pantalones de Karl, y éste debió revisar las perchas de casi todas las camas antes de encontrarlos, de modo que bien pudieron pasar unos cinco minutos antes que Karl llegara a la puerta principal. Justamente iba delante de él una dama en medio de cuatro señores. Se acercaban todos a un gran automóvil que los esperaba y cuya puerta mantenía abierta un lacayo, quien al mismo tiempo tendía, en actitud rígida, su brazo izquierdo que quedaba libre, horizontalmente, hacia un lado; esto ofrecía un aspecto muy solemne. Vanamente había esperado Karl poder salir sin que lo advirtiesen detrás de aquel elegante grupo. El portero mayor lo agarró de la mano y entre dos señores, a los que pidió perdón, lo atrajo hacia sí.

—Te dije un cuarto de minuto —dijo mirándole como si observase un reloj que anduviera mal—. Ven aquí —dijo después, y lo llevó a la portería grande, que por cierto Karl ya había tenido ganas de visitar alguna, pero donde en ese momento, empujado por el portero, entraba con recelo. Ya estaba junto a la puerta cuando se volvió y trató de empujar al portero mayor para escapar, pero éste lo sujetó a tiempo.

—No, no, entra por aquí —dijo el portero mayor, haciendo girar a Karl.

—Pero si ya estoy separado del servicio —objetó Karl, intentando decir con ello que ya nadie podía mandarlo en el hotel.

—Mientras yo te tenga sujeto no estás separado —dijo el portero, lo que en verdad también era exacto.

Karl, después de todo, no veía razón alguna para ofrecer resistencia al portero. En el fondo, ¿qué podía ocurrirle todavía? Por otro lado, los muros de la portería estaban formados por enormes ventanales a través de los cuales se veía claramente el gentío que, en corrientes opuestas, fluía por el vestíbulo, tal como si uno estuviese en medio de él. Más aún: en toda la portería no parecía que hubiera ningún rincón donde fuese posible ocultarse a las miradas de la gente. Por grande que fuese el apuro que la gente parecía tener

—puesto que cada uno continuaba su camino con el brazo extendido, la cabeza baja, los ojos en acecho, con equipajes levantados en vilo—, ninguno, sin embargo, dejaba de echar una mirada a la portería, tras cuyos cristales siempre había anuncios y comunicados de interés tanto para los huéspedes como para el personal del hotel.

Pero había, además, un tránsito directo entre la portería y el vestíbulo, pues ante dos ventanillas corredizas se hallaban sentados dos porteros, continuamente ocupados en dar informes sobre los más diversos asuntos. Era, en realidad, gente sofocada de trabajo y Karl no pudo dejar de preguntarse cómo el portero mayor, tal como él lo conocía, se las habría arreglado para salir de ese puesto tan incómodo antes de llegar a ser lo que era. Ambos informantes —desde fuera no podía uno imaginárselo bien— tenían siempre ante sí, en el hueco de su ventanilla, por lo menos diez rostros interrogantes. Entre estos diez, que constantemente variaban, se producía a menudo una mezcolanza de idiomas, como si cada uno hubiese sido enviado allí desde un país diferente. Preguntaban siempre varios al mismo tiempo; además, siempre había algunos que charlaban entre sí. Casi todos iban a buscar o a dejar algo en la portería, y por eso se veían también, sin cesar, manos que en impaciente agitación surgían del tumulto. Una vez se presentó alguien con un diario, que de improviso se desplegó desde lo alto, cubriendo por un instante todos los rostros.

Y todo esto tenían que soportar los dos porteros. No era suficiente, para el cumplimiento de su trabajo, el mero hablar; uno de ellos sobre todo, hombre sombrío con una barba oscura que le enmarcaba todo el rostro, daba sus informes sin la menor interrupción. No miraba ni siquiera la tabla de la mesa desde donde continuamente debía alcanzar cosas, ni la cara de quien preguntaba; sino única y fijamente el vacío, seguramente para ahorrar y concentrar fuerzas.

Por otra parte, parecía que su barba dificultaba un poco la comprensión de sus palabras y Karl, durante el breve lapso en que se detuvo a su lado, pudo recoger sólo muy poco de lo dicho; aunque bien podía ocurrir que, a pesar del acento inglés, hablara en otras lenguas, a las que, precisamente, debía recurrir en ese momento.

Además las preguntas se sucedían sin transición, una tras otra, de manera que con frecuencia los porteros seguían escuchando con cara muy atenta a los que pedían información, pensando que todavía se trataba de un determinado asunto, para comprender al cabo de unos instantes que ése ya había sido despachado. Había que habituarse también al hecho de que el portero nunca pidiese que se le repitiera ninguna pregunta, aun cuando en su totalidad resultase comprensible y lo defectuoso de la misma sólo radicase en la escasa claridad de la pronunciación. Cierto cabeceo apenas visible revelaba entonces que no era su intención no contestar a esa pregunta y era cuestión del interlocutor reconocer su propia falta y formularla mejor. Debido a esta circunstancia, especialmente, alguna gente pasaba muchísimo tiempo ante la ventanilla.

Para ayuda de los porteros, cada uno de ellos contaba a su servicio con un ordenanza que, a la carrera, debía llevar desde un anaquel de libros y varios cajones lo que el portero necesitara en el momento. Eran éstos los puestos mejor pagados, aunque eran, por otra parte, los más pesados que había en el hotel para la gente muy joven. En cierto modo su condición era mucho peor que la de los porteros, pues éstos sólo debían pensar y hablar, en tanto los jóvenes debían pensar y correr al mismo tiempo. Si alguna vez traían algo equivocado el portero, dada su prisa, no podía entretenerse naturalmente en reprimendas, sino que, más bien, de un manotazo arrojaba de la mesa lo que le habían puesto delante.

Muy interesante fue el relevo de los porteros, que precisamente se realizó momentos después de entrar Karl. Claro que ese relevo debía hacerse a menudo al menos una vez al día; pues era difícil que hubiese una persona capaz de aguantar más de una hora tras aquella ventanilla.

Una campanilla señaló el momento del relevo, entrando al mismo tiempo por una puerta del costado los dos porteros a quienes entonces tocaba el turno, seguido cada uno por su ayudante. Por el momento se mantuvieron inactivos junto a la ventanilla, mirando a la gente de afuera durante un breve lapso, para establecer en qué estado se hallaba, exactamente, el desarrollo de la respuesta a las preguntas. Cuando el momento pareció apropiado para intervenir, cada uno golpeó en el hombro al portero a quien debían relevar, y éste, pese a que hasta entonces no se había preocupado por nada de lo que sucedía tras de sí, comprendió en seguida y dejó su asiento. Todo esto se concretó con tal velocidad que la gente de afuera se sorprendió y retrocedió un poco por el temor que le causaba ese nuevo rostro que, de improviso, surgía ante ellos.

Los dos hombres relevados estiraron sus miembros y luego, en dos lavabos ya preparados, derramaron agua sobre sus ardientes cabezas. En cambio, los mandaderos relevados aún no podían estirarse, pues continuaron ocupados durante un rato todavía en levantar y poner en su lugar los objetos arrojados al suelo durante sus horas de servicio.

Karl recogió todas estas impresiones en pocos segundos, mediante una atención muy tensa, y luego, con un ligero dolor de cabeza, siguió en silencio al portero mayor, que lo llevó más adentro. Evidentemente éste advirtió la fuerte impresión que el modo de despachar información había causado a Karl y, dándole un intempestivo tirón de la mano, dijo:

—Ya ves cómo se trabaja aquí.

Karl no se la había pasado haraganeando en ese hotel, pero un trabajo así ni siquiera lo hubiera imaginado; y olvidando casi por completo el hecho de que el portero mayor era su enemigo, levantó los ojos, lo miró a la cara y en silencio, completamente convencido, asintió con la cabeza.

Pero el portero lo interpretó como una excesiva valoración del trabajo de aquellos porteros en desprecio de su propia función, pues como si se burlara de Karl, y sin preocuparse de que le oyeran, exclamó:

—Claro que éste es el trabajo más tonto de todo el hotel; habiendo oído eso durante una hora, uno ya sabe poco más o menos todas las preguntas que le van a hacer y aquellas a las que no hay que contestar. Si no hubieras sido atrevido y mal educado, si no hubieras mentido, ni bebido, ni robado, entonces quizá hubieras podido colocarte en una de esas ventanas, pues para ello no hace falta tener mucha cabeza.

Karl pasó por alto los insultos que se referían a él; tanto le irritaba que aquel trabajo tan honrado y fatigoso de los porteros fuese escarnecido en lugar de ser apreciado; y escarnecido además por un hombre que, si hubiese osado sentarse sólo una vez ante una ventanilla como ésa, con seguridad habría tenido que retirarse a los pocos minutos, seguido por las risas de todos los presentes.

—Déjeme —dijo Karl; su curiosidad respecto de la portería había quedado más que satisfecha—; no quiero tener que ver ya nada más con usted.

—Eso no es suficiente para irse —dijo el portero mayor, y oprimió tanto los brazos de Karl que éste no podía moverlos siquiera, y se lo llevó así, en vilo casi, hasta fondo de la portería.

¿No veía la gente desde afuera ese acto violento que cometía el portero mayor? O si lo veían ¿cómo lo tomaban, cómo lo interpretaban para que ninguno se escandalizase, ni siquiera golpease el vidrio para hacerle ver al portero mayor que se lo observaba y que no podía actuar a su antojo con Karl?

Pronto, sin embargo, no le quedó a Karl esperanza alguna de recibir ayuda desde el vestíbulo, puesto que el portero mayor tiró de un cordón y sobre los cristales de la mitad de la portería se unieron como en un vuelo, y hasta el último borde de arriba, negros cortinados. En verdad también había gente en esa parte de la portería, pero todos dedicados por completo a su tarea: sólo tenían ojos y oídos para lo vinculado con su trabajo. Además dependían totalmente del portero mayor y, en lugar de auxiliar a Karl, más bien hubieran tratado de ayudar a ocultar todo lo que se le ocurriera hacer al portero mayor, sea lo que fuese.

Allí había, por ejemplo, seis porteros frente a seis teléfonos. Podía verse al instante que todo estaba distribuido de modo que sólo uno recibiera las conversaciones en tanto su vecino daba curso, telefónicamente, a los pedidos anotados en los registros que había tomado el primero. Se trataba de esos teléfonos novísimos para los que no hacía falta cabina telefónica, pues el tintineo de la campanilla no era más fuerte que un zumbido; se podía hablar al micrófono del teléfono en tono suave y, sin embargo, las palabras salían atronadoras en su lugar de destino, gracias a amplificadores eléctricos especiales. Por esto casi no se oía a los tres locutores frente a sus teléfonos y hubiera podido pensarse que, susurrando, observaban un proceso que se cumplía en el aparato, mientras que los otros tres, como aturdidos por el sonido que los golpeaba y que, por otro lado, sólo ellos podían oír, dejaban colgar las cabezas sobre el papel que, según su trabajo, debían llenar. También había junto a cada uno de los tres locutores, de pie, un chico para los trabajos auxiliares; esos tres chicos no hacían otra cosa que inclinar, primero, la cabeza hacia sus jefes escuchando con gran atención, para después buscar presurosos, como si los pinchasen, en enormes libros amarillos —el ruido de las revueltas masas de esas hojas superaba cualquier ruido de los teléfonos— los números telefónicos, y así sucesivamente.

Karl, en efecto, no pudo dejar de observar todo eso muy atentamente, pese a que el portero mayor, habiéndose sentado, lo mantenía tomado delante de sí, en una suerte de abrazo atenazante.

—Es mi obligación —dijo el portero mayor, y sacudía a Karl como si sólo quisiera conseguir que volviese hacia él el rostro—reparar, en nombre de la Dirección del hotel, por lo menos en parte, lo que el camarero mayor ha descuidado sean cuales fueren las razones que para ello haya tenido. Así sustituye siempre cada uno a su prójimo en este hotel. Sin ello un movimiento tan grande como éste sería inconcebible. Es posible que creas, que no soy tu superior inmediato; bien, tanto mejor para mí que me encargue de este asunto que de otra forma quedaría abandonado. Además, en mi calidad de portero mayor soy en cierto modo el superior de todos, pues a mi cargo están todas las puertas del hotel: esta puerta principal, las tres del medio y las diez puertas laterales, y ni qué decir de las incontables portezuelas y salidas. Es natural que tengan que obedecerme todos los equipos de servicio que entran en danza. Frente a estas grandes obligaciones tengo, por supuesto, el deber frente a la Dirección del hotel de no dejar salir a nadie que parezca sospechoso por cualquier motivo. Y precisamente tú, ya que así se me ocurre, no sólo me pareces sospechoso, sino muy sospechoso.

Y con el placer que todo esto le producía levantó las manos y las dejó caer con fuerza; eso sonaba y causaba dolor.

—Es posible —añadió, divirtiéndose como un rey— que por la otra puerta hubieras podido salir sin que nos diéramos cuenta, pues, como es lógico, tú no valías la pena de que diese instrucciones especiales. Pero puesto que ya estás aquí quiero gozar contigo. Por lo demás estaba seguro de que vendrías a la cita que nos dimos en la puerta principal, pues es regla que el obcecado y el desobediente cese en sus vicios justamente allí donde más le perjudica y en la ocasión menos propicia. Sin duda podrás observar aún esto a menudo en tu propia persona.

—No crea —dijo Karl respirando ese curioso perfume a humedad, que emanaba del portero mayor y que sólo advertía ahora permaneciendo tanto tiempo a su lado—, no crea que estoy totalmente a su merced: puedo gritar.

—Y yo puedo taparte la boca —contestó el portero mayor con la misma certeza y rapidez con que seguramente pensaba realizar lo dicho si fuera necesario—. ¿Y acaso realmente crees que encontrarías a alguien que te diese la razón frente a mí, el portero mayor? Puedes perder las esperanzas. Cuando aún llevabas uniforme, ¿sabes?, aún tenías, en efecto, cierta apariencia respetable, pero con ese traje, ¡que en verdad sólo es admisible en Europa!… —Y lo sacudía tirando de diferentes puntos del traje; traje que en ese momento, por cierto, pese a que sólo hacía cinco meses era casi nuevo, ya estaba viejo, arrugado, pero manchado sobre todo, a causa especialmente de la falta de consideración de los ascensoristas que, día a día, para mantener resplandeciente y sin polvo el piso de la sala, obedeciendo la orden general, no realizaban una limpieza verdadera, sino que rociaban el suelo con algún aceite y salpicaban así al mismo tiempo, desgraciadamente, toda la ropa que colgaba de las perchas.

Ahora bien, uno podía guardar su ropa donde se le ocurriera, pero siempre se daba el caso de alguno que justamente no tenía a mano su propia ropa y hallaba en cambio fácilmente la ajena, aunque estuviera escondida, y entonces se la llevaba prestada sin más. Y quizá casualmente, era el muchacho que ese mismo día debía hacer la limpieza de la sala, y entonces no sólo salpicaba la ropa con el aceite: en ese caso la empapaba de arriba a abajo.

Sólo Renell se las arreglaba para guardar su precioso traje en algún lugar oculto, del cual, con seguridad nadie lo había sacado jamás; claro que, por otro lado, nadie se llevaba prestada la ropa ajena por maldad, ni por avaricia, sino que la tomaba donde la hallaba, debido simplemente a su prisa o su dejadez. Pero aún el traje de Renell lucía en plena espalda una redonda y rojiza mancha de aceite, de modo que, en la ciudad, un entendido hubiera podido establecer con precisión por esa mancha que ese elegante joven era ascensorista.

Y recordando todo esto, se dijo Karl que él también había sufrido bastante como ascensorista, y que, no obstante, todo había sido en vano, pues ahora, como veía, ese servicio de ascensorista no había sido, como esperaba, un escalón previo para alcanzar un puesto mejor; por el contrario, había sido arrastrado ahora más abajo todavía, hasta había llegado a estar bastante cerca de la cárcel. Y para colmo aún ahora lo sujetaba ese portero mayor, que seguramente pensaba en cómo podía humillar a Karl aún más.

Y olvidando totalmente que el portero mayor no era, en modo alguno, un hombre que se dejara persuadir, Karl, golpeándose varias veces la frente con la mano que tenía libre en ese momento, exclamó:

—¡Y aunque realmente no lo saludara, cómo puede ser que un hombre adulto como usted se muestre tan vengativo por la falta de un simple saludo!

—No soy vengativo —dijo el portero mayor—, sólo deseo registrar tus bolsillos. Estoy convencido de que no hallaré nada, pues seguramente tuviste buen cuidado de que tu compañero se llevase las cosas poco a poco. ¡Pero es imprescindible que se te registre! —Metió la mano en uno de los bolsillos de Karl con un ímpetu tal que reventaron las costuras de los costados. —Aquí, por de pronto, no hay nada —dijo, y revisó detenidamente en su mano el contenido del bolsillo: un almanaque de propaganda del hotel, una página con un ejercicio de correspondencia comercial, unos botones de chaqueta y de pantalón, la tarjeta de la cocinera mayor, una lima de uñas que una vez le había regalado un huésped al hacer sus maletas, un antiguo espejito de bolsillo obsequiado por Renell como premio por quizá diez reemplazos en el servicio y algunas tonterías más—. Aquí no hay nada, por lo visto —repitió el portero mayor tirando todo debajo del banco, como si se diera por entendido que toda la propiedad de Karl, aunque no fuera robada, debía ir a parar bajo el banco.

«Ahora sí; basta ya», se dijo Karl —su rostro debía de estar encendido, rojo como fuego—, y cuando el portero mayor, dejándose llevar por su avidez y perdiendo así todo cuidado, hurgaba en el segundo bolsillo de Karl, éste se libró rápidamente de las mangas, empujó a uno de los porteros contra su teléfono con bastante fuerza, porque no pudo dominarse en el primer salto que dio, cruzó corriendo el aire sofocante hasta alcanzar la puerta, en verdad más despacio de lo que había sido su propósito, y por suerte se encontró afuera antes de que el portero mayor, con su burdo abrigo, hubiese podido siquiera levantarse.

La organización de vigilancia, por lo visto, no era tan ejemplar, porque si bien sonaron algunas campanillas, Dios sabe para qué. En el vestíbulo de la puerta de salida había tal cantidad de empleados del hotel que iban de un lado a otro cruzando sus pasos, que casi se podía creer que, sin llamar la atención, se preparaban para la salida, pues no se le podía hallar otro sentido a aquel continuo ir y venir. De todos modos, Karl llegó pronto al aire libre, pero tuvo que continuar andando todavía a lo largo de la acera del hotel, pues no era posible cruzar la calle, ya que una fila incesante de automóviles pasaba como a empellones frente a la puerta principal.

Esos automóviles, para llegar lo más pronto posible ante los dueños que los esperaban, casi se habían encajado, por decirlo así, uno dentro del otro y cada uno empujaba al que lo seguía. Peatones que tenían demasiado apuro por llegar a la calle cruzaban, de cuando en cuando, alguno de los automóviles, abriendo y cerrando sus portezuelas como si fuera un paso público; y les daba absolutamente lo mismo que en el automóvil estuviera sólo el chófer y los sirvientes, o bien la gente más distinguida.

Tal conducta le pareció a Karl demasiado arriesgada, y seguramente había que saber al dedillo condiciones y usos para atreverse a tanto; qué fácil podía caer en un automóvil cuyos ocupantes lo tomaran a mal, lo echaran e hicieran un escándalo; y nada había que temiera más, siendo un empleado que huía del hotel, sospechoso, en mangas de camisa.

Al fin y al cabo aquella fila de automóviles no podía seguir así eternamente, y además, lo menos sospechoso, en realidad, era seguir caminando a lo largo del hotel. En efecto, llegó Karl al fin a un lugar donde, aunque no acababa la fila de automóviles, por lo menos se hacía menos densa. Cuando quiso escabullirse en el tránsito de la calle, donde seguramente se movían con libertad personas, acaso mucho más sospechosas que él, escuchó que lo llamaban por su nombre desde algún lugar muy cercano. Se volvió y vio a dos ascensoristas a quienes conocía mucho, que se esforzaban terriblemente por hacer salir del vano de una puerta baja y chica, que parecía la entrada de un mausoleo, una camilla sobre la cual, según ahora comprobaba Karl, yacía Robinson con numerosos vendajes en la cabeza y alrededor del rostro y los brazos. Era desagradable ver cómo se lleva los brazos a los ojos para secarse con el vendaje las lágrimas, ya de dolor, ya por algún otro pesar, o por el placer que le causaba encontrar nuevamente a Karl.

—Rossmann —exclamó en tono de reconvención—, ¿por qué me has hecho esperar tanto? Desde hace una hora lo único que hago es resistirme a que me lleven de aquí antes de que vengas. Estos tipos —y le dio un golpe a uno de los ascensoristas, como si los vendajes lo protegieran contra ellos— son unos verdaderos demonios. ¡Ay!, Rossmann, me ha salido cara la visita que te hice.

—Pero, ¿qué te pasó? —dijo Karl— y se acercó a la camilla que los dos ascensoristas, para descansar, depositaron riendo en el suelo.

—¿Aún lo preguntas —suspiró Robinson— viendo mi aspecto? Imagínate; lo más probable es que me hayan mutilado y quede inválido para toda la vida. Siento unos dolores terribles desde aquí hasta aquí. —Señaló primero la cabeza y después los dedos de los pies—. Me hubiera gustado que hubieras visto cómo sangraba por la nariz. Mi chaleco está echado a perder por completo; ni siquiera me lo llevo; mis pantalones están hecho añicos, estoy en calzoncillos. —Levantó rápidamente la manta para invitar a Karl que mirara debajo—. ¿Qué será ahora de mí? Tendré que estar en cama varios meses por lo menos, y quiero decírtelo ahora, sólo te tengo a ti para cuidarme; bien sabes que Delamarche es muy impaciente. ¡Rossmann, Rossmann, amigo mío!

Y Robinson estiró la mano hacia Karl invocando su ayuda, quien retrocedió un poco.

—¡Por qué habré venido a visitarte! —repitió Robinson unas cuantas veces, para que Karl no pudiese olvidar la parte de culpa que le competía en su desgracia.

Karl comprendió en seguida que los lamentos de Robinson no provenían de sus heridas, sino de la terrible resaca de su borrachera, pues lo habían despertado después de haberse dormido en un estado de total embriaguez, dándole después una soberana paliza; no podía ya orientarse para nada en el mundo. La insignificancia de las heridas era patente en esos vendajes informes, hechos con trapos viejos, en los cuales los ascensoristas lo habían envuelto con el propósito evidente de divertirse. Y además, aquellos dos ascensoristas, uno en cada extremo de la camilla, se morían de risa a cada momento.

Ahora bien, ése no era un lugar para volver a Robinson a sus cabales, pues los transeúntes pasaban por allí llevándose todo por delante, sin tener en cuenta al grupo de la camilla. Con frecuencia algunos saltaban, como verdaderos atletas, por encima de Robinson, y el chófer pagado con el dinero de Karl urgía:

—Vamos, vamos.

Los ascensoristas levantaron la camilla usando el resto de sus fuerzas; Robinson tomó a Karl de la mano y en tono zalamero dijo:

—No me dejes solo.

¿Y acaso Karl, considerando su aspecto actual, no estaría allí mejor que en ningún otro lado, al abrigo de las sombras del automóvil? Así que se sentó al lado de Robinson y éste apoyó su cabeza sobre él. Los ascensoristas, que estaban allí todavía, le estrecharon cariñosamente la mano a través de la ventanilla del auto, pues había sido su colega. El automóvil arrancó haciendo un pronunciado giro hacia la carretera.

Le pareció inevitable que sucediese un desastre; pero inmediatamente el tránsito, que lo envolvía todo, recibió en su seno, con tranquilidad, a ese automóvil de rectilíneo andar.

CAPÍTULO VII: UN ASILO

Seguramente era una calle apartada de suburbio donde el automóvil se detuvo, ya que a su alrededor reinaba tranquilidad y en el borde de la acera había niños que jugaban agachados. Un hombre con un montón de ropa vieja sobre los hombros decía sus pregones a voz en cuello, pendiente de las ventanas de las casas.

Karl, a causa del cansancio, se sintió molesto al bajar del automóvil y pisar el asfalto recalentado por el sol matutino.

—¿Vives realmente aquí? —preguntó a Robinson que estaba en el interior del automóvil.

Robinson, que había dormido tranquilamente durante todo el viaje, masculló una afirmación indefinida y pareció aguardar que Karl lo levantara y lo ayudara a bajar del vehículo.

—Entonces no tengo ya nada que hacer aquí. Que lo pases bien —dijo Karl, y se dispuso a caminar cuesta abajo por aquella calle que descendía en suave declive.

—Pero Karl, ¿qué cosas se te ocurren? —exclamó Robinson, y se alarmó tanto que se le vio de pie en el coche, bastante erguido, si bien con las rodillas algo temblorosas todavía.

—Sí, debo irme, pues —dijo Karl, reparando en la rápida mejoría de Robinson.

—¿En mangas de camisa? —preguntó éste.

—Ya ganaré para una chaqueta —repuso Karl; miró a Robinson moviendo la cabeza como un gesto de confianza y fe, saludó levantando la mano y realmente se hubiera ido si el chófer no hubiese exclamado:

—¡Un poco de paciencia, señor!

Resultó —hecho fastidioso— que el chófer pretendía una paga complementaria, pues no se le había abonado la espera ante el hotel.

—Claro —exclamó Robinson desde el automóvil, confirmando lo justificado de la pretensión—; tuve que esperarte allí tanto… Deberás darle algo más.

—Por supuesto —dijo el chófer.

—Bueno, siempre que tenga algo —dijo Karl, metiendo las manos en los bolsillos del pantalón, aunque sabía que era en vano.

—Sólo puedo pedírselo a usted —dijo el chófer, irguiéndose con las piernas abiertas—. A este hombre enfermo no puedo exigirle nada.

Desde la puerta de la casa se acercó un muchacho joven, de nariz carcomida, que se paró a oír a unos pasos de distancia. Precisamente un policía recorría en ese instante la calle; atrajo su atención el hombre en mangas de camisa y se detuvo mirando al suelo con disimulo.

Robinson, quien también había notado la presencia del policía, cometió la estupidez de gritarle desde la otra ventanilla:

—¡No pasa nada, no pasa nada! —como si se pudiera ahuyentar a un policía igual que a una mosca.

También los chicos que habían estado observando al policía vieron ahora, al detenerse éste, a Karl y al chófer, y acudieron enseguida. Una vieja, de pie ante la puerta de enfrente, se quedó mirando fijamente al grupo.

—¡Rossmann! —gritó entonces una voz desde arriba.

Era Delamarche, que lo llamaba desde el balcón del último piso. A él, por lo demás, apenas se lo distinguía contra aquel cielo azul blanquecino. Parecía tener puesta una bata y miraba la calle con unos prismáticos de teatro. A su lado se veía una sombrilla roja abierta, debajo de la cual, así parecía, estaba sentada una mujer.

—¡Hola! —gritó, y debió hacer un esfuerzo para que se le entendiera—: ¿Está Robinson también?

—Sí —respondió Karl, apoyado con fuerza, desde el coche por otro «sí» mucho más sonoro, de Robinson.

—¡Ajá! —respondió—. ¡Bajo de inmediato!

Robinson se asomó por la ventanilla.

—¡He aquí un hombre! —dijo, y este elogio a Delamarche estaba destinado a Karl, al chófer, al policía y a todo el que quisiera escucharlo.

Arriba, en el balcón, hacia el cual todos, para distraerse, seguían mirando pese a que Delamarche ya lo había abandonado, se levantó entonces, bajo la sombrilla, realmente una mujer: era corpulenta y tenía un vestido rojo, sin entallar; tomó los prismáticos de la baranda del balcón y con su ayuda miró a la gente que estaba abajo y que sólo de a poco apartaban la mirada de ella.

Aguardando a Delamarche, miró a Karl hacia la puerta principal y más allá, al patio, cruzado por una fila casi ininterrumpida de mozos de almacén; cada uno cargaba sobre su hombro un cajoncito pequeño, pero por lo visto muy pesado.

El chófer se había aproximado a su coche y, para aprovechar el tiempo, limpiaba con una franela los faros.

Robinson se palpó los miembros; parecía sorprendido de lo poco que le dolían, pese a toda la atención que les prestaba, y empezó a sacarse con cuidado y con el rostro muy agachado, uno de los pesados vendajes de la pierna.

El policía, sosteniendo delante de sí, su negro bastoncillo, esperaba tranquilo, con esa gran paciencia que necesitan tener los policías, ya cumplan su servicio usual, ya alguna misión especial, en acecho de alguno.

El muchacho de la nariz carcomida se sentó sobre una de las piedras de la puerta y estiró las piernas. Los chicos se acercaron a Karl poco a poco, dando pequeños pasos; aunque no les prestaba atención, les parecía el más importante de todos a causa de las mangas azules de su camisa.

Por el tiempo que tardó Delamarche en llegar se pudo apreciar la gran altura de aquella casa. Y Delamarche, por cierto, hasta venía muy apurado, con la bata casi suelta.

—¡Aquí están ustedes por fin! —exclamó, alegre y severo al mismo tiempo. Los grandes pasos que daba descubrían cada vez, por un momento, sus prendas interiores de color.

Karl no entendía del todo por qué se paseaba Delamarche así —en plena ciudad, en esa enorme casa de vecindad y en la vía pública—, vestido tan cómoda y descuidadamente como si estuviera en su casa de campo.

Como Robinson, Delamarche también había cambiado muchísimo. Su rostro oscuro, bien afeitado, escrupulosamente limpio, marcado por unos músculos de trazo fuerte, tenía un aspecto orgulloso e infundía respeto. El rotundo resplandor de sus ojos, antes siempre entornados, era sorprendente. Su bata morada era vieja, estaba manchada y resultaba demasiado grande para él. Pero de esa fea prenda sobresalía arriba, hinchándose, una espléndida corbata oscura de pesada seda.

—¿Bien? —preguntó a todos en general.

El policía se acercó un poco y se apoyó en el capó del motor del auto. Karl explicó en pocas palabras la situación:

—Robinson está un poco maltrecho, pero si hace un pequeño esfuerzo sin duda podrá subir la escalera. Aquí el chófer quiere todavía un pequeño pago adicional, además del importe del viaje que ya pagué. Y ahora me voy. Buen día.

—Tú de aquí no te mueves —dijo Delamarche.

—Yo se lo dije también —aclaró Robinson desde el coche.

—Sí, me voy —dijo Karl y dio unos pasos. Pero ya Delamarche estaba a sus espaldas, trayéndolo a empujones de vuelta.

—¡Digo que te quedes! —gritó.

—Pero déjeme —dijo Karl, y se aprestaba a obtener su libertad con los puños si fuera necesario, aunque poco éxito debía esperar frente a un hombre como Delamarche. Pero allí estaba el policía y también el chófer, y de cuando en cuando pasaban grupos de obreros por la calle que, por otra parte, era realmente tranquila: ¿acaso permitirían que Delamarche cometiera una injusticia con él? No le hubiera gustado estar a solas con Delamarche en su habitación ¿pero aquí?

En ese instante Delamarche le pagaba al chófer y éste, con reiteradas reverencias, guardó la suma inmerecidamente elevada y por agradecimiento se acercó a Robinson, para estudiar el mejor modo de sacarlo del coche. Karl vio que no lo vigilaban; quizá le sería más fácil a Delamarche tolerar que se marchase en silencio. Si la riña podía evitarse era mejor desde luego, y por eso entró Karl en la calle dispuesto simplemente a alejarse lo más pronto posible. Los chicos se volvieron a Delamarche para avisarle de la fuga de Karl, pero ni siquiera tuvo que intervenir él personalmente, ya que el policía, con el bastón tendido hacia adelante, dijo:

—¡Alto! ¿Cuál es tu nombre? —preguntó; y poniendo el bastón bajo el brazo sacó despacio una libreta.

Karl lo miró por primera vez con mayor detenimiento; era un hombre fuerte, pero tenía ya la cabeza blanca casi por completo.

—Karl Rossmann —dijo.

—Rossmann —repitió el policía, sin duda porque era un hombre tranquilo y cuidadoso; pero Karl debiendo enfrentarse, como era el caso, por primera vez con las autoridades norteamericanas, vio en esa reiteración cierto indicio de sospecha. Y en verdad, su asunto no debía tener muy buena cara, pues hasta Robinson que tan ocupado estaba con sus propios dolores, rogaba a Delamarche desde el coche con gestos mudos y vivaces, que auxiliase a Karl. Pero Delamarche le rechazó, negando ásperamente con la cabeza y se quedó mirando sin hacer nada, con las manos metidas en sus bolsillos demasiado grandes.

El muchacho que estaba sentado sobre la piedra del vano de la puerta explicó a una señora, que salía en ese momento, la historia desde el comienzo. Los chicos hicieron un círculo detrás de Karl y se quedaron mirando al policía, quietos y con los ojos levantados.

—A ver tus documentos —dijo el agente.

Era sin duda sólo una formalidad, porque como no llevaba chaqueta, ése era el caso, mal podría tener documentos consigo. Por eso Karl permaneció en silencio, prefiriendo más bien responder explícitamente la pregunta siguiente y de ese modo disimular, en lo posible, la falta de documentos.

Pero la siguiente pregunta fue:

—¿Así que no llevas documentación?

Entonces Karl tuvo que decir:

—No la llevo conmigo.

—Eso sí que es grave —dijo el policía. Miró pensativo a su alrededor y comenzó a tamborilear con los dedos sobre su libreta.

—¿Has ganado algún dinero? —preguntó finalmente el policía.

—Fui ascensorista —respondió Karl.

—Fuiste ascensorista, de modo que ya no lo eres, y si es así, ¿de qué vives?

—Ahora me buscaré otro empleo.

—¿Entonces te acaban de despedir ahora mismo?

—Sí, hace una hora.

—¿De pronto?

—Sí —dijo Karl levantando una mano como para disculparse.

No podía ponerse a referir allí toda la historia y, aunque hubiera sido posible, parecía no obstante completamente inútil rechazar la amenaza de una injusticia con el relato de otra injusticia ya sufrida. Y si no le habían hecho justicia la generosidad de la cocinera mayor ni la comprensión del camarero mayor, no podía aguardarla de aquella reunión callejera.

—¿Y te despidieron sin la chaqueta? —preguntó el policía.

—Sí —dijo Karl; de modo que también en Estados Unidos era característico que las autoridades interrogaran expresamente sobre lo que saltaba a la vista. (¡Qué mala sangre se había hecho su padre por esas preguntas insistentes y vanas de las autoridades, a raíz de la tramitación de su pasaporte!). Karl sentía unos enormes deseos de escapar, de esconderse en cualquier parte, para no tener ya que oír ninguna clase de preguntas. Y ahora, para colmo, pronunció el policía la pregunta que Karl más temía y previéndola inquieto, se había comportado hasta ese momento probablemente con mayor cuidado del que de otro modo habría demostrado.

—¿Y en qué hotel trabajabas?

Agachó la cabeza y no respondió esa pregunta, no la contestaría de ninguna manera. No debía ocurrir, no, que escoltado por un policía regresara al Hotel Occidental, que allí se organizaran interrogatorios en los que participaran sus amigos y enemigos, que la cocinera mayor abandonara del todo su buena opinión, ya bastante endeble, que se había formado de Karl, viéndolo a él, a quien creía en la Pensión de Brenner, otra vez de regreso, detenido por un policía, en camisa, sin su tarjeta; mientras que el camarero mayor quizá sólo meneara la cabeza entendiéndolo todo; y el portero mayor, por su parte, hablara de la mano de Dios que por fin había alcanzado al sinvergüenza.

—Estuvo empleado en el Hotel Occidental —dijo Delamarche poniéndose al lado del policía.

—¡No! —gritó Karl y dando una patada en el suelo—. ¡No es cierto!

Delamarche le miró frunciendo la boca burlonamente como diciendo que podría revelar muchas otras cosas todavía. La inesperada furia de Karl desató gran agitación entre los chicos, que corrieron hasta donde estaba Delamarche, prefiriendo mirar a Karl atentamente desde allí. Robinson había sacado del todo la cabeza fuera del coche. Tan grande era su interés que se quedaba completamente quieto; sólo un parpadeo de cuando en cuando era su único movimiento. El muchacho de la puerta batía palmas de puro placer, pero la señora que estaba a su lado le dio un codazo para que se estuviera quieto. Los mozos de cuerda, que tenían en ese momento su descanso para el desayuno, aparecieron todos con grandes tazones de café negro, que revolvían con grandes panes. Algunos se sentaron en el borde de la acera y todos bebían el café muy ruidosamente.

—Según parece conoce a este muchacho —dijo el policía a Delamarche.

—Más de lo que quisiera —dijo éste—. En cierta ocasión fui muy bueno con él, pero me pagó muy mal, cosa que comprenderá muy fácilmente, aunque sólo se base en ese corto interrogatorio a que acaba de someterlo.

—Sí —dijo el policía—; parece un muchacho tozudo.

—Lo es —dijo Delamarche—, pero ni siquiera es esa su peor cualidad.

—¿Cómo? —preguntó el policía.

—Sí —dijo Delamarche que ahora tomaba la palabra, entusiasmándose y dando a la vez, con las manos en los bolsillos, un movimiento ondulante a toda su bata—, es una buena pieza éste. Mi amigo que está en el coche y yo lo habíamos recogido por casualidad en completa miseria; no sabía en absoluto las condiciones de América, pues acababa de arribar de Europa; de allí también lo echaron por incapaz, y bien, lo trajimos con nosotros, le permitimos vivir con nosotros, lo instruimos acerca de todas las cosas; queríamos obtenerle un empleo; nos proponíamos aún hacer de él, contra todas las señales que nos defraudaban, un hombre; pero desapareció una vez durante la noche; se marchó en circunstancias que realmente prefiero no decir. ¿Ha sido así o no? —preguntó al fin Delamarche, zarandeando a Karl por la manga de la camisa.

—¡Atrás, muchachos! —gritó el policía, dado que los chicos, al amontonarse, se habían adelantado tanto que por poco Delamarche, al tropezar, cayó encima de uno de ellos.

Mientras tanto, también los mozos de cuerda, que hasta entonces habían tenido poco interés en ese interrogatorio, comenzaban a prestar mayor atención, juntándose en cerrada fila a espaldas de Karl, quien ahora no hubiera podido retroceder un solo paso; además, sonaba ahora en sus oídos, sin cesar, el griterío de aquellos mozos de cuerda, quienes, más que conversar, chapurreaban algún lenguaje inglés totalmente incomprensible, tal vez mezclado con voces eslavas.

—Gracias por el informe —dijo el agente, saludando militarmente a Delamarche—: de todos modos me lo llevaré y lo haré retornar al Hotel Occidental.

—¿Me permitiría pedirle que dejara a ese muchacho a mi cargo? Tengo que ajustar con él algunas cuentas todavía. Me comprometo a llevarlo más tarde, yo mismo, al hotel.

—No puedo —dijo el policía.

Delamarche dijo:

—Aquí tiene usted mi tarjeta —teniéndole una tarjeta de visita.

El agente la miró con gesto de aprobación; pero, pese a todo y sonriendo amablemente, dijo:

—No, es inútil.

Por más que Karl hasta ese momento se cuidara de Delamarche, veía ahora en él la única salvación posible. Era por cierto sospechosa la manera que tenía éste de querer salvar a Karl del policía, pero de todas maneras sería más fácil hacer que Delamarche no lo llevase de vuelta al hotel, que no el policía. Y aunque Karl regresara al hotel de la mano de Delamarche, esto sería mucho menos grave que si sucediera en compañía del policía. Claro que, por ahora, Karl no debía dejar traslucir, con todo, que en efecto deseaba quedarse con Delamarche; pues, de otra manera todo estaba perdido. Y miró inquieto la mano del policía, que en cualquier momento podía levantarse para agarrarlo.

—Como mínimo debería saber por qué lo han despedido tan de repente —acabó por decir el policía, mientras que Delamarche miraba hacia otro lado con gesto fastidiado, estrujando entre las puntas de los dedos la tarjeta de visita.

—¡Pero si no lo han echado! —exclamó Robinson con la consiguiente sorpresa general, y pasando sobre el chófer se asomó del coche lo más que pudo—. Por el contrario; ¡si tiene allí un buen trabajo! En el dormitorio es el jefe de todos los ascensoristas y puede ir allí con quien quiera. Sólo que siempre está muy ocupado y si se necesita algo de él hay que esperar mucho; está siempre metido en el despacho del camarero mayor, o de la cocinera mayor, y es en realidad una persona de confianza. No le han echado de ninguna manera. No sé por qué lo dijo. ¿Cómo sería posible que lo hubieran echado? Yo me he herido gravemente en el hotel y a él le encomendaron traerme a mi casa, y dado que en ese momento estaba sin chaqueta, vino conmigo sin ella. Mi estado no le permitía ir a buscarla.

—Pero entonces… —dijo Delamarche alargando los brazos, en un tono como si reprochara al policía su falta de perspicacia, de conocimiento de los seres humanos, y era como si esas palabras suyas llevaran una indiscutible claridad al carácter vago de la declaración de Robinson.

—Pero, ¿será esto realmente así? —preguntó el policía con voz no tan categórica—. ¿Y si es así, por qué dice el muchacho que fue despedido?

—Debes responder —dijo Delamarche.

Karl, miró al policía, cuya misión era mantener el orden, entre gente ajena que sólo pensaba en sí misma; y algunas de sus preocupaciones contagiaron también a Karl. No quería mentir y tenía las manos atrás, estrechamente entrelazadas.

A la puerta de la casa se asomó un capataz y golpeó las manos para que los mozos de cuerda retornaran a su trabajo. Arrojaron de sus tazones el poso de café y, sin hablar, con paso vacilante, se fueron y entraron en la casa.

—Así no iremos a ningún lado —dijo el policía y quiso tomar a Karl de un brazo. Pero éste sin querer retrocedió un poco, sintió detrás de sí el espacio libre que había quedado al irse los mozos de cuerda, se volvió y después de algunas zancadas iniciales, echó a correr. Los chicos lanzaron un grito único y, con los bracitos en alto, corrieron también unos pasos.

—¡Deténganlo! —gritó el policía y salió corriendo tras Karl, cuesta abajo, por aquella calle larga casi desierta, gritando con regularidad la misma exclamación. Su carrera silenciosa dejaba entrever un gran vigor y mucha ejercitación.

Fue una suerte para Karl que la persecución fuera en un barrio obrero. Los obreros no hacen causa común con la policía. Karl corría por el medio de la calle, pues allí había menos obstáculos que en ninguna otra parte y veía que los obreros, de vez en cuando se quedaban parados en la acera, lo miraban tranquilamente, mientras el vigilante les lanzaba su «deténganlo», extendiendo al correr —se mantenía inteligentemente sobre la lisa acera— su bastón contra Karl, constantemente.

Karl no tenía muchas esperanzas de escapar y las perdió casi por completo cuando el policía —dado que se acercaban a calles transversales que por seguro también tenían sus patrullas policíacas— de pronto empezó a emitir silbidos, unos silbidos estridentes.

La ventaja de Karl era más que nada su liviana vestimenta: volaba, corría velozmente cuesta abajo por aquella calle cuyo declive era cada vez más pronunciado, y de vez en cuando, distraído por el sueño que tenía, daba saltos demasiado altos, que no eran útiles y le hacían perder el tiempo. Pero además, el vigilante tenía su meta siempre delante, sin tener nada qué pensar: para Karl, en cambio, la carrera era cosa secundaria; él debía pensar, elegir varias posibilidades, tenía que decidir siempre de nuevo, una vez y otra.

Su plan, si bien desesperado, era por el momento, no tomar por las calles transversales, ya que era imposible saber qué ocultaban; quizá si fuera por alguna de ellas correría directamente a algún puesto de guardia; mientras que fuera posible, no quería separarse de esa calle cuya perspectiva podía abarcar con la vista hasta muy lejos y que sólo muy, muy abajo, finalizaba en un puente, del que apenas se divisaba el comienzo, ya que un poco más allá desaparecía ante una bruma de agua y sol. Justamente y después de tomar esta decisión, Karl se disponía a hacer un esfuerzo para correr más ligero, para pasar con velocidad la primera calle transversal, cuando, no a mucha distancia suya, vio a un policía en acecho, contra la pared oscura de una casa oculta en las sombras, dispuesto a echarse sobre Karl en el momento oportuno.

Ahora sólo le quedaba como salida la calle transversal, cuando oyó que lo llamaban por su nombre en forma absolutamente inofensiva —aunque al principio esto le pareció una ilusión, dado que durante este tiempo sentía un zumbido en los oídos—, no vaciló más, y queriendo tomar por sorpresa en lo posible a los agentes, giró sobre una pierna y en ángulo recto dobló por esa calle.

Había dado dos pasos apenas —ya había olvidado que lo hubieran llamado por su nombre; ahora también silbaba el otro policía, y se advertía su vigor intacto y fresco, y a lo lejos algunos transeúntes de esa calle transversal parecían apurar el paso—, cuando de una puertecilla de calle surgió una mano que, tomando a Karl, lo atrajo a un oscuro zaguán diciéndole:

—¡Quédate quieto!

Era Delamarche, jadeante, sin aliento, con las mejillas enrojecidas y los cabellos pegados alrededor de la cabeza. Llevaba la bata debajo del brazo y estaba vestido sólo con la camisa y los calzoncillos. Cerró inmediatamente la puerta, en realidad no era una verdadera puerta de calle, sino sólo una insignificante entrada lateral.

—Un momento —dijo luego, recostándose en la pared, con la cabeza levantada y respirando con dificultad.

Karl yacía casi de sus brazos y apoyaba, medio desmayado, su rostro contra el pecho del otro.

—Por ahí corren ésos—dijo Delamarche, prestando atención y señalando la puerta con el dedo.

Realmente pasaron en ese momento, corriendo, los dos policías; en la calle desierta resonaban sus pasos como si se golpease acero contra piedra.

—Tú estás bastante cansado —dijo Delamarche a Karl, que luchaba aún por recobrar el aliento, sin poder decir ni una palabra. Delamarche lo sentó en el suelo, se hincó junto a él, le pasó la mano por la frente varias veces y se quedó mirándolo.

—Ya estoy bien —dijo Karl y, haciendo un esfuerzo, se levantó.

—Vamos entonces —dijo Delamarche después de colocarse nuevamente su bata; y fue empujando hacia adelante a Karl, que por la gran debilidad mantenía aún baja la cabeza. De cuando en cuando Delamarche lo zarandeaba, tratando de reanimarlo.

—¿Y tú dices estar cansado? —dijo—. Pero si podías

correr al aire libre como un caballo, en tanto que yo tenía que escurrirme a escondidas a través de estos malditos patios y pasillos. Pero por suerte yo también soy corredor. —De puro orgullo propinó a Karl un golpe violento en la espalda—. De vez en cuando una carrera semejante con la policía es un buen ejercicio.

—Ya estaba cansado al empezar a correr —dijo Karl.

—No hay excusas que valgan; no sabes correr —dijo Delamarche—. Si no fuera por mí hace ya rato que te hubieran apresado.

—También lo creo así —dijo Karl—. Le estoy agradecido.

—Sin duda —dijo Delamarche.

Recorrieron un pasillo largo y estrecho, con suelo de piedras oscuras, lisas. De vez en cuando veíase a derecha e izquierda el nacimiento de alguna escalera, o bien surgía la perspectiva de otro pasillo más largo. Apenas se divisaba alguna persona mayor; sólo había chicos que jugaban en las escaleras desiertas. En una barandilla se apoyaba una chiquilla que lloraba tanto que tenía todo el rostro húmedo y brillante. Apenas hubo visto a Delamarche se escapó escaleras arriba, boquiabierta y jadeante; se calmó sólo cuando estuvo bien arriba y cuando después de darse vuelta varias veces se hubo convencido de que nadie la perseguía ni quería perseguirla.

—A ésta la tiré hace un rato al suelo al correr —dijo Delamarche, riendo y amenazándola con el puño; por lo cual ella, dando gritos, siguió corriendo escaleras arriba.

También los patios que cruzaban estaban casi todos desiertos. Sólo aquí o allá un mozo de comercio empujaba una carretilla de dos ruedas, una mujer llenaba una jarra con el agua que extraía con una bomba, un cartero atravesaba el patio a paso lento, un viejo con gran bigote blanco estaba sentado cruzado de piernas ante una puerta de vidrio y fumaba una pipa. Delante de una compañía de transportes bajaban cajones y los caballos, sin hacer nada, mecían las cabezas con indiferencia; un hombre de delantal, con un papel en la mano, observaba todo el trabajo; en una oficina se veía a través de la ventana abierta a un empleado sentado delante de su escritorio; tenía apartada la vista del mismo y miraba pensativo hacia la calle, por donde en ese preciso instante pasaban Karl y Delamarche.

—No es posible un barrio más tranquilo —dijo Delamarche—; por la noche hay mucho alboroto durante algunas horas, pero durante el día las cosas transcurren de una manera ejemplar.

Karl afirmaba con la cabeza; le parecía demasiado grande aquella tranquilidad.

—No podría vivir en otra parte —dijo Delamarche— pues Brunelda no desea escuchar ningún ruido, absolutamente ninguno. ¿Sabes quién es Brunelda? Pues ya la verás, en todo caso te encarezco que te conduzcas lo más silenciosamente que te sea posible.

Cuando arribaron a la escalera que conducía a la casa de Delamarche, el automóvil ya se había ido y el jovencito de la nariz carcomida, sin que lo asombrara en manera alguna la vuelta de Karl, anunció que él había cargado con Robinson y lo había subido por la escalera. Delamarche no hizo más que asentir con la cabeza, como si el jovencito fuese su sirviente y no hubiera hecho otra cosa que cumplir con su deber, y llevó consigo escaleras arriba a Karl, que vaciló un poco mirando hacia la calle que refulgía al sol.

—Ya estamos arriba —dijo Delamarche varias veces mientras ascendían por la escalera, pero su profecía no se cumplía en absoluto, pues siempre había un tramo más que subía alterando sólo imperceptiblemente la dirección.

Una vez hasta se paró Karl, en verdad no tanto por el cansancio como por el sentirse desarmado frente a tan larga extensión de escalera.

—El departamento está ubicado muy alto, es cierto —dijo Delamarche cuando siguieron la marcha—; pero esto también tiene sus ventajas. Sale uno muy poco y se queda todo el día en bata; llevamos, pues, una vida muy tranquila. Naturalmente, como hay que subir hasta semejante altura tampoco tenemos visitas.

«¿De dónde habrían de venir las visitas?», pensó Karl. Al fin, en uno de los rellanos de la escalera y ante la puerta cerrada de un departamento, apareció Robinson, y ahora verdaderamente habían llegado. La escalera ni siquiera había terminado, continuaba perdiéndose a través de la penumbra y nada hacía que pareciera señalar su propio fin.

—Ya sabía —dijo Robinson en voz baja, como si todavía lo abatieran las dolencias— que Delamarche traería a Rossmann, ¡qué sería de ti sin Delamarche!

Robinson estaba de pie, en ropa interior y sólo trataba en lo posible envolverse en la manta que le habían dado en el Hotel Occidental. No se podía entender por qué no entraba en la casa en vez de estar expuesto al ridículo, ante la gente que, tal vez, podía pasar.

—¿Está ella durmiendo? —preguntó Delamarche.

—Creo que no —dijo Robinson—, pero he preferido esperar hasta que tú vinieras.

—Primero debemos ver si está durmiendo —dijo Delamarche mirando por el ojo de la cerradura. Después de haber espiado largo rato, se incorporó y dijo—: No se la ve bien; está cerrada la persiana. La veo sentada en el sofá, pero es posible que esté durmiendo.

—Pero, ¿está enferma? —preguntó Karl, pues Delamarche se estaba quieto como si necesitara consejo. Pero ahora éste a su vez, y en tono rudo preguntó:

—¿Enferma ésa?

—Es que él no la conoce —dijo Robinson excusándole.

Unas puertas más allá se habían asomado al pasillo dos

mujeres; se secaban las manos con sus delantales, miraban a Delamarche y a Robinson, y parecía que hablaban de ellos. De una de las puertas salió una muchacha, una muchacha muy joven todavía, de brillante cabellera rubia y se apretó entre las dos señoras, colgándose de sus brazos.

—¡Qué mujeres repulsivas! —dijo Delamarche en voz baja, sin duda sólo por consideración a Brunelda, quien dormía—. Alguno de estos días las denunciaré a la policía y así me van a dejar tranquilo durante años. No las mires —dijo luego siseando a Karl, quien creía que no era malo mirar a las mujeres, ya que de todos modos había que esperar en el pasillo el despertar de Brunelda.

Karl movió la cabeza molesto, como diciendo que él no tenía por qué aceptar reprimendas de Delamarche y para hacerlo ver más decididamente, quiso acercarse a las mujeres, pero entonces Robinson dijo: «¡Cuidado, Rossmann!», y lo agarró por la manga.

Delamarche, enojado por Karl, se puso muy furioso ante una sonora carcajada de la muchacha y con gran impulso y agitando brazos y piernas salió corriendo hacia las mujeres. Éstas, como llevadas por el diablo, desaparecieron cada una por su puerta.

—Así tengo que desalojar a menudo los pasillos —dijo Delamarche regresando con paso lento; entonces se acordó de la resistencia de Karl y dijo—: Y de tu parte espero una conducta distinta, ¡sino vas a saber quién soy yo!

Y en ese momento, una voz llamó desde el otro cuarto, en un tono suave y cansado:

—¿Delamarche?

—Sí —respondió éste mirando embobado hacia la puerta—, ¿podemos pasar?

—¡Oh, sí! —se escuchó entonces.

Delamarche, después de haber envuelto con una mirada a los dos que esperaban tras él, abrió poco a poco la puerta.

Entraron en una total oscuridad. La cortina de la puerta del balcón —ventana no había ninguna— llegaba hasta el suelo y era bastante opaca, pero además, contribuía mucho al oscurecimiento del cuarto el hecho de que estuviera repleto de muebles y de ropas colgadas y desordenadas. La atmósfera era asfixiante y, realmente, se olía el polvo, amontonado en los rincones manifiestamente inaccesibles a mano alguna. Lo primero que notó Karl al entrar fueron tres armarios colocados uno tras otro, sin interrupción.

En el sofá, acostada, estaba la mujer que antes se había asomado desde el balcón. Su vestido rojo se le había torcido un poco por abajo y formando una punta larga colgaba hasta el suelo; por el otro lado mostraba las piernas casi hasta las rodillas; tenía medias de lana, gruesas y blancas, sin zapatos.

—¡Qué calor, Delamarche! —dijo; alejó la cara de la pared y dejó la mano negligentemente en suspenso, tendiéndosela a Delamarche. Éste la tomó y la besó.

Karl sólo prestaba atención a la papada de la mujer que, al mover la cabeza, rodaba con ella.

—¿No quieres que haga levantar la cortina? —preguntó Delamarche.

—No; eso no —dijo con los ojos entornados y como desesperada—; así empeoraría más aún.

Karl se aproximó al pie del sofá para observar mejor a aquella mujer; le asombraban sus quejas, pues el calor no era demasiado.

—Espera, voy a hacer que estés un poco más cómoda —dijo Delamarche.

Le desabrochó unos botones cerca del cuello y abrió el vestido de manera que quedaron libres el cuello y el nacimiento del pecho; apareció también la puntilla, delicada y amarillenta, de la blusa.

—¿Quién es este muchacho? —dijo de improviso la mujer señalando con el dedo a Karl—; ¿por qué me mira así?

—¡Tú mira que hay que hacer por allí! —dijo Delamarche empujando a Karl a un lado, y tranquilizó a la mujer con estas palabras—: Es sólo el joven que he traído para que te atienda.

—¡Pero si yo no quiero a nadie! —exclamó—. ¿Por qué traes gente extraña a mi casa?

—Pero si siempre habías querido tener a alguien para tu servicio —dijo Delamarche agachándose, pues en el sofá, aunque era muy ancho, no quedaba el más mínimo espacio junto a Brunelda.

—¡Ay, Delamarche! —dijo ella—: tú no me comprendes y no me comprendes.

—Pero entonces realmente no te comprendo —dijo Delamarche y tomó entre sus manos el rostro de ella—, pero no ha pasado nada. Si tú lo quieres se irá al instante.

—Ya que está, que se quede, pues —dijo ella.

Karl, por su cansancio, agradeció tanto estas palabras que tal vez no eran siquiera atentas, que —pensando siempre en aquella escalera interminable que tal vez tuviera que bajar de nuevo— pasó por arriba de Robinson, que dormía plácidamente sobre su manta, y, a pesar de todo ese enojoso agitar de manos de Delamarche, dijo:

—Le agradezco de todos modos que me deje quedarme aquí. Hace unas veinticuatro horas que no duermo, a pesar de haber trabajado mucho y tenido varios disgustos. Estoy horriblemente cansado. Ni siquiera sé bien dónde estoy. Pero cuando haya descansado unas horas, me iré sin molestar más.

—Puedes quedarte tranquilamente —dijo la señora; y con ironía, agregó—: Como ves, tenemos lugar de sobra.

—Tienes que irte, entonces —dijo Delamarche—: no podemos darte trabajo.

—No, no, puede quedarse —dijo la señora, ahora ya seriamente.

Y Delamarche, como expresando ese deseo, le dijo a Karl:

—Bueno, pues, acuéstate entonces en alguna parte.

—Puede dormir sobre las cortinas, pero que se saque los zapatos para no romper nada.

Delamarche mostró a Karl el lugar donde debía dormir. Entre la puerta y los tres armarios había gran cantidad de las más diversas cortinas de ventana. Si se hubieran doblado todas juntas, si se hubieran colocado abajo las más pesadas y arriba las más livianas y si, por último se hubieran quitado las diversas tablas y aros de madera metidos en el montón, aquel conjunto se hubiera convertido en una cómoda cama; pero así como estaba no era otra cosa que una masa oscilante en la cual se escurría uno.

Sin embargo, Karl se acomodó inmediatamente, pues estaba muy cansado y no podía hacer preparativos especiales para dormir y debía, además, tener cuidado de no causar allí demasiadas molestias en atención a sus huéspedes.

Ya estaba casi profundamente dormido cuando se oyó un fuerte grito; se incorporó y vio a Brunelda, erguida, sentada en el sofá; extendía los brazos en amplio movimiento y rodeaba con ellos a Delamarche, que seguía agachado ante ella. Karl, lastimosamente impresionado por el espectáculo se acostó nuevamente y se hundió a fin de seguir durmiendo. Le parecía, sin duda, que no aguantaría allí ni dos días, pero tenía necesidad de dormir primero debidamente, para poder después tomar las decisiones del caso con claridad, prontitud y precisión.

Pero Brunelda, sin comprender la expresión de los ojos de Karl, muy abiertos por el cansancio, exclamó:

—Delamarche, no puedo más, del calor estoy ardiendo, tengo que desvestirme, y bañarme; ¡manda a esos dos afuera, afuera de la habitación, a donde quieras: al pasillo, al balcón, pero no los quiero volver a ver! Una está en su propia casa y la molestan continuamente... ¡Si estuviera a solas contigo, Delamarche! ¡Ay Dios mío, todavía continúan aquí! Cómo se despereza ese sinvergüenza de Robinson, en ropa interior en presencia de una señora. Y este muchacho raro, hace un momento me miró como un salvaje, y ahora, ¡cómo ha vuelto a acostarse para engañarme! Échalos Delamarche, pronto; siento como una carga, me pesan sobre el pecho y si ahora muero será por su culpa.

—Enseguida los mandaré fuera; puedes ir desvistiéndote —dijo Delamarche. Se acercó a Robinson y poniéndole un pie sobre el pecho comenzó a sacudirlo. Al mismo tiempo increpó a Karl—: ¡Rossmann, levántate! ¡Fuera los dos al balcón! ¡Y ay de ustedes si entran antes de que se los llame! Vamos pronto, Robinson. —Sacudía a Robinson con mucha fuerza—. Y tú, Rossmann, cuidado de que no te caiga encima a ti también. —Y dos veces palmoteó ruidosamente las manos.

—¡Cuánto tardan! —exclamó Brunelda desde el sofá. Mantenía, muy separadas las piernas, para proporcionar así mayor lugar a su cuerpo excesivamente obeso; y sólo con mucho esfuerzo y múltiples intentos y descansando con frecuencia, pudo asirse las medias por arriba y bajárselas un poco, pero no podía desnudarse del todo; eso tenía que hacerlo Delamarche, y ella lo esperaba con impaciencia.

Totalmente atolondrado por el cansancio, dejó Karl el montón de cortinas, escurriéndose hasta el suelo y encaminándose lentamente a la puerta del balcón; un pedazo de tela de cortina se le había enredado en el pie y fue arrastrándolo sin fijarse en él. Tan distraído estaba que al pasar frente a Brunelda le dijo:

—Le deseo muy buenas noches.

Luego pasó junto a Delamarche, quien apartó ligeramente la cortina de la puerta, y siguió caminando hasta llegar al balcón.

Detrás de Karl fue Robinson, sin duda no menos necesitado de sueño, pues caminaba gruñendo:

—Siempre lo tratan mal a uno —dijo—; si no viene también Brunelda, yo no salgo al balcón.

Pero a pesar de esta afirmación salió sin la menor resistencia y, ya afuera, dado que Karl se había desplomado en el sillón, se durmió en el acto sobre el suelo de baldosas.

Cuando Karl despertó ya era de noche y brillaban las estrellas en el cielo, y tras las altas casas de enfrente ascendía el claro de luna. Sólo después de mirar unas cuantas veces alrededor, para orientarse en aquel lugar desconocido, y después de respirar unas cuantas veces el fresco aire cobró Karl conciencia del lugar en que se encontraba.

Qué imprudente había sido, cómo no había escuchado todos los consejos de la cocinera principal, las advertencias de Therese, sus propios temores, ¡y estaba sentado tranquilamente en el balcón de Delamarche, su gran enemigo!

En el suelo se retorcía aquel haragán de Robinson, quien zamarreaba a Karl por un pie y parecía que, sin duda, así lo había despertado, ya que estaba diciendo:

—¡Qué manera de dormir Rossmann! ¡Lo que es la juventud despreocupada! ¿Es que piensas seguir durmiendo? Yo te hubiera dejado dormir por un rato más, pero, en primer término, estoy aburriéndome mucho aquí en el suelo, y, en segundo término, tengo mucho apetito. Levántate un poco, te lo suplico; debajo del sillón he guardado algunas cosas para comer y querría sacarlas; también te daré algo.

Y Karl, habiéndose incorporado, se quedó mirando cómo Robinson se aproximaba, sin ponerse de pie, arrastrándose sobre el vientre, y cómo sacaba de abajo del sillón, con las manos extendidas, una bandeja plateada, parecida a esas que sirven para presentar tarjetas de visita. Sobre la bandeja había medio salchichón negro, algunos cigarrillos, una lata de sardinas bastante llena aún, en donde el aceite rebosaba, y algunos bombones, en su mayor parte apretados, que formaban una pelota. Había además un gran pedazo de pan y un frasco parecido a los de perfume que, sin embargo, parecía contener algo muy distinto, pues Robinson lo señaló con especial satisfacción y, pasándose la lengua por los labios, envió a Karl un chasquido con la lengua.

—¿Lo ves, Rossmann? —dijo Robinson mientras engullía sardina tras sardina y se limpiaba las manos del aceite, de vez en cuando, con un trapo de lana que por lo visto Brunelda había dejado en el balcón—. ¿Lo ves Rossmann? Aquí tiene uno que esconder su comida si no quiere morirse de hambre. Sabes chico, me han hecho a un lado. Y si lo tratan a uno como a un perro, al fin te convences de que lo eres de veras. Suerte que estás aquí Rossmann; al menos puedo conversar con alguien, pues en esta casa nadie conversa conmigo. Nos odiamos, y todo por esa Brunelda. Ella, claro está, es una hembra magnífica. Escucha —y le hizo señas a Karl a fin de que se arrodillara para murmurarle luego al oído—: Una vez la he visto desnuda. ¡Oh! —Y recordando ese placer se puso a estrujar y a golpear las piernas de Karl, hasta que éste, agarrándole las manos y rechazándolas, exclamó:

—Robinson, ¡pero estás loco!

—Es que tú eres muy joven todavía, Rossmann —dijo Robinson, y sacó un puñal que llevaba atado a un cordón que hacía de collar, le quitó la funda y cortó con él el duro salchichón—. Tienes que aprender muchas cosas aún. Pero aquí has llegado a una fuente de conocimientos. Siéntate, pues. ¿No quieres comer algo tú también? Puede ser que si me ves comer se te abra el apetito. ¿Y no quieres beber algo? Ya veo que no quieres nada, pero nada. Y tampoco hablas mucho. Pero da lo mismo quedarme en el balcón con quien sea, con tal de que haya alguien. Porque paso mucho tiempo en el balcón, ¿sabes? Esto divierte bastante a Brunelda porque cualquier cosa que se le ocurre, ya tenga frío o calor, o desee dormir, ya quiera peinarse, o aflojarse el corsé, o ponérselo, a mí me dicen siempre que vaya al balcón. Algunas veces ella realmente hace lo que dice, pero la mayoría de las veces se queda acostada igual que antes en el sofá y no se mueve. Antes abría a menudo la cortina un poco, así, y espiaba; pero desde que, en cierta ocasión, Delamarche me pegó —sé perfectamente que él no quería pegarme, que lo hizo sólo accediendo a los ruegos de Brunelda—, desde que me pegó, pues, unos cuantos latigazos en la cara, ¿ves las marcas?, ya no me atrevo a espiar. Por eso permanezco aquí acostado en el balcón y no tengo más gusto que la comida. Anteayer por la noche estaba aquí, solo; entonces vestía todavía mi ropa elegante, la que por desgracia me quitaron en tu hotel —esos perros, ¡le arrancan a uno del cuerpo ropas tan caras!—, estaba acostado, entonces aquí tan solo, me quedé mirando hacia la calle a través del balcón y sentí una tristeza tan grande por todo que me puse a llorar. Y entonces, por casualidad, sin que me diera cuenta, salió Brunelda del cuarto y vino a verme, con su vestido rojo —es de todos, sin duda el que mejor le sienta—, y se quedó mirándome un rato y al fin dijo: «Robinson, ¿por qué sollozas?» Luego, levantó su vestido y con el borde me secó las lágrimas. Quién sabe qué más habría hecho, si no la hubiera llamado Delamarche, si no hubiera tenido ella que entrar rápidamente en el cuarto. Como es natural, creía que había llegado mi hora y, a través de la cortina, pregunté si ya podía entrar en la habitación y, ¿qué crees tú que me dijo Brunelda? «¡No!» dijo y «¿Cómo se te ocurre?».

—Y, ¿por qué, si te tratan tan mal, te quedas aquí? —preguntó Karl.

—Perdona Rossmann, pero tu pregunta no es nada inteligente —repuso Robinson—. Ya te quedarás también, así te traten peor aún. Por otra parte, no me puedo quejar tanto.

—No —dijo Karl—; sin duda me voy y, de ser posible, esta misma noche. No me quedo con ustedes.

—Y, ¿cómo, por ejemplo, harás para marcharte esta noche? —preguntó Robinson, que había sacado la miga de su pan y la untaba, cuidadosamente, en el aceite de la lata de sardinas—. ¿Cómo quieres irte si ni siquiera puedes volver al cuarto?

—¿Y por qué no podemos volver?

—No, mientras no suene la campanilla, no podemos volver —dijo Robinson abriendo la boca lo más que podía para engullir el grasiento pan y recogiendo a la vez en una de sus manos, el aceite que caía del mismo a fin de mojar de tiempo en tiempo el pan que aún le quedaba en su mano ahuecada que servía de vasija—. Aquí todo se ha vuelto más rígido. Primero había sólo una cortina más delgada, que aunque no se podía ver a través de ella, por la noche, sin embargo, se distinguían las sombras. Pero esto le desagradaba a Brunelda, entonces tuve que hacer una cortina con una de sus capas de teatro y colgarla en lugar de la vieja cortina. Ahora ya no se puede ver nada. Antes solía preguntar siempre si ya se podía entrar y, según las circunstancias, me contestaban sí o no, pero sin duda aprovechaba esto y preguntaba con demasiada frecuencia. Brunelda no podía tolerarlo. Ella, a pesar de su gordura, es muy débil, a menudo le duele la cabeza y casi siempre tiene gota en las piernas. Por eso para que no volviera a preguntar dispuso que, en caso de poder entrar, oprimirían el botón de la campanilla de la mesa. Suena muy fuerte, tanto que hasta me despierta cuando duermo. Una vez tuve un gato, para entretenerme; se fue del susto al oír esta campanilla y no ha vuelto más; bien pues, hoy no tocó aún porque cuando suena no sólo puedo, sino que en realidad tengo que entrar, y si esta vez no ha llamado en tanto tiempo, puede tardar muchísimo más aún.

—Sí —dijo Karl—, pero no veo la razón para que lo que es válido para ti lo sea también para mí. Y por supuesto, una cosa semejante sólo tiene valor para quien la tolera.

—Pero —exclamó Robinson—, ¿por qué no habría de tener valor también para ti? Es, sin duda, válida también para ti. Espera tranquilamente aquí conmigo hasta que toquen la campanilla. Y luego puedes ver si puedes irte.

—¿Por qué, realmente, no te vas también de aquí? ¿Es sólo porque Delamarche es, o más bien era, tu amigo? ¿Y es esto vivir acaso? ¿No sería mejor estar ahora en Butterford, a donde deseabas ir primero? ¿O mejor todavía en California, donde tienes conocidos?

—Sí —dijo Robinson—, nadie podía predecir esto. —Antes de seguir relatando alcanzó a decir todavía—: A tu salud, querido Rossmann. —Y bebió un trago largo del contenido del frasco de perfume—. Pues en aquel momento, cuando tan vilmente nos dejaste, nuestra situación era pésima. En los primeros días no fue posible obtener trabajo. Por otra parte, Delamarche no tenía ganas de trabajar, pues si lo hubiese querido habría conseguido trabajo; me enviaba siempre a mí a buscar algo, y yo no tengo suerte. Él no hizo más que ir merodeando por aquí y por allá, pero ya casi era de noche y sólo había obtenido un monedero de mujer. Era de perlas y, realmente, muy lindo; se lo regaló a Brunelda, pero adentro no había casi nada. Luego dijo que fuéramos a pedir limosna por las casas; esto, sin duda, da oportunidad de encontrar muchas cosas útiles, así que fuimos a mendigar, y yo, para guardar mejor las apariencias, cantaba delante de las puertas de las casas. Y teniendo suerte Delamarche, como siempre la tiene, apenas nos detuvimos en la segunda casa, un apartamento muy rico en la planta baja, y en la puerta le cantamos algo a la cocinera y al criado, arribó la señora dueña de la casa, Brunelda, que subía la escalera. Tal vez iba muy ceñida y no podía subir por eso aquellos pocos escalones. ¡Qué hermoso aspecto tenía, Rossmann! Llevaba un vestido blanquísimo y una sombrilla roja. Estaba para comérsela. Estaba como para bebérsela toda. ¡Dios mío, Dios mío, qué hermosa estaba! ¡Qué mujer! Dime, por lo qué más quieras, ¿cómo es posible que exista una mujer así? La cocinera y el sirviente corrieron en seguida a su encuentro y, por supuesto, casi la subieron llevándola en volandas. Nosotros nos quedamos sin movernos, a derecha y a izquierda de la puerta, e hicimos un saludo cortés, como se usa aquí. Ella se paró un rato, porque aún no tenía bastante aliento, ahora bien, no sé cómo pasó eso en verdad; el padecer hambre tanto tiempo me había trastornado y además, de cerca estaba más linda aún y muy ancha y maciza por todas partes, como consecuencia de un corsé especial, puedo enseñártelo después, está en el armario. En pocas palabras la rocé un poquito por detrás, pero sólo muy ligeramente, ¿sabes?, sólo la rocé así. Sin duda no puede permitirse que un mendigo roce a una rica señora. Por cierto, esto casi no era rozar siquiera, ¡pero por otra parte y a pesar de todo era, sin embargo, tocar. ¡Quién sabe qué fatales consecuencias hubiera tenido esto si Delamarche no me hubiera dado, acto seguido, una cachetada, y una cachetada de tal estilo que necesité en seguida de mis dos manos, porque las reclamaban mis mejillas!

—¡Las cosas qué hiciste! —dijo Karl, sentándose en el suelo apesadumbrado por aquella historia—. ¿Y era Brunelda?

—Sí —dijo Robinson—; era Brunelda.

—Pero, ¿no dijiste que es cantante? —preguntó Karl.

—Sin duda que es cantante, y una gran cantante —replicó Robinson, que estaba saboreando una gran masa de bombones y que, de vez en cuando, apretaba con el dedo algún pedazo que había empujado fuera de la boca, obligándolo de ese modo a tragarlo—. Pero, naturalmente, entonces no lo sabíamos aún; sólo que era una señora muy rica y distinguida. Ella hizo como si nada hubiese pasado y tal vez ni siquiera se hubiera dado cuenta de nada, pues realmente sólo la había tocado con la punta de los dedos. Pero se quedó observando a Delamarche sin sacarle los ojos de encima, y éste —como acostumbraba siempre en todas las cosas— le devolvió esa mirada, clavándole a su vez la vista. Después de lo cual, ella balbuceó: «Ven», e indicó con la sombrilla el apartamento abierto, dando a entender con ello que Delamarche entrara primero. Luego pasaron los dos y la servidumbre cerró la puerta tras ellos. A mí me dejaron afuera y entonces creí que tanto no iba a durar el asunto y me senté en la escalera para esperarle. Pero en lugar de Delamarche salió un criado y me dio un plato lleno de sopa. «Una atención de Delamarche», me dije. El criado permaneció un rato de pie, a mi lado, y contó algunas cosas sobre Brunelda; entonces entendí la importancia que podía tener para nosotros ese encuentro con Brunelda. ¡Porque Brunelda era una mujer separada, tenía una gran fortuna y vivía con una independencia absoluta! Su ex marido tenía una fábrica de chocolate y seguía por cierto, amándola; pero ella no deseaba trato alguno con él. Iba él muy a menudo al apartamento, muy bien vestido siempre, como si fuera a un casamiento —todo esto es cierto palabra por palabra porque lo he visto yo mismo—, pero el criado, por grande que fuera la propina, no se atrevía a preguntar a Brunelda si ella quería recibirlo, pues varias veces se lo había preguntado y, todas las veces, Brunelda le había tirado a la cara lo que tenía a mano. Cierta vez hasta le arrojó la bolsa de agua caliente y en esa oportunidad le sacó un diente de abajo. Sí, Rossmann ¡estás abriendo la boca ahora!

—Y, ¿cómo has visto tú al marido? —preguntó Karl.

—Algunas veces sube también hasta aquí —dijo Robinson.

—¿Aquí arriba? —tan asombrado estaba Karl que dio un ligero golpe en el suelo.

—Asómbrate, pues —continuó Robinson—: yo mismo también me quedé sorprendido cuando me lo contó en una oportunidad el criado. Verás, cuando Brunelda estaba ausente, el hombre se hacía llevar a sus habitaciones por el sirviente y se llevaba siempre alguna chuchería de recuerdo; y, en cambio, dejaba siempre algún objeto muy caro y fino para Brunelda; al sirviente le prohibía severamente decir quién lo dejaba. Pero una vez, cuando había dejado algo de porcelana —según decía el criado y lo creo—, algo realmente muy caro, Brunelda debe de haberlo reconocido de algún modo; lo tiró al suelo inmediatamente y lo pisoteó y escupió encima e hizo otras cosas más, de tal modo que el criado apenas pudo llevárselo de allí, tal era el asco que le daba.

—Pero, ¿qué le hizo su ex marido a ella? —preguntó Karl.

—En verdad, lo ignoro —dijo Robinson—; tengo entendido que nada especial. Él mismo, por lo menos, no lo sabe, pues he conversado con él más de una vez sobre el asunto. Me espera diariamente allí, en aquella esquina; si voy, tengo que decirle las novedades; si no puedo ir, espera media hora y luego se va. Para mí constituía una buena ganancia suplementaria, pues pagaba esos datos muy bien; pero desde que Delamarche se enteró del negocio, tengo que darle todo, y por eso ahora voy allí con menos frecuencia.

—Pero, ¿qué desea el hombre? —preguntó Karl—. ¿Qué es lo que quiere? Ya ve, pues, que ella no quiere nada con él.

—Sí —suspiró Robinson. Encendió un cigarrillo y entre grandes movimientos de su brazo, iba exhalando el humo. Pero luego pareció cambiar de parecer y dijo—: ¿Qué me importa eso? Lo único que sé es que él daría mucho dinero para que le dejaran estar aquí, en el balcón, acostado con nosotros.

Karl se levantó, se apoyó en el borde del balcón y miró hacia abajo, hacia la calle. La luna ya había aparecido, pero aún no alumbraba hasta el fondo de la calle. Esa calle siempre desierta durante el día, estaba llena de gente, en especial delante de las puertas principales de las viviendas; todos estaban en movimiento, era un ir y venir lento, torpe; podían verse débilmente en la oscuridad las camisas de los varones y los vestidos claros de las mujeres, y todos andaban sin sombrero.

Todos los balcones de los alrededores estaban ahora con gente; allí se reunían las familias a la luz de una lamparilla eléctrica y, de acuerdo con el tamaño del balcón, estaban o bien sentadas en torno de una mesita, o simplemente en sillas situadas en filas, o al menos, asomaban las cabezas de los cuartos. Los hombres se sentaban con las piernas muy abiertas, sacando los pies fuera de las barandas, y leían diarios que casi llegaban hasta el suelo y jugaban a las cartas, en apariencia taciturnos, pero dando fuertes golpes en las mesas. Las mujeres tenían las faldas llenas de costura y sólo de vez en cuando dirigían una breve mirada a su alrededor o para la calle.

Una dama rubia, y con aspecto débil, bostezaba sin cesar en el balcón vecino y a cada rato ponía los ojos en blanco; levantaba, a cada bostezo, una pieza de la ropa que estaba remendando, para taparse la boca. Aun en los balcones más chicos se arreglaban los niños para correr y perseguirse mutuamente, lo que no gustaba a los padres.

Adentro de muchas habitaciones había fonógrafos que emitían música de canto u orquesta, pero nadie se preocupaba por esa música; sólo de vez en cuando el padre de la familia hacía una seña, y alguien entraba corriendo en la pieza para poner otro disco. En muchas ventanas había parejas de amantes completamente quietos; en una de las ventanas, enfrente mismo de Karl, había una de esas parejas, el joven rodeaba con su brazo a la joven y oprimía con la mano su pecho.

—¿Conoces a alguien de los que viven al lado? —preguntó Karl a Robinson, quien ahora también se había puesto de pie, después de arroparse, ya que estaba temblando de frío, en la manta de Brunelda que había agregado a la que ya tenía.

—Casi a nadie; precisamente eso es lo malo de mi situación —dijo Robinson, y atrajo hacia sí a Karl, para poder murmurarle al oído—; de otro modo, no tendría en verdad de qué quejarme por ahora. Ya ves que Brunelda ha vendido por Delamarche todo lo que poseía y se ha mudado aquí con todas sus riquezas, a esta casa de suburbio, sólo para poder vivir por entero con él y para que nadie los moleste. Por otra parte esto quería también Delamarche.

—¿Y ha echado a la servidumbre? —preguntó Karl.

—Exactamente —dijo Robinson—, ¿dónde quieres que viva en este lugar la servidumbre? Esos criados son unos señores muy exigentes. Un día, en el hogar de Brunelda, Delamarche echó a uno de esos sirvientes de la habitación, lo echó a bofetadas; le daba una tras otra, hasta que el hombre salió. Claro que los otros criados se unieron a él y armaron un gran escándalo delante de la puerta y entonces salió Delamarche —yo no era entonces criado, sino amigo de la casa, pero convivía, sin embargo, con ellos— y preguntó: «¿Qué queréis?» El más viejo de los criados, un tal Isidor respondió: «Usted nada tiene que decirnos; nuestra ama es la señora». Como has de saber, sin duda ellos estimaban muchísimo a Brunelda. Pero Brunelda, sin hacerles caso, corrió hasta Delamarche —en esa época no estaba todavía tan gorda como ahora—, lo abrazó y besó delante de todos, llamándolo «amadísimo Delamarche». «Saca de aquí de una vez a estos monos», dijo finalmente. Lo de monos era por los criados; imagínate las caras que pusieron. Luego atrajo Brunelda la mano de Delamarche hacia la cartera que llevaba en el cinturón; Delamarche metió la mano y empezó, pues, a pagar las cuentas de los criados. La única participación de Brunelda en ese pago fue estar de pie con la cartera abierta que colgaba de su cinturón. Varias veces tuvo Delamarche que meter la mano allí, pues repartía el dinero sin contarlo y sin examinar las pretensiones. Por último dijo: «Puesto que no queréis conversar conmigo, os digo en nombre de Brunelda que os larguéis inmediatamente». Así fueron despedidos. Hubo luego algunos pleitos aún; Delamarche hasta tuvo que comparecer una vez ante la justicia, pero de eso no sé bien qué pasó. Sólo sé que en seguida de haber echado a los criados le dijo a Brunelda: «Y ahora, ¿te quedas sin servidumbre?» Ella dijo: «Pero si está Robinson». Por lo tanto me dio Delamarche una palmada en la espalda y me dijo: «Bueno, tú serás nuestro criado», y Brunelda me dio luego unas palmaditas en la cara. Si hay oportunidad Rossmann, permite que alguna vez también te palmotee la mejilla; quedarás maravillado de lo agradable que es.

—¿De manera que te convertiste en criado de Delamarche? —dijo Karl resumiendo.

Robinson notó el tono de compasión de esta pregunta y contestó:

—Sí, soy un criado; pero casi nadie se da cuenta de ello. Ya lo ves, tú mismo no lo sabías, y eso que hace ya un buen rato que estás con nosotros. Ya has podido observar cómo estaba vestido cuando fui al hotel. Llevaba puesto lo mejor y lo más fino. ¿Se visten acaso así los criados? Sólo que el problema es que yo no puedo salir a menudo; necesitan tenerme cerca, pues en la casa hay siempre algo que hacer. Es que un solo criado no puede cumplir tanto trabajo. Como tal vez lo habrás notado, tenemos muchísimas cosas sin arreglar en la habitación; lo que no pudimos vender con motivo de la gran mudanza, lo hemos traído. Por cierto que hay muchos objetos que hubieran podido darse, pero Brunelda no regala nada. Imagínate el trabajo que dio subir por la escalera hasta aquí todos esos muebles y objetos.

—Robinson, ¿tú has subido todo eso? —preguntó Karl.

—¿Y quién sino yo? —dijo Robinson—. Había también un ayudante, pero muy holgazán; tuve que hacer la mayor parte de la mudanza yo solo. Brunelda se quedó junto al carro; Delamarche dirigía arriba dónde había que colocar los muebles y yo andaba constantemente yendo y viniendo. Nos llevó dos días; muchísimo tiempo, ¿no es verdad?, pero ni siquiera sabes cuántas cosas hay en esta habitación. Todos los armarios están llenos y detrás de ellos está todo repleto de objetos hasta el techo. Si hubieran trabajado unas cuantas personas para la mudanza bien pronto todo habría estado listo, pero Brunelda no quería que nadie lo hiciera más que yo. Estaba eso muy bien, pero en esa oportunidad me estropeé la salud para toda la vida, y, ¿qué otra cosa tenía además de mi salud? Ahora al menor esfuerzo que hago siento dolores aquí, aquí y aquí. ¿Crees acaso que esos muchachos del hotel, esos renacuajos, pues? ¿qué otra cosa son?, ¿hubieran podido vencerme alguna vez si yo hubiera estado bien de salud? Pero tenga lo que tenga, a Delamarche y a Brunelda no les contaré nada, trabajaré mientras pueda y cuando ya no pueda más me echaré para morir, y sólo en ese momento, demasiado tarde, verán que he estado enfermo y que, sin embargo continué trabajando sin cesar, y que a su servicio me he matado trabajando. ¡Ay, Rossmann! —dijo por último y se secó las lágrimas de los ojos con la manga de la camisa de Karl. Después de un instante dijo—: ¿No sientes frío? Te quedas allí, en camisa.

—Anda, Robinson —dijo Karl—, a cada momento estás llorando. No creo que estés tan enfermo. Tienes la apariencia de un hombre bastante sano, pero como estás siempre aquí, echado en el balcón, te imaginas muchas cosas y nada más. Quizá sientas a veces un dolor en el pecho, eso me pasa a mí también, y a cualquiera. Si todos los hombres lloraran como tú por cualquier cosa sin importancia, tendrían que llorar los que están en los balcones.

—Yo sé bien lo que tengo —dijo Robinson que se restregaba los ojos con el borde de su colcha—. El estudiante que vive aquí al lado, con esa mujer que subalquila la casa y que antes cocinaba también para nosotros, me dijo hace unos días, al llevar yo de vuelta la vajilla: «Oiga usted Robinson, ¿no está usted enfermo?». A mí no me dejan hablar con esa gente, así que no hice más que dejar la vajilla y quise marcharme. Pero entonces él se me acercó y dijo: «Escuche, hombre, no lleve usted las cosas a tal extremo; usted está enfermo». «Y bien, ¿qué debo hacer?, se lo ruego», pregunté. «Ese es su problema», dijo él, y me volvió la espalda. Los otros que estaban con él sentados a la mesa se echaron a reír. Es que tenemos aquí enemigos de todas partes y por eso me retiré; era mejor.

—De manera que a la gente que se divierte contigo la crees y a la gente que quiere tu bien no la crees.

—Pero soy yo quien tiene que saber cómo me siento —se encrespó Robinson; y en seguida volvió a llorar.

—Es el caso que eres tú precisamente el que no sabe lo que tiene. Deberías de buscarte algún otro trabajo, en lugar de seguir aquí como un criado de Delamarche. Pues, por cuanto puedo ver según tus relatos y de acuerdo a lo que yo mismo he visto, lo de aquí no es servicio, es esclavitud. Ningún hombre podría continuar así, ya lo creo. Y tú, en cambio, piensas que por ser amigo de Delamarche no tienes derecho a dejarlo. Esto es falso; si él no comprende, no ve la vida miserable que estás llevando, no tienes tú la menor obligación para con él.

—¿Así que crees realmente, Rossmann, que podré mejorarme si dejo este trabajo?

—Seguramente —dijo Karl.

—¿Seguramente? —volvió a preguntar Robinson.

—Pero ciertamente, sin duda —dijo Karl sonriendo.

—Pues podría empezar a mejorar en seguida —dijo Robinson, con la mirada fija en Karl.

—¿Cómo es eso? —preguntó éste.

—Pues porque tú tendrás que encargarte de mi tarea —respondió Robinson.

—¿Y quién ha dicho tal cosa? —preguntó Karl.

—¡Pero si éste es un viejo proyecto! Ya hace algunos días que se habla de eso. La cosa comenzó al pelearme con Brunelda por no tener bastante limpio el apartamento. Claro que le prometí que sin demora acomodaría todo. Ahora bien, eso era muy difícil. Yo, por ejemplo, en mi situación, no puedo meterme en todos los rincones para sacar el polvo. Ni en el centro del cuarto puede uno moverse libremente, ¡menos aun entonces entre los muebles y las cosas arrumbadas! Y si uno quiere limpiar todo bien es necesario mover los muebles de su sitio. ¿Y yo solo tengo que hacer eso? Además, todo deberá hacerse en el mayor silencio, ya que no se puede fastidiar a Brunelda, y ella casi no abandona la habitación. De manera que prometí por cierto limpiar todo, pero de hecho no lo hice. Cuando Brunelda lo notó, le dijo a Delamarche que eso no podía continuar así y que habría que contratar a otro criado. «No quiero, Delamarche —decía ella—, que alguna vez me eches en cara no haber llevado bien la casa. Yo misma no puedo hacer ningún esfuerzo, reconocerás esto, y con Robinson no alcanza. Al principio era tan fresco y ágil que atendía a todo; pero ahora está siempre cansado y se queda casi constantemente echado en un rincón. Y un cuarto con tantas cosas como el nuestro no se arregla solo ni se conserva por sí solo.» Y entonces Delamarche se puso a pensar qué se podía hacer en ese caso, pues a una persona cualquiera no puede emplearsela en una casa como ésta, y aun a prueba, ya que desde todos lados nos espían. Pero como soy buen amigo tuyo y me enteré por Renell como tenías que sacrificarte en el hotel, te propuse. Delamarche en seguida estuvo de acuerdo, pese a que aquella vez fuiste muy insolente con él y yo, como es lógico, quedé muy feliz de poder serte útil. Pues para ti, este empleo te va como de medida: eres joven, vigoroso y ágil, mientras que yo no sirvo para nada. Sólo debo hacerte notar, eso sí, que todavía no estás aceptado, de ningún modo; si no le caes bien a Brunelda no nos sirves para nada. De manera que haz todo lo posible y esfuérzate mucho para caerle en gracia; lo demás déjamelo a mí.

—¿Y qué harás cuando sea sirviente aquí? —preguntó Karl. ¡Se sentía tan libre!

El primer susto que le habían dado las noticias de Robinson ya había pasado. Por lo tanto Delamarche no tenía con él peores intenciones que las de convertirle en sirviente —pues si realmente hubiera tenido peores intenciones, el charlatán de Robinson se las habría develado—, y si así estaban las cosas, se atrevería Karl a concretar la despedida incluso esa misma noche. No se puede obligar a nadie a aceptar un trabajo.

Y mientras que antes le había preocupado a Karl el asunto de si, después de haber sido despedido del hotel, hallaría un puesto conveniente y no inferior, en lo posible lo bastante pronto como para no morir de hambre, le parecía ahora que en comparación con éste que allí se le reservaba, que le parecía en verdad repelente, cualquier otro empleo sería lo bastante bueno; y hasta prefería la miseria de la desocupación.

Pero ni siquiera intentó hacérselo entender a Robinson, sobre todo porque éste no podía juzgar ahora nada en absoluto, embargado como estaba por la esperanza de verse aliviado con el trabajo de Karl.

—De modo que —dijo Robinson subrayando su discurso con ademanes afables (tenía los codos apoyados en la balaustrada)—primero te lo explicaré todo y te mostraré las existencias. Tú eres culto y con seguridad escribes también con buena letra, de manera que podrás confeccionar rápidamente una lista con todas las cosas que tenemos aquí. Hace rato que Brunelda quiere tener esa lista. Si mañana por la mañana hace tiempo bueno, pediremos a Brunelda que se siente en el balcón y podremos trabajar cómodamente en la habitación sin molestarla. Pues en este sentido, Rossmann, debes tener ante todo cuidado. No molestar a Brunelda por nada del mundo. Ella lo oye todo, probablemente tiene un oído tan sensible porque es cantante. Así, por ejemplo, sacas rodando el barril de aguardiente que está detrás del armario; hace ruido porque es pesado y porque allí hay desparramados por todos los sitios muchísimas cosas, de manera que para sacarlo no se lo puede hacer rodar de un tirón. Brunelda, por ejemplo, está tranquilamente acostada en el diván, cazando moscas, porque éstas habitualmente le molestan mucho. Tú entonces piensas que está distraída y sigues haciendo rodar tu barril. Ella aún sigue tranquila. Pero en el momento en que menos lo esperas y cuando haces menos ruido, se levanta de repente, se queda sentada y golpea el diván con las manos, que ni se las ve por el polvo que levanta —desde que estamos aquí nunca sacudí el diván; no puedo hacerlo porque está siempre encima—, y comienza a gritar espantosamente, como un hombre, y así continúa gritando durante horas. Que cante ya se lo prohibieron los vecinos, pero nadie puede impedirle que grite. Tiene que gritar. Por otra parte esto ocurre ya sólo rara vez, pues Delamarche y yo nos hemos vuelto muy cautos y cuidadosos. Además, el gritar le hace mucho daño. Una vez se desmayó —Delamarche no estaba— y yo debí llamar al estudiante de al lado; éste la mojó con un líquido de una botella muy grande, lo que en verdad produjo buen efecto; pero el líquido tenía un olor horrible. Aún ahora se huele todavía si se acerca la nariz al diván. El estudiante es, sin lugar a dudas, un enemigo como todos aquí; tú también tendrás que andar con prudencia frente a todo el mundo y no meterte con nadie.

—Escucha, Robinson— dijo Karl—, es un servicio bien pesado; bonito trabajo me recomendaste.

—No te preocupes —dijo Robinson, y movió la cabeza cerrando los ojos para desvanecer así todas las posibles inquietudes de Karl—, el empleo tiene también sus ventajas, como no te las puede ofrecer otro. Te quedas constantemente cerca de una dama como Brunelda, a veces duermes en la misma habitación que ella, y esto, como bien puedes imaginarlo, supone en verdad numerosos encantos. Te pagarán regiamente, pues dinero hay de sobra. Yo, como amigo de Delamarche, no recibo nada; pero cuando salgo Brunelda siempre me da algo; pero a ti, por supuesto, te pagarán como a cualquier sirviente, ya que tampoco eres otra cosa. Pero lo más importantes para ti es que yo te facilitaré muchísimo el desempeño de tu tarea. Al principio desde luego no podrás contar con mi ayuda. Y en general, me dedicaré al servicio personal de Brunelda: con las tareas de peinarla y vestirla, si no las atiende Delamarche. Tú sólo deberás ocuparte de acomodar el cuarto, de los recados y los quehaceres domésticos más rudos.

—No, Robinson —dijo Karl—; todo eso no me atrae.

—No hagas estupideces, Rossmann —dijo Robinson muy cerca del rostro de Karl—: no desprecies esta espléndida oportunidad. ¿Dónde conseguirás un puesto de inmediato? ¿Quién te conoce? ¿A quién conoces? Nosotros, dos hombres que ya pasamos por muchas cosas y que tenemos mucha experiencia, estuvimos varias semanas sin hallar trabajo. No es fácil, no, es hasta terriblemente difícil.

Karl asintió, sorprendiéndose de cómo sabía hablar Robinson con tanta cordura. Para él, claro, estos consejos no tenían validez; no podía permanecer allí; en esa gran ciudad seguramente encontraría algún lugarcito para él. En toda la noche, lo sabía, todas las posadas estaban llenas de gente, se necesitaba servidumbre para los huéspedes y en eso ya tenía alguna práctica. Ya conseguiría incorporarse, rápido y sin llamar la atención, a algún establecimiento. Justamente en la casa de enfrente había instalada una pequeña posada, de la cual venía una música muy ruidosa. La entrada principal estaba cubierta sólo por una gran cortina amarilla que a veces, movida por una corriente de aire, ondulaba poderosamente hacia afuera, hacia la calle. Por lo demás, el ruido de la calle se había calmado muchísimo. La mayoría de los balcones estaban a oscuras: sólo a lo lejos se veía aún, aquí o allá alguna luz, pero apenas se quedaba uno mirándola un rato ya iba allí también la gente y mientras todos se agolpaban por regresar a la habitación, un hombre acercaba la mano a la lamparilla eléctrica, y quedándose el último en el balcón, apagaba la luz después de echar hacia la calle una mirada fugaz.

«Pero si ya está comenzando la noche, se dijo Karl, y si permanezco aquí por más tiempo, seré uno de ellos.» Sé volvió y se dispuso a correr la cortina que colgaba ante la puerta del cuarto.

—¿Qué quieres hacer? —preguntó Robinson poniéndose entre Karl y la cortina.

—Irme, quiero irme —dijo Karl—. ¡Suéltame! ¡Suéltame!

—Pero no irás a molestarlos —exclamó Robinson—, ¡no se te ocurra!

Rodeando con sus brazos el cuello de Karl, se colgó de él con todo su peso; entrelazó con sus piernas las de Karl y así lo tiró en un momento al suelo. Pero entre los ascensoristas, Karl había aprendido un poco de lucha; le propinó a Robinson un puñetazo debajo del mentón, aunque sólo débilmente y con mucho cuidado. Robinson pudo todavía darle a Karl, rápido y sin ningún miramiento, un fuerte rodillazo en el vientre, pero después, con las dos manos en el mentón, comenzó a llorar a gritos, tanto que un hombre del balcón vecino, golpeando estruendosamente las manos, ordenó: «¡Silencio!»

Karl se quedó acostado un rato todavía, en silencio, para sobreponerse al dolor que el golpe de Robinson le causara. Se limitaba a volver el rostro hacia la cortina, que colgaba pesada y tranquila delante del cuarto, que, por lo visto, continuaba a oscuras. ¡Pero parecía que ya no había nadie en él!, quizá Delamarche había salido con Brunelda, con lo que Karl ya tendría total libertad; Robinson, que se portaba realmente como un perro guardián, estaba completamente fuera de combate.

Entonces resonaron desde la calle, a lo lejos, intermitentes, tambores y clarines. Gritos aislados, proferidos por mucha gente, se unieron rápidamente en una gritería general. Karl volvió la cabeza y vio cómo se animaban todos los balcones. Se incorporó despacio, no podía erguirse del todo y tenía que apoyar contra la balaustrada todo su peso. Abajo, sobre la vereda, marchaban a grandes pasos unos jóvenes con los brazos extendidos y las gorras en alto, vueltos los rostros hacia atrás. La calle estaba todavía libre. Algunos blandían, sobre unos palos altos, farolillos de papel envueltos en humo amarillo.

Precisamente surgían a la luz los tamborileros y los trompetas, en anchas hileras, y Karl se sorprendió de la gran cantidad cuando sintió voces detrás de sí. Se volvió y vio cómo Delamarche levantaba la pesada cortina y que luego emergía de la oscuridad del cuarto. También salió Brunelda, con el vestido rojo, con la mantilla de encaje en los hombros y una pequeña cofia oscura sobre el pelo, quizá despeinado y sólo amontonado rápidamente con las puntas que asomaban sueltas acá y allá. Sostenía en la mano un pequeño abanico, pero no lo movía, sólo lo estrechaba con fuerza contra sí.

Karl se hizo a un lado, deslizándose a lo largo de la balaustrada, para dar lugar a ambos.

Seguramente nadie le obligaría a quedarse allí y si Delamarche quería intentarlo, Brunelda lo dejaría irse de inmediato, si se lo pedía, pues ella no podía aguantarlo; la asustaban sus ojos. Pero en cuanto dio un paso hacia la puerta ella lo notó, sin embargo, y dijo:

—¿Adónde vas, muchacho?

Karl se detuvo ante la mirada seria de Delamarche, y Brunelda le atrajo hacia sí.

—¿No deseas ver el desfile de abajo? —dijo Brunelda impulsándolo hacia adelante, hacia la balaustrada—. ¿Sabes qué es? —le oyó decir a Karl a sus espaldas, y sin ningún éxito trató de hacer algún movimiento para librarse de la presión de ella. Se quedó con tristeza mirando abajo, la calle, como si allí estuviera la causa de su pena.

Delamarche se colocó primero con los brazos cruzados a espaldas de Brunelda, pero después corrió al cuarto y le trajo los prismáticos de teatro.

Abajo, tras los músicos, apareció la parte principal del desfile. Sentado a horcajadas sobre los hombros de un hombre gigantesco iba un señor del que sólo se veía, desde aquella altura, la calva, de un fulgor mortecino, sobre la cual sostenía en alto su sombrero de copa en perpetuo saludo. Alrededor de él portaban, al parecer, pancartas de madera que, vistas desde el balcón, parecían totalmente blancas; la disposición había sido hecha de modo que los carteles se enderezaban, desde todos lados, hacia el hombre, el cual sobresalía entre ellos. Como todo marchaba, esa muralla de pancartas que rodeaba al hombre se distendía constantemente y volvía luego a ordenarse. En un ámbito mayor, todo el ancho de la calle alrededor del señor —aunque por la oscuridad sólo alcanzaba a dominarse un breve trecho de su extensión, estaban sus seguidores que venían palmeando y anunciando, con ampulosa cantinela, algo que quizás era su apellido, un apellido muy corto pero incomprensible. Algunos individuos, hábilmente distribuidos en la multitud, portaban unos faros de automóvil que difundían una luz muy potente y recorrían despaciosamente con la misma las casas, de abajo arriba, y de arriba abajo, a ambos lados de la calle. A la altura donde estaba Karl ya no fastidiaba esa luz, pero en los balcones más bajos se veía la gente protegerse los ojos con las manos.

Delamarche, accediendo a los pedidos de Brunelda, quiso averiguar por la gente del balcón vecino qué significaba ese acto. Karl tenía cierto interés por saber si le contestarían y cómo. Y así fue, Delamarche tuvo que preguntar tres veces, sin recibir contestación. Ya se inclinaba peligrosamente sobre la balaustrada. Brunelda golpeó el pie suavemente contra el suelo por el disgusto que le causaban esos vecinos. Karl sintió sus rodillas.

Finalmente llegó, con todo, alguna respuesta; pero al mismo tiempo, en ese balcón repleto de gente, todos se echaron a reír ruidosamente; a lo cual Delamarche contestó gritando algo en alto, que si en ese instante no hubiera sido tan fuerte el ruido de la calle, hubieran tenido que escucharlo, todos sorprendidos, en los alrededores. Pero, de todos modos, logró que la risa acabara con una rapidez bien poco natural.

—En nuestro distrito mañana elegirán juez y ése a quien llevan allá abajo es un candidato —dijo Delamarche al volver junto a Brunelda, ya totalmente tranquilo—. ¡Cosa rara! —exclamó golpeándole afectuosamente la espalda a Brunelda—. Ya ni siquiera sabemos qué pasa en el mundo.

—Delamarche —dijo Brunelda a raíz de la conducta de los vecinos—, cómo me gustaría cambiar de casa si no fuera tan molesto. Pero lamentablemente no me animo a hacerlo.

Y entre profundos suspiros, inquieta y distraída, jugaba con la camisa de Karl, que trataba de alejar tenazmente, y en lo posible sin llamar la atención, aquellas manitas regordetas, ya que Brunelda no pensaba en él; otros eran los pensamientos que la ocupaban.

Mas también Karl olvidó enseguida a Brunelda y soportó sobre sus hombros la carga de sus brazos, pues lo que pasaba en la calle le absorbía sobremanera. Por orden de un pequeño número de hombres —que gesticulando, caminaban justo delante del candidato y cuyas observaciones tendrían un significado particular, pues se veía que desde todas partes se inclinaban hacia ellos caras atentas— se hizo un alto frente a la fonda. Uno de esos hombres competentes hizo, con la mano en alto, una señal, destinada tanto a la gente como al candidato, tratando de ponerse de pie sobre los hombros de su portador varias veces, y cayendo reiteradas veces en su asiento, dijo un pequeño discurso durante el cual agitaba, con pasmosa rapidez, su sombrero de copa alta. La escena se veía claramente, pues durante todo el discurso caían sobre él los haces de luz de los faros de los automóviles, de modo que se encontraba en el centro de una estrella luminosa.

Por otra parte, ya se advertía el interés que el asunto cobraba en toda la calle. En los balcones ocupados por los partidarios del candidato, empezaban a acompañar aquella cantinela de su apellido, en coro, y a palmear maquinalmente con las manos que se adelantaban por encima de la balaustrada. En los otros balcones, que estaban en mayoría, se levantó un fuerte canto adverso, que ciertamente no tenía efecto unitario, puesto que se trataba de los partidarios de diferentes candidatos. En cambio, todos los enemigos del candidato presente se unieron, además, en una rechifla general y en muchos sitios hasta pusieron otra vez en marcha los fonógrafos. De balcón a balcón se discutían diferencias políticas en medio de gran excitación, que se destacaba aún más por la hora nocturna. Los más ya tenían puestas ropas de dormir y se limitaban a cubrirse con unos abrigos; las mujeres se envolvían en grandes chales oscuros; los niños, sin vigilancia, trepaban —cosa que daba miedo— sobre los salientes de los balcones y surgían, en número creciente, de las oscuras habitaciones, en las cuales habían estado durmiendo.

De cuando en cuando, objetos aislados, difíciles de definir volaban hacia los adversarios, arrojados por los que se acaloraban demasiado; y a veces daban en el blanco, pero las más veces caían en la calle y allí provocaban con frecuencia aullidos de furor. Si el ruido se hacía abajo demasiado fuerte a los ojos de los organizadores, los tamborileros y trompeteros recibían la orden de actuar y su toque atronador, hecho con el máximo de sus fuerzas que parecían infinitas, tapaba todas las voces humanas hasta arriba de todos los techos de las casas. Y siempre terminaba ese toque tan inesperadamente que apenas podía creerse, y entonces, la muchedumbre de la calle, evidentemente preparada para ello, rugía hacia las alturas su estribillo partidario —a la luz de los faros de los automóviles se divisaban una a una las bocas ampliamente abiertas—, hasta que los adversarios, que mientras tanto se habían recuperado, lanzaban desde todos los balcones y ventanas su griterío con redoblado vigor, acallando, así totalmente al partido de abajo después de su corto triunfo. Al menos así se presentaban las cosas vistas desde aquella altura.

—¿Qué tal?, ¿te apetece, muchacho? —preguntó Brunelda, la que, muy apretada junto a Karl, se volvía hacia un lado y hacia otro a fin de abarcar, en lo posible, todo lo que se pudiera divisar a través de los prismáticos.

Karl sólo contestó meneando la cabeza. De paso comprendió que Robinson ponía todo su celo en informar a Delamarche diversas cosas evidentemente vinculadas con la conducta de Karl; pero Delamarche no parecía dar a todo eso importancia alguna, pues sólo intentaba hacer a un lado a Robinson con la mano izquierda, ya que con la derecha rodeaba a Brunelda.

—¿No quieres mirar con los prismáticos? —preguntó Brunelda, dando a Karl unos golpecitos en el pecho para que comprendiera que se dirigía a él.

—Veo bastante —dijo Karl.

—Pruébalo —dijo ella—, así verás mejor.

—Tengo buena vista —repuso Karl—; lo veo todo.

No interpretó como una gentileza que ella le acercara los prismáticos a los ojos, sino que se sintió molesto; y realmente no dijo ella más que una sola palabra «¡tú!», en tono dulce pero amenazante. Y ya tenía Karl los prismáticos ante sus ojos y ahora, en realidad, no veía nada.

—Si no veo nada —dijo, deseando librarse de los prismáticos; pero ella los sostuvo firmemente y él no podía mover hacia atrás ni a un lado la cabeza, que estaba encajada contra el pecho de ella.

—Pero ahora sí, ahora ves —dijo ella haciendo girar el tornillo de los prismáticos.

—No, sigo sin ver nada —dijo Karl y pensó que, sin buscarlo, ya había desbancado en efecto a Robinson; los insoportables caprichos de Brunelda se volvían ahora hacia él.

—¿Y cuánto verás por fin? —dijo ella, y continuó haciendo girar el tornillo, ahora tenía Karl todo el rostro sumergido en su pesado aliento—. ¿Ahora? —preguntó.

—¡No, no, no! —exclamó Karl aunque ya, en verdad, distinguía todas las cosas, pero con poca nitidez.

Pero ahora tenía Brunelda algo que hacer con Delamarche, ya sólo sostenía los prismáticos flojamente ante el rostro de Karl y éste podía, sin que ella lo advirtiera, mirar a la calle por debajo de los ellos. Después de un momento ya no insistió Brunelda tampoco en su deseo y usó los prismáticos para sí.

De la posada salió un joven que, dejando el umbral y yendo y viniendo de un lado a otro, tomaba los pedidos de los dirigentes. Se lo veía estirarse mucho para ver bien el interior del local y llamar en su auxilio a todo el personal de servicio disponible. Durante los preparativos, que por lo visto estaban destinados a un convite al aire libre, el candidato hablaba sin cesar. Su portador, el hombre gigantesco que servía sólo a él, se volvía después de algunas frases, de un lado a otro, girando un poco sobre sí mismo para que el discurso llegara en todas direcciones a la muchedumbre que les rodeaba.

El candidato estaba casi continuamente encorvado e intentaba dar a sus palabras la mayor persuasión posible mediante ademanes esporádicos de una de sus manos —la que conservaba libre— y el sombrero de copa que tenía en la otra. Pero a veces, a intervalos casi similares, se exaltaba, se levantaba con los brazos tendidos y ya no se dirigía con sus palabras sólo a un grupo, sino a todos; hablaba dirigiéndose a los habitantes de las casas, levantaba su voz pretendiendo que alcanzara hasta los pisos superiores y, sin embargo, quedaba fuera de toda duda que ya en los pisos inferiores nadie podía escucharlo; más aún, que nadie hubiera querido oírlo aunque se hubiera dado tal posibilidad, pues en cada ventana y en cada balcón había por lo menos un orador gritón.

Mientras tanto, algunos camareros llevaron de la posada una bandeja llena de vasos resplandecientes; era una tabla del tamaño de una mesa de billar. Los jefes organizaron la distribución, que se concretó como un desfile frente a la puerta de la posada. Pero, aunque los vasos que estaban sobre la tabla volvían a ser llevados repetidas veces, no alcanzaban para una multitud semejante, dos hileras de muchachos escanciadores tuvieron que partir, deslizándose a derecha y a izquierda de la tabla, para servir a la muchedumbre más lejana.

El candidato, por supuesto, había dejado de hablar: utilizó la pausa para reconfortarse. Lejos de la muchedumbre y de la luz enceguecedora, su portador lo llevaba lentamente de un lado a otro, y sólo algunos partidarios lo acompañaban y le hablaban levantando hacia él sus rostros.

—Mira al muchacho —dijo Brunelda—; de tanto mirar olvida dónde está. —Y sorprendió a Karl agarrándole la cara con ambas manos y haciendo que se volviera hacia ella, de modo que así pudo mirarle a los ojos. Pero esto duró sólo un instante, pues de inmediato sacudió Karl sus manos, molesto porque no le dejaban un rato en paz, y al mismo tiempo muriéndose de deseos de ir a la calle y contemplar todo de cerca; trató de librarse con todas sus fuerzas de la prisión de Brunelda y dijo:

—Por favor, deje que me vaya.

—Te quedarás con nosotros —dijo Delamarche, sin desviar la mirada de la calle y limitándose a alargar una mano para impedir que Karl se fuera.

—Déjalo —dijo Brunelda, rechazando la mano de Delamarche—, si ya se queda. —Y apretó a Karl aún más fuertemente contra la balaustrada; para verse libre hubiera debido luchar con ella. Y aunque hubiera podido vencerla, ¡qué hubiera logrado con ello! A su izquierda estaba Delamarche, a su derecha se había puesto ahora Robinson; se hallaba literalmente preso.

—Puedes estar feliz de que no te echen —dijo Robinson, y palmeó a Karl con una de sus manos, que había pasado por debajo del brazo de Brunelda.

—¿Echarlo? —dijo Delamarche—. A un ladrón prófugo no se le echa, se lo entrega a la policía. Y esto puede ocurrirle mañana a primera hora, si no se queda quieto, quieto por completo.

Desde ese instante, ya no alegró a Karl ese espectáculo que se desarrollaba allá abajo, aunque continuaba inclinado sobre la balaustrada, claro que a la fuerza, ya que Brunelda le impedía tenerse erguido. Abrumado con su propio pesar, sus preocupaciones personales, con la mirada distraída veía a la gente allá abajo; grupos de unos veinte hombres se acercaban a la puerta de la posada, tomaban los vasos, se volvían y los levantaban hacia el candidato —ocupado ahora por su persona— al mismo tiempo que lanzaban un saludo partidario; vaciaban los vasos y los ponían otra vez sobre la tabla —operación que debían de ejecutar con gran estrépito, aunque era imperceptible desde aquella altura— para dejar su sitio a otro grupo que ya alborotaba impaciente.

Por orden de los caudillos, la banda que tocaba hasta entonces dentro de la fonda salió a la calle; en medio de la oscura muchedumbre relucían sus grandes instrumentos de viento, mas su música se perdía casi en el ruido general. Y ahora la calle, por lo menos del lado en que se hallaba la posada, se veía llena de gente en una gran extensión. Llegaban afluyendo desde arriba, desde el puente. Llegaban corriendo y aún las gentes de las casas no habían podido resistir la tentación de participar en esa cuestión personalmente; en los balcones y en las ventanas quedaban únicamente mujeres y niños, en tanto los hombres se agolpaban para salir a las puertas de las casas.

Y la música y el convite ya habían conseguido su objetivo, la asamblea era suficientemente nutrida; uno de los jefes políticos, rodeado por dos faros de automóvil, hizo señas a la banda para que dejara de tocar; emitió un fuerte silbido y de inmediato acudió, pues se había desviado un tanto, el portador con el candidato que llegaba a través del espacio abierto entre la muchedumbre por los partidarios.

En cuanto llegó a la puerta de la fonda, el candidato inició su nuevo discurso, en medio de la claridad de los faros de automóvil, distribuida de modo que rodeaba al hombre en apretado círculo. Pero ya todo era más difícil que antes; el portador ya no tenía ninguna libertad de movimiento, la aglomeración era demasiado densa. Los partidarios más próximos, los que antes trataron de aumentar el efecto de las palabras del candidato con todos los recursos posibles, ahora debían esforzarse para mantenerse cerca suyo; unos veinte permanecían asidos al portador, usando toda su fuerza. Pero ni aun ese hombre rudo podría dar un solo paso por propia voluntad y ya nadie podía pensar en una posible influencia sobre la muchedumbre mediante avances o retrocesos adecuados, o bien por determinados giros del portador.

La multitud se agitaba en continuas oleadas, sin dirección alguna; se recostaban unos sobre otros; ya nadie podía estar erguido; el número de los adversarios parecía haber aumentado muchísimo con el nuevo público. El portador se había mantenido por un largo rato cerca de la puerta de la fonda, pero ahora se dejaba llevar por la corriente, al parecer sin oponer resistencia, calle arriba y calle abajo. El candidato hablaba sin parar, pero ya no era del todo claro si exponía su programa o si pedía socorro. Si no engañaban todos los indicios, también apareció un candidato opositor o hasta varios; pues de cuando en cuando se veía en medio de alguna luz, que de pronto se encendía, a un hombre de cara pálida y puños apretados, alzado por la multitud, que decía un discurso aclamado por múltiples exclamaciones.

—Pero, ¿qué sucede? —preguntó Karl y, muy confuso, sin poder tomar aliento, se dirigió a sus guardianes.

—Cómo se excita el muchacho con esto —dijo Brunelda a Delamarche, y tomó a Karl del mentón para atraer hacia sí su cabeza. Pero Karl no lo soportó y se sacudió —perdiendo en realidad toda consideración a causa de los sucesos de la calle— con tanta fuerza que Brunelda no sólo lo soltó, sino que retrocedió de pronto, dejándolo completamente en libertad.

—Ya has visto bastante —dijo, evidentemente disgustada por la conducta de Karl—; ve al cuarto y prepara las camas y todo para la noche.

Estiró la mano en dirección al cuarto. Pero ésta era, en verdad, la dirección que Karl quería tomar desde hacía ya varias horas; no objetó, pues, ni una sola palabras. En aquel momento se oyó desde la calle el ruido de muchos vidrios que se hacían trizas. Karl no pudo dominarse y se acercó otra vez a la balaustrada con un salto rápido para echar tan sólo otra mirada fugaz hacia abajo. Había salido airosa una conspiración de los adversarios, decisiva tal vez; los faros de los automóviles de los partidarios, que con su luz poderosa conseguían que al menos, los sucesos principales pasasen ante la totalidad del público, manteniendo así todo dentro de ciertos límites, habían sido destrozados todos al mismo tiempo. Rodeaba ahora al candidato y a su portador el simple e incierto alumbrado común que, en su inesperada propagación, producía el efecto de la oscuridad completa. Ni siquiera aproximadamente se hubiera podido señalar ya dónde estaba el candidato, y lo engañoso de las tinieblas aumentaba aún más por un canto firme, uniforme, entonado en aquel preciso instante, que venía de abajo, del puente.

—¿Acaso no te he dicho lo que ahora debes hacer? —dijo Brunelda—. Apúrate, estoy cansada —agregó; y levantó los brazos, y su pecho se arqueó más de lo habitual.

Delamarche, que continuaba rodeándola con el brazo, se fue con ella arrastrándola a uno de los ángulos del balcón. Robinson los siguió para sacar los restos de su comida, que aún estaban allí.

Karl debía aprovechar la ocasión favorable, ya no había tiempo de mirar abajo; de lo que ocurría en la calle aún vería bastante, más que desde arriba, cuando bajara. En dos saltos cruzó la habitación iluminada por una luz rojiza, pero la puerta estaba cerrada y habían sacado la llave. Era cuestión ahora de hallar esa llave. ¡Pero quién encontraría una llave en semejante desorden, y más aún, en un tiempo tan corto y precioso como del que Karl disponía! En realidad, en ese instante ya debería estar en la escalera, ya debería estar corriendo y corriendo. ¡Y estaba en cambio buscando la llave!

La buscó en todos los cajones que tenía a su alcance, revolvió las cosas sobre la mesa, en la cual había desparramadas varias piezas de vajilla, servilletas y el comienzo de un bordado; lo atrajo un sillón donde había un montón de ropa vieja completamente enmarañada entre la cual quizás estuviera la llave, sin que jamás se la pudiera encontrar allí, y por último se arrojó sobre el diván, maloliente en verdad, para palparlo en todos sus rincones y pliegues y hallar así la llave. Luego renunció a la búsqueda y se paró en medio del cuarto.

«Sin duda, se dijo, Brunelda lleva la llave atada al cinturón.» De él colgaban muchas cosas y toda búsqueda resultaría inútil. Y, enceguecido, tomó Karl dos cuchillos y los introdujo con furia entre las hojas de la puerta, uno arriba, otro abajo, para conseguir dos puntos de apoyo distintos y separados. En cuanto hizo fuerza con los cuchillos, naturalmente, sus hojas se quebraron. Él no deseaba otra cosa; las puntas, que ahora podía hacer entrar mucho más firmemente, resistirían mucho mejor. Se puso entonces a forcejear utilizando todo su vigor, los brazos abiertos apoyados sobre las piernas muy separadas, gimiendo, y sin embargo poniendo muchísima atención en la puerta. Sin duda no resistiría, lo reconocía con placer en el aflojamiento de los pasadores que claramente se advertía, pero cuanto más despacio ocurriera esto sería mejor. De ningún modo debía saltar la cerradura, pues en tal caso atraería la atención de los que estaban en el balcón; antes bien, era necesario que la cerradura se soltase muy lentamente, y Karl procedía con la mayor cautela en ese sentido, aproximando los ojos cada vez más a la cerradura.

—Miren, miren, ¿qué veo? —dijo entonces la voz de Delamarche.

Ya estaban los tres en el cuarto; ya habían dejado caer tras ellos la cortina; su llegada debió pasar inadvertida para Karl, que no los había oído; ante tal aparición apartó las manos de los cuchillos, sobresaltado. Pero ni siquiera tuvo tiempo de pronunciar una palabra de explicación o disculpa, pues en un ataque de furia que superaba mucho el motivo que lo provocaba, Delamarche se arrojó de un salto —el cordón suelto de su bata trazó una gran figura por los aires— sobre Karl. Sólo en el último momento, a decir verdad, consiguió Karl eludir el ataque; pudo sacar los cuchillos de la puerta y usarlos en su defensa, pero no lo hizo. En cambio se agachó y, levantándose de un salto, agarró el amplio cuello de la bata de Delamarche, lo dobló hacia arriba y lo alzó después todavía más —esa bata ya le quedaba demasiado grande a Delamarche—, y al fin, por suerte consiguió sujetarle por la cabeza. Éste, tomado por sorpresa, agitó primero las manos a ciegas y sólo un momento después se puso a golpear con los puños, pero sin usar aún toda su fuerza, la espalda de Karl, quien para proteger su cara se había arrojado contra el pecho de Delamarche. Karl, aunque se doblara de dolor y aunque los golpes fueran cada vez más fuertes, soportó las trompadas. ¡Cómo no las soportaría viendo que la victoria estaba cerca! Con las manos en la cabeza de Delamarche, los pulgares puestos justamente sobre los ojos, lo llevó a empujones hacia donde los muebles se amontonaban en mayor profusión y con las puntas de los pies trató, además, de enredar los de Delamarche con el cordón de su bata, para que cayera.

Pero como no podía ocuparse sino sólo y por entero de Delamarche —más aún porque sentía que su resistencia aumentaba cada vez más, y por ese cuerpo que le oponía con una tensión cada vez mayor de los tendones—, olvidó, es cierto, que no estaba solo con aquel. Pero rápidamente se acordó de este hecho, pues de improviso cesaron de obedecerle los pies; Robinson, que a sus espaldas se había tirado al suelo, los separaba con fuerza y gritando. Karl, jadeando, soltó a Delamarche, que retrocedió todavía un paso más.

Brunelda ocupaba con todo su volumen el centro de la habitación y de pie allí, con las piernas ampliamente separadas y las rodillas dobladas, observaba los sucesos con los ojos brillantes. Como si realmente participara en la pelea, respiraba profundamente, apuntaba con los ojos y levantaba los puños lentamente.

Delamarche se bajó el cuello dejando otra vez libre la vista y, claro está, se no acabó la riña, el resto sería un simple castigo. Agarró a Karl de la camisa, por delante, casi lo levantó del suelo y, sin mirarlo, tanto era su desdén, lo arrojó a pocos pasos de allí. En el primer momento pensó Karl que los agudos dolores que sentía en la espalda y en la cabeza, causados por el golpe contra el armario, provenían directamente de la mano de Delamarche.

—¡Miserable! —oyó todavía gritar a Delamarche en alta voz, en medio de la oscuridad que se levantaba ante sus ojos trémulos. Y al caer y desplomarse ante el armario todavía resonaron en sus oídos, débilmente, estas palabras—: ¡Espera!, ¡ya verás!

Cuando volvió en sí, lo rodeaba la oscuridad más absoluta; sería a altas horas de la noche. Desde el balcón llegaba hasta la habitación, por debajo del cortinado, un suave resplandor del claro de luna. Se oía la tranquila y acompasada respiración de los tres durmientes; la más ruidosa de todas, con mucho, era la de Brunelda que resoplaba mientras dormía como lo hacía a veces también cuando hablaba; pero no era fácil definir en qué dirección estaba cada uno de los durmientes; toda la habitación estaba llena de ruidos de respiración.

Sólo después de haber observado un poco alrededor de sí, pensó Karl en sí mismo y se asustó muchísimo, pues aun cuando se sentía encorvado y totalmente rígido por tantos dolores, no había pensado, sin embargo, que podía haber sufrido alguna grave herida. Pero ahora sentía una carga pesada en su cabeza y toda la cara, el cuello y el pecho bajo la camisa estaban mojados como de sangre. Necesitaba luz para ver detenidamente su estado; quizá lo habían golpeado hasta convertirlo en un lisiado, y en tal caso sin duda, le gustaría a Delamarche echarlo; pero realmente, ¿qué haría entonces? Ya no tendría ninguna perspectiva. Recordó al muchacho de la nariz carcomida que había visto en el zaguán y por un instante hundió el rostro entre sus manos.

Involuntariamente dirigió después la mirada a la puerta y a tientas y andando a cuatro patas se encaminó hacia ella. Pronto las puntas de sus dedos tocaron un zapato y algo más lejos una pierna. Éste era por lo tanto Robinson, ¿quién sino él dormía con los zapatos puestos? Se le había ordenado que se acostara atravesando la puerta para cerrar el paso y así impedir que Karl se fugase. ¿Pero acaso ignoraban el estado en que se hallaba éste? Por lo pronto ni siquiera quería huir; tan sólo deseaba llegar a la luz.

De modo que si no podía salir por la puerta, por fuerza debía salir por el balcón. Encontró la mesa de comedor en un lugar que por lo visto era completamente diferente del que ocupaba por la tarde; en el diván, al que se acercó Karl, por supuesto con gran cautela, no había nadie, cosa que le asombró; y en cambio tropezó en el centro del cuarto con ropa, mantas, cortinados, almohadas y alfombras apiladas en alto, aunque prensadas con fuerza. Pensó, primero, que sólo se trataba de un montón parecido al que por la noche había hallado sobre el sofá, y que podía haberse caído al suelo; pero para su asombro, al seguir arrastrándose, advirtió que allí había toda una carretada de tales cosas; probablemente las habían sacado de los armarios para pasar la noche y durante el día las volverían a guardar en ellos.

Arrastrándose, dio la vuelta al montón y en seguida reconoció que todo constituía una suerte de lecho sobre el cual, muy en lo alto, según pudo comprobar palpándolo todo cuidadosamente, descansaban Delamarche y Brunelda.

Ya sabía, entonces, dónde dormían todos, y se apuró para llegar al balcón. Era un mundo totalmente distinto ése del otro lado de la cortina al cual se incorporó Karl en seguida. Al aire suave de la noche, bajo el resplandor pleno de la luna, se paseó varias veces por el balcón. Miró hacia la calle, estaba tranquila por completo, de la posada llegaban todavía los sones de la música, pero sólo como en sordina; delante de la puerta un hombre barría la acera. En esa calle donde hacía apenas unas horas no habían podido distinguirse, en medio del salvaje alboroto general, los gritos de un candidato electoral de otras mil voces, ahora se oía con claridad el roce de la escoba sobre el pavimento. Le llamó la atención el ruido que provocó una mesa al ser movida en el balcón vecino y vio que allí había alguien sentado estudiando. Era un hombre joven, con barba en punta, que retorcía continuamente durante su estudio; leía acompañando su lectura con breves movimientos de los labios. Estaba sentado de cara a Karl, ante una mesita cubierta de libros; había sacado de la pared la bombilla y la había puesto entre dos grandes libros, de manera que lo bañaba totalmente en su luz rutilante.

—Buenas noches —dijo Karl, porque creyó advertir que el joven le había dirigido una mirada.

Pero sin duda había sido un error, pues el muchacho que hasta aquel momento no parecía haberlo notado siquiera, se protegió con una mano los ojos, para disminuir la luz y saber quién era el que de pronto lo saludaba; luego, puesto que continuaba sin ver nada, levantó la bombilla para alumbrar también un poco el balcón vecino.

—Buenas noches —dijo también; miró durante un instante muy fijamente hacia el otro y agregó después—: ¿Qué quiere?

—¿Le molesto? —preguntó Karl.

—Por cierto, por cierto —dijo el hombre, llevando la lamparilla a su lugar anterior.

Con estas palabras, en verdad, quedaba rechazado todo contacto; pero Karl no dejó ese lado del balcón donde permanecía lo más cerca posible del hombre.

Se quedó mirando, en silencio, cómo leía en su libro, cómo pasaba las hojas, cómo buscaba algo en otro libro que consultaba siempre con gran rapidez y cómo anotaba a menudo en un cuaderno, agachándose todas las veces tanto sobre él que resultaba una cercanía realmente inusitada.

¿Sería un estudiante? Todo daba en realidad la impresión de que estudiaba. No era muy diferente el modo de cómo hacía ya mucho tiempo solía sentarse Karl, en su casa, ante la mesa de sus padres, cumpliendo sus deberes mientras su padre leía el diario o bien hacía asientos en algún libro o escribía cartas para alguna sociedad y su madre se entretenía en un trabajo de costura y sacaba el hilo de la tela alzando muy alto la mano. Para no incomodar a su padre, Karl ponía sobre la mesa únicamente el cuaderno y los útiles de su escritorio y distribuía los libros que necesitaba sobre sillas, a derecha y a izquierda. ¡Qué calma reinaba allí! ¡Qué rara vez entraba en aquel cuarto gente extraña! Ya de chico le gustaba a Karl seguir a su madre y estarse mirando cuando echaba la llave por la noche a la puerta principal de la casa. ¡No hubiera podido imaginar que Karl había llegado ahora hasta querer violar con cuchillos puertas ajenas!

¡Y qué sentido habían tenido todos esos estudios! ¡Si lo había olvidado todo! Si hubiera tratado de seguir aquí sus estudios tal cosa le hubiera sido muy difícil. Recordó que una vez en su casa había estado enfermo durante un mes; qué esfuerzos tuvo que hacer entonces para orientarse luego otra vez en medio de los estudios interrumpidos. ¡Y ahora hacía tanto tiempo que, fuera de ese libro de correspondencia comercial en inglés, no había leído nada!

—Oiga joven —Karl oyó que de pronto lo interpelaban—, ¿no podría irse a cualquier otro sitio? Su modo de quedarse mirando me fastidia horriblemente. A las dos de la mañana uno ya puede pedir, al fin de cuentas, que lo dejen trabajar tranquilo en el balcón. ¿Quiere algo de mí?

—¿Estudia? —preguntó Karl.

—Sí, sí —dijo el hombre, ocupando esos momentos ya perdidos para el estudio en acomodar su libros de acuerdo con un nuevo orden.

—Sí es así, no quiero distraerlo —dijo Karl—: de todos modos ya vuelvo al cuarto. Buenas noches.

El hombre ni siquiera respondió; apoyando pesadamente la frente en su mano derecha, con rápida decisión reinició su estudio al ver eliminada la molestia.

Y entonces Karl, ya delante de la cortina, se acordó para qué había salido afuera; sí, en verdad, no sabía en absoluto aún cuál era su estado. ¿Qué pesaba sobre su cabeza? Se la palpó y se asombró; no tenía ninguna herida grave tal como temiera en la oscuridad del cuarto; lo que entonces tocaba era sólo un vendaje, todavía húmedo, puesto en forma de turbante. Era, a juzgar por los restos de encaje que todavía colgaban, alguna vieja ropa de Brunelda, con la que Robinson le había envuelto a la ligera la cabeza. Sólo que se olvidó de retorcer el trapo y, por eso, durante el desvanecimiento de Karl el agua se había derramado por el rostro y bajo la camisa del muchacho, haciéndole creer que era sangre.

—Parece que todavía continúa aquí —dijo el hombre, parpadeando hacia el otro balcón.

—Pero ahora me voy de veras —dijo Karl—, únicamente deseaba mirar un poco por aquí, pues el cuarto está totalmente a oscuras.

—Pero, ¿usted quién es? —dijo el hombre; colocó su portaplumas sobre el libro abierto que tenía delante y se aproximó a la balaustrada—. ¿Cómo se llama? ¿Cómo vino a caer entre esa gente? ¿Hace mucho ya que está aquí? ¿Y qué quiere mirar? Encienda, pues, su lamparilla para que se le pueda ver.

Karl lo hizo así, pero antes de responder corrió todavía más la cortina de la puerta, para que nada se viera del interior.

—Perdone —dijo después susurrando— que hable en voz tan baja. Si me oyeran esos de allí dentro tendría un nuevo escándalo.

—¿Nuevo? —preguntó el hombre.

—Sí —dijo Karl—, precisamente esta noche tuve una gran pelea con ellos. Debo de tener aún por aquí un chichón espantoso —y se palpó por detrás de la cabeza.

—¿Y por qué fue la pelea? —preguntó el hombre y, como Karl no respondió en seguida, añadió—: A mí puede contarme con confianza todo lo que le oprima el corazón con respecto a esos señores, pues los detesto a los tres, y sobre todo a esa gran señora. Por otra parte me asombraría que no le hubiesen instigado ya contra mí —hizo una pausa y añadió—: Mi nombre es Josef Mendel y soy estudiante.

—Sí —dijo Karl—, ciertamente ya me hablaron de usted: pero sin decir nada malo. Atendió una vez a la señora Brunelda, ¿verdad?

—Es verdad —dijo el estudiante riendo—. ¿Todavía conserva el diván ese olor?

—¡Sí! —dijo Karl.

—Esto sí me alegra —dijo el estudiante, pasándose la mano por el pelo—. Y ¿por qué le hacen chichones?

—Fue una pelea—dijo Karl, y pensó en cómo hacía para explicárselo al estudiante. Después se interrumpió y preguntó—: Pero, ¿no le molesto?

—En primer lugar —dijo el estudiante— ya me ha molestado y, por desgracia, soy tan nervioso que necesito mucho tiempo para volver a concentrarme. Desde que inició usted sus paseos en el balcón ya no pude estudiar. Pero, en segundo lugar, siempre hago una pausa a las tres. De modo que puede continuar contándome tranquilamente su asunto. Además también me interesa.

—Es muy simple —dijo Karl—. Delamarche quiere convertirme en sirviente de su casa y yo no quiero. Si hubiera sido por mí, ya me habría ido. Él no quiso dejarme, cerró la puerta con llave, yo quise forzarla y así se produjo luego la pelea. ¡Me siento muy desgraciado por estar todavía aquí!

—¿Acaso tiene otro trabajo? —preguntó el estudiante.

—No —dijo Karl—, pero no me importa, con tal que pueda irme de aquí.

—Pero escuche —dijo el estudiante—, ¿no le importa no tener empleo?

Los dos permanecieron en silencio durante un rato.

—¿Por qué no desea quedarse con esa gente? —preguntó luego el estudiante.

—Delamarche es un mal bicho —dijo Karl—: lo conozco de antes. Una vez marchamos juntos durante un día y bien contento estaba cuando nos separamos. ¿Y ahora quiere que sea su sirviente?

—¡Si todos los sirvientes fueran tan finos al elegir a sus patrones como usted! —dijo el estudiante y, al parecer, se sonrió—. Mire, durante el día soy vendedor en la tienda de Montly, un vendedor de última categoría, casi se podría decir un dependiente. Ese Montly es, sin lugar a dudas, un sinvergüenza, pero eso me tiene totalmente sin cuidado, y sólo me enfurece que me paguen tan mal. De modo que vea en mí un ejemplo.

—¿Cómo? —dijo Karl— ¿Es vendedor durante el día y estudia de noche?

—Sí —dijo el estudiante—, de otra forma no podría hacer nada. Ya probé de todo y esta manera de vivir es, sin embargo, la mejor. Hace años yo era sólo estudiante, tanto durante el día como durante la noche, ¿sabe?; pero así casi me muero de hambre. Dormía en una vieja y roñosa covacha y no me atrevía a acercarme a las aulas con el traje que llevaba. Pero eso ya pasó.

—Y ¿cuándo duerme usted? —preguntó Karl, mirando con admiración al estudiante.

—¡Ah, sí, dormir! —dijo el estudiante—. Ya dormiré cuando termine mis estudios. Mientras tanto tomo café puro.

Volviéndose, sacó de abajo de su mesa de estudio una gran botella, se sirvió de ella café puro en un pocillo y lo vertió dentro de sí, tal como se tragan con prisa los remedios, para sentir lo menos posible el sabor.

—Buena cosa el café —dijo el estudiante—. Lamento que esté lejos y que no pueda ofrecerle un poco.

—No me gusta el café —dijo Karl.

—A mí tampoco —dijo riendo el estudiante—. Pero ¿qué haría sin él? Sin el café no me dejaría Montly en el puesto ni un minuto. Siempre digo que Montly, por supuesto, ni sospecha mi existencia en el mundo. No sé a ciencia cierta cómo me comportaría en la tienda si no tuviera también allí, siempre lista, mi botella, del tamaño de ésta, pues nunca hasta ahora me atreví a suspender el café. Pero, créamelo, bien pronto estaría durmiendo detrás del mostrador. Por desgracia allí lo sospechan y me llaman «Café puro», una tonta broma que seguramente ya perjudicó mi carrera.

—Y ¿cuándo concluirá sus estudios? —preguntó Karl.

—Va despacio —dijo bajando la cabeza. Dejó la balaustrada y se sentó nuevamente a la mesa; apoyó los codos sobre el libro abierto y, revolviéndose el pelo con las manos, dijo luego—: Aún podrá llevarme de uno a dos años.

—Yo también quise estudiar —dijo Karl, como si ese hecho le diese derecho a pretender una confianza aún mayor que la que el estudiante, que ya callaba, le demostrara hasta entonces.

—¡Ah! —dijo el estudiante, y no se sabía ciertamente si ya estaba otra vez leyendo su libro o si sólo clavaba distraído los ojos en él—, esté feliz por haber abandonado el estudio. Yo mismo, desde hace años, estudio ya sólo para ser consecuente. El estudio me da muy pocas alegrías y aún menos promesas de futuro. ¡Qué esperanzas de progreso podría abrigar! América está repleta de curanderos.

—Yo quería ser ingeniero —se apresuró a decir Karl al estudiante, que en el balcón ya no parecía prestarle ninguna atención.

—Y ahora, ¡a hacerse sirviente de esa gente! —dijo el estudiante levantando rápidamente la mirada—, esto desde luego le duele.

Tal deducción del estudiante era un error, pero acaso podría servirle en su relación con él. Por eso preguntó:

—¿No podría quizá conseguir también un puesto en la tienda?

Esta pregunta sacó por completo al estudiante de su libro; ni siquiera se le cruzó por la mente la idea de que podría ser útil a Karl cuando éste solicitara el empleo.

—Inténtelo —dijo—; o mejor será que ni lo intente. El obtener mi puesto en Montly fue hasta ahora el mayor triunfo de mi vida. Si tuviera que elegir entre mis estudios y el empleo, me decidiría desde luego por el empleo. Todo mi empeño se encamina simplemente a no permitir que se presente la necesidad de tal elección.

—Es muy difícil conseguir un puesto allí —dijo Karl más bien para sí.

—¡Oh, qué pensó! —dijo el estudiante—: aquí es más fácil ser juez de distrito que portero en la casa Montly.

Karl permaneció en silencio. Ese estudiante, por cierto con mucha más experiencia que él, que odiaba a Delamarche por un motivo que Karl aún ignoraba, que en cambio no le deseaba nada malo, no encontraba para él ni una sola palabra de aliento, ningún estímulo que lo impulsara a dejar a Delamarche. Y, para colmo, aún no sabía siquiera el peligro que amenazaba a Karl de parte de la policía, y del cual sólo su permanencia en casa de Delamarche lo preservaba hasta cierto punto.

—Vio esta noche la demostración de abajo, ¿no es cierto? Si uno no conociera las condiciones, podría pensar que ese candidato, su nombre es Lobter, tendrá por lo menos alguna esperanza o que siquiera entrará en consideración, ¿verdad?

—No entiendo de política —dijo Karl.

—Lo cual no deja de ser un defecto —dijo el estudiante—; pero, aparte de eso tiene ojos y oídos. Sin duda, el hombre demostró tener sus amigos y enemigos: esto no puede habérsele escapado. Y ahora reflexione sobre lo que significa esto: ese hombre, para mí, no tiene la menor esperanza de salir electo. Yo, por azar, lo sé todo sobre él; aquí, con nosotros, vive uno que lo conoce. No es un hombre incapaz; por opiniones políticas y su pasado político, sería justamente el juez más apropiado para el distrito. Pero nadie cree que saldrá elegido, será derrotado del modo más estrepitoso que pueda darse. Habrá gastado unos cuantos dólares en la campaña electoral y eso será todo.

Karl y el estudiante se miraron en silencio durante un rato. El estudiante movió la cabeza sonriendo y con una mano se restregó los cansados ojos.

—Y bien, ¿todavía no se va a dormir? —preguntó después—; ahora tengo que estudiar. Vea cuánto trabajo me queda aún. —Hojeó rápidamente medio libro para que Karl se diera una idea de la tarea que le aguardaba todavía.

—Buenas noches —dijo Karl inclinándose.

—Venga alguna vez a vernos —dijo el estudiante, ya de nuevo sentado frente a su mesa—, por supuesto, sólo si tiene ganas. Aquí siempre hallará una gran reunión. De nueve a diez de la noche tendré tiempo también para usted.

—¿De modo que me aconseja quedarme en casa de Delamarche? —preguntó Karl.

—Sin duda —dijo el estudiante metiendo ya la cabeza en sus libros. Parecía que ni siquiera hubiera sido él quien pronunciara esas palabras; resonaron en los oídos de Karl como si las hubiera dicho una voz más profunda que la del estudiante.

Lentamente se aproximó a la cortina y echó aún otra mirada hacia el estudiante, que ya en medio de su haz de luz estaba sentado completamente inmóvil rodeado por grandes tinieblas. Luego se deslizó en el cuarto. Lo recibieron las respiraciones reunidas de los tres durmientes. Fue buscando el diván a lo largo del muro y una vez que lo encontró se acostó tranquilamente sobre él, como si fuera éste su lecho habitual. Si aquel estudiante que conocía bien las condiciones del lugar y también a Delamarche, y que además, era un hombre culto, le aconsejaba que se quedase allí, no tenía escrúpulos por el momento. No tenía tampoco aspiraciones tan elevadas como las del estudiante; quizá ni en su casa paterna hubiera conseguido llevar a buen término sus estudios; y si esto en su propia casa casi no parecía posible, nadie podía demandarle que lo hiciese allí, en una tierra extraña. Pero la esperanza de encontrar un puesto en el cual pudiera resultar útil y donde su utilidad se reconociera sería con seguridad mayor si, por ahora, aceptaba el puesto de sirviente en la casa de Delamarche, al amparo de que este empleo le proporcionara una oportunidad favorable. En esa misma calle parecía haber muchas oficinas de categoría baja y mediana que quizás, en el caso necesario, no serían tan exigentes en la elección de su personal.

Con gusto, si fuera necesario, se haría dependiente de comercio, pero al fin y al cabo no era imposible tampoco que lo tomaran sólo para trabajos auxiliares de oficina y que un día se sentara ante su escritorio como un empleado cabal y que, libre ya de preocupaciones, se quedara mirando durante un rato por la ventana abierta, como aquel empleado que vio por la mañana cuando cruzaba los patios. Al cerrar los ojos, se sintió reconfortado por el pensamiento de que de todos modos era joven y de que alguna vez Delamarche lo dejaría en libertad; pues este hogar, en verdad, no parecía estar hecho para la eternidad. Y cuando Karl tuviese un puesto así en una oficina no se ocuparía de otra cosa que de sus trabajos y no dispersaría sus fuerzas como el estudiante. Si hiciera falta también trabajaría en la oficina incluso por la noche, cosa que al comienzo de todas formas le exigirían teniendo en cuenta su pobre preparación comercial. Y no pensaría sino en los intereses del negocio a cuyo servicio estuviera y se sometería a cualquier trabajo sin excepción, incluso a los que otros empleados de la oficina rechazaran, por tenerlos por indignos de ellos. Se amontonaban en su cabeza buenas intenciones, como si su futuro jefe estuviese presente allí y las leyera una a una en su cara.

Sumido en tales pensamientos, Karl se durmió y sólo lo perturbó, en su primer sueño, un terrible suspiro de Brunelda, la cual, acosada al parecer por sus sueños, daba vueltas en su lecho.

EL SERVICIO EN CASA DE BRUNELDA*

—¡Arriba!, ¡arriba! —exclamó Robinson en cuanto Karl abrió los ojos por la mañana.

La cortina de la puerta no estaba corrida todavía, pero por la luz uniforme del sol que entraba por las aberturas, uno se daba cuenta de cuán avanzada estaba la mañana. Robinson corría apurado de un lado a otro y sus miradas denotaban preocupación; iba y venía llevando ya una toalla, ya un cubo de agua, ya ropa blanca y de vestir, y cada vez que pasaba frente a Karl intentaba animarlo con señas de la cabeza a que se levantara y demostraba, levantando lo que traía en la mano, cómo se afanaba todavía hoy por él, aunque esta fuera la última vez que lo hacía; porque lógicamente, el muchacho no podía saber ya desde la primera mañana los detalles del servicio.

Enseguida vio Karl a quién servía verdaderamente Robinson. Allí, en un aposento que Karl no había visto todavía, separado del resto de la habitación por dos armarios, se estaba realizando un gran lavado. Se veía la cabeza de Brunelda, su cuello desnudo —en ese momento el pelo le caía sobre el rostro— y el nacimiento de la nuca, que sobresalían del armario, y de cuando en cuando la mano de Delamarche tenía una esponja de baño que salpicaba a gran distancia y con la cual Brunelda era lavada y frotada. Se escuchaban breves órdenes que Delamarche daba a Robinson; éste alcanzaba las cosas a través del real acceso, ahora interrumpido de este recinto: debía contentarse con una abertura pequeña entre uno de los armarios y un biombo; por otra parte, debía estirar mucho el brazo y volver el rostro al realizar cada uno de sus servicios.

—¡La toalla, la toalla! —gritó Delamarche

---

* Este fragmento y el siguiente, “La mudanza de Brunelda”, sólo figuran en la edición de Berlín (1935), siendo omitidos en otras.

Robinson casi no se asustó por ese pedido, pues en ese momento buscaba alguna otra cosa debajo de la mesa, y sacaba ya la cabeza de allí cuando se oyó:

—¡Dónde está el agua, demonios! —Y por encima del armario apareció de repente el rostro enfurecido de Delamarche.

Todo lo que, a juicio de Karl, para lavarse y vestirse hacía falta por lo común una sola vez, se pedía y se llevaba allí muchas veces. Sobre un pequeño calentador eléctrico había una cacerola para calentar agua y Robinson llevaba constantemente entre sus piernas, muy abiertas, la pesada carga hasta ese aposento destinado al baño. Si se piensa en la cuota de trabajo que tenía, era fácil comprender que no respetara siempre estrictamente las órdenes y que una vez, al pedírsele de nuevo una toalla, tomara simplemente una camisa de gran lujo que había en el centro de la habitación y la arrojara por encima de los armarios, hecha una gran pelota.

Pero también Delamarche debía realizar un trabajo bien pesado y quizá su furia contra Robinson —tan enfurecido estaba que a Karl, sencillamente, ni siquiera lo veía— se debía a que él mismo no podía satisfacer a Brunelda.

—¡Ay! —se lamentó ella lanzando un grito, y hasta Karl, que por lo demás seguía impasible, se estremeció—. ¡Me haces daño! ¡Vete! ¡Prefiero lavarme sola antes que exponerme a tanto sufrimiento! Ahora de nuevo no puedo levantar el brazo. ¡Me siento muy mal!, me aprietas tanto. Con seguridad tengo la espalda llena de moretones. Naturalmente, tú no lo dirás. Ya verás, haré que me mire Robinson o nuestro chico. Pero no, no lo haré; lo digo sólo para que seas un poco más suave. Ten consideración Delamarche. Pero es inútil, puedo repetirlo cada mañana, no tienes consideración… ¡Robinson! —gritó luego de repente, agitando sobre su cabeza un pantaloncito de encaje—. ¡Ven y ayúdale;

mira cómo sufro! ¡Y Delamarche llama lavarme a este suplicio! Robinson, Robinson, ¿dónde estás?, ¿o es que tampoco tienes corazón?

En silencio, Karl hizo a Robinson una señal con el dedo para que fuese allí, pero éste movió la cabeza con aire de superioridad y bajó la vista; él sabía bien qué pasaba.

—¿Cómo se te ocurre? —dijo inclinándose hasta el oído de Karl—. No es ése su propósito. Sólo una vez fue allí y después nunca más. En aquella oportunidad me agarraron los dos y me metieron en la bañera: casi me ahogo. Y durante días y días Brunelda me echó en cara mi conducta, diciendo que era un sinvergüenza, y lo hacía repitiendo siempre las mismas palabras: «Hace mucho que estuviste conmigo en el baño», o «¿Cuándo vendrás a mirarme de nuevo cuando me baño?». Sólo cuando le pedí varias veces perdón de rodillas cesó sus pullas. No lo olvidaré.

Y mientras Robinson contaba esto, Brunelda llamaba una y otra vez:

—¡Robinson! ¡Robinson! ¿Dónde está Robinson?

Aunque nadie acudía en su ayuda y ni siquiera le respondían —Robinson se había sentado junto a Karl y ambos miraban en silencio hacia los armarios, por encima de los cuales se veían de cuando en cuando las cabezas de Brunelda o de Delamarche—, Brunelda no dejó sin embargo, de quejarse de Delamarche a gritos.

—¡Pero, Delamarche! —exclamó—. Si ahora no sé si me lavas. ¿Dónde está la esponja? ¡Agárrala! ¡Si pudiera agacharme! ¡Si pudiera moverme! Ya te mostraría cómo se lava. ¡Y mis tiempos de jovencita cuando allá en la finca de mis padres nadaba todas las mañanas en el Colorado! Era la más ágil de todas mis amigas. ¡Pero ahora! ¡Cuándo aprenderás a lavarme, Delamarche! No haces más que agitar la esponja, te afanas y no siento nada. Si dije que no me restregaras hasta lastimarme, no quería decir que quisiera quedarme aquí de pie para resfriarme. ¡Ya verás, saltaré de la bañera y me voy a escapar tal como estoy!

Pero no cumplió esta amenaza —por otra parte ni siquiera hubiera sido capaz de hacerlo—; Delamarche, temiendo que se resfriara, parecía que la había sumergido en la bañera, pues se oía chapotear con violencia.

—Sólo eso sabes hacer, Delamarche —dijo Brunelda en voz algo más baja—. Adular y adular siempre, cuando sabes que has hecho algo mal.

—Ahora la besa —dijo Robinson, y levantó las cejas.

—¿Qué trabajo viene ahora? —preguntó Karl. Como había decidido quedarse, quería empezar enseguida su servicio. Dejó a Robinson, que no contestó, solo en el diván, y comenzó a deshacer la cama que aún seguía como aplastada por la carga de los durmientes que habían yacido en ella durante la larga noche, para doblar después en orden cada una de las piezas de esa masa, cosa que sin duda, no se hacía desde semanas atrás.

—Anda y mira, Delamarche —dijo entonces Brunelda—, me parece que están tirando abajo nuestra cama. Hay que estar pendiente de todo, nunca se puede estar tranquila. Y debes ser más estricto con esos dos, pues de otra forma harán lo que quieran.

—Seguramente es ese muchacho con su maldito celo —exclamó Delamarche, probablemente dispuesto a salir, hecho una furia, del recinto del baño. Karl tiró todo lo que tenía en la mano, pero por suerte dijo Brunelda:

—No te vayas, Delamarche, no te vayas. ¡Ay!, ¡qué caliente está el agua! ¡cómo me canso! Quédate conmigo, Delamarche.

Sólo en ese instante advirtió Karl cómo el vapor subía sin cesar tras los armarios.

Robinson atemorizado, se puso las manos sobre la cara como si Karl hubiese hecho algo grave.

—¡A dejar todo como estaba! —resopló la voz de Delamarche—. ¿Acaso no saben que después del baño descansa Brunelda siempre una hora más? ¡Espantoso desorden! ¡Esperen a que les caiga encima! ¡Robinson, seguramente ya estás durmiendo de nuevo! A ti, sólo a ti te hago responsable de todas las cosas que ocurren. Tienes que contener al muchacho. ¡Aquí no se regirán las cosas según su cabeza! Cuando se necesita algo, nada se puede conseguir de ustedes y cuando no hay nada que hacer se esmeran. ¡Vayan a algún rincón y esperen hasta que se los necesite!

Enseguida todo estaba olvidado, pues Brunelda muy cansada, como si estuviera sumergida por completo en el agua caliente, musitó:

—¡El perfume! ¡Traigan el perfume!

—¡El perfume! —gritó Delamarche ¡Muévanse!

Bueno, ¿dónde estaba el perfume? Karl miró a Robinson. Robinson miró a Karl. Karl comprendió que allí debía encargarse del problema con sus propios medios; Robinson no tenía la menor idea de dónde estaba el perfume, se limitó a acostarse en el suelo y agitar los dos brazos sin cesar debajo del diván, pero sin sacar otra cosa que pelotitas de golf y cabellos de mujer.

Karl fue corriendo primero hasta el tocador que estaba al lado de la puerta, pero en sus cajones sólo había viejas novelas inglesas, revistas y partituras musicales, y todo estaba tan lleno que los cajones no se podían cerrar una vez abiertos.

—El perfume —suspiraba Brunelda—. ¡Cómo demoran! Me gustaría saber si hoy tendré el perfume.

Con la ansiedad de Brunelda no podía permitirse Karl, por supuesto, buscar a fondo en ningún sitio. Debía confiar sólo en su instinto. En el tocador el frasco no estaba; encima del tocador sólo había frasquitos viejos con remedios y cremas; todo lo demás ya había sido transportado, con seguridad, al recinto donde se realizaba el baño. A lo mejor estaba el frasco en el cajón de la mesa del comedor. Pero al ir hacia ésta —Karl pensaba en el perfume y en nada más— chocó con Robinson, quien, por fin, había dejado de buscar debajo del diván y corría como ciego al encuentro de Karl, presa de un temprano e indefinido presentimiento con respecto al paradero del perfume. Claramente sonó el choque de las cabezas; Karl se quedó sin habla y Robinson, aunque no se detuvo en su carrera, comenzó a gritar incesantemente y con fuerza exagerada para aliviar su dolor.

—En vez de buscar el perfume, están luchando —dijo Brunelda—. Me enferma este modo de llevar la casa, Delamarche, y con seguridad moriré en tus brazos. Me hace falta ese perfume —exclamó luego juntando fuerzas—, ¡lo necesito! No saldré de la bañera hasta que me lo traigan, aunque deba estar aquí hasta la noche. —Dio un golpe en el agua y se oyó cómo ésta saltaba.

Pero el perfume tampoco estaba en el cajón de la mesa del comedor, pues a pesar de que allí había exclusivamente objetos de tocador de Brunelda, tales como viejos empolvadores, botes de colorete, cepillos de cabeza, bucles y muchas menudencias deshechas y mezcladas y pegadas unas a otras, el perfume no estaba. Y tampoco Robinson, que continuaba gritando y abría y removía uno tras otro, un centenar de potes y estuches amontonados en un rincón —generalmente la mitad del contenido, casi siempre objetos de costura y correspondencia, caía al piso y allí quedaba— podía hallar nada, según informaba a Karl de vez en cuando por movimientos de cabeza y encogimiento de hombros.

Entonces Delamarche salió de un salto y en paños menores del lugar del baño, mientras se escuchaba el acongojado llanto de Brunelda. Karl y Robinson detuvieron la búsqueda y miraron a Delamarche, mojado —hasta le caía agua de la cara y el pelo— que exclamó:

—¡Y ahora hagan el favor y comiencen a buscar! ¡Aquí! —ordenó primero a Karl y después—: ¡Allá! —a Robinson.

Karl se puso a buscar y revisó también los sitios donde ya había sido enviado Robinson, pero halló el perfume tanto como éste, quien buscaba con más diligencia que él y miraba de soslayo a Delamarche. Éste, en cuanto le permitía el espacio, caminaba por el cuarto dando grandes zancadas; sin duda habría preferido dar una buena paliza tanto a Karl como a Robinson.

—¡Delamarche! —exclamó Brunelda— ¡Por lo menos ven a secarme! Esos dos, de todas formas no hallarán el perfume; sólo van a desarreglar todas las cosas. Que dejen de buscar enseguida. ¡Enseguida! ¡Y que dejen allí todo lo que tengan en las manos! ¡que no toquen nada más! Si fuera por ellos, harían del apartamento un chiquero. ¡Retuérceles el cuello, Delamarche, si no acaban! ¡Pero si se ha caído una caja! ¡Que no la recojan, que dejen todo como está y que se vayan del cuarto! Echa el cerrojo tras ellos y ven a mi lado. ¡Hace mucho tiempo que estoy tendida en el agua, demasiado; ya tengo las piernas frías por completo!

—¡Ya voy, Brunelda, ya voy! —exclamó Delamarche y corrió hasta la puerta con Karl y Robinson. Pero, antes de despedirlos, les ordenó traer el desayuno y buscar en cualquier lugar, si se podía, un buen perfume para Brunelda.

—¡Qué desorden y suciedad hay en esta casa! —dijo Karl cuando estuvieron en el pasillo, tendremos que empezar a poner orden.

—¡Si yo no estuviera tan enfermo! —dijo Robinson—. ¡Y con ese modo de tratarme!

Sin duda, le ofendía que Brunelda no hiciera la menor distinción entre él, que la servía ya hacía meses, y Karl, que desde ayer había entrado en su servicio. Pero por cierto no merecía otra cosa, y Karl dijo:

—Tienes que hacer un pequeño esfuerzo. —Pero para no dejarlo del todo abandonado a su desesperación, agregó—: Será de todos modos un trabajo único, una sola vez. Luego haré una cama detrás de los armarios y, cuando todo esté un poco ordenado, podrás quedarte acostado allí todo el día sin ocuparte de nada; y así sanarás pronto.

—Ahora reconoces tú mismo en qué estado me hallo —dijo Robinson, apartando el rostro de Karl para quedar a solas consigo y con su dolor—. Pero, ¿crees que alguna vez me dejarán quedar tranquilamente acostado?

—Si lo deseas, yo mismo hablaré de ello con Delamarche y Brunelda.

—¿Acaso tiene Brunelda alguna consideración? —exclamó Robinson, y de un puñetazo abrió una puerta a la que acababan de llegar, sin que antes hubiera avisado de ello a Karl.

Entraron en una cocina cuyo fogón, que parecía pedir imprescindibles arreglos, arrojaba negras humaradas. Arrodillada ante la puertecilla del fogón estaba una de las mujeres que Karl había visto la noche anterior en el pasillo, la cual, valiéndose solamente de sus manos, ponía grandes pedazos de carbón en el fuego que observaba desde todos los ángulos. La posición en que se hallaba era muy incómoda para su edad y por eso suspiraba mientras miraba el fuego.

—Claro, y ahora viene también esta plaga —dijo al ver a Robinson; se levantó trabajosamente poniendo una mano en la carbonera y cerró la puertecilla del fogón, cuya asa tomaba envolviéndola en su delantal—; ahora, a las cuatro de la tarde. —Karl miró sorprendido el reloj de la cocina, y comprobó que, en efecto, era la hora que había dicho la mujer—. ¿Tienen que desayunar todavía? ¡Panda de vagos!... Siéntense —dijo después— y esperen hasta que disponga de tiempo para ustedes.

Robinson arrastró a Karl hasta un banco que estaba cerca de la puerta y le cuchicheó:

—Debemos obedecerle; dependemos de ella. Le arrendamos nuestro cuarto y puede echarnos en cualquier momento. Por supuesto, no podemos mudarnos de casa ¡cómo sacaríamos de nuevo todas aquellas cosas!, y, ante todo, ya ni es posible trasladar a Brunelda.

—¿Y aquí, en este pasillo, no se podría alquilar algún otro cuarto? —preguntó Karl.

—Si nadie nos quiere —respondió Robinson—; en toda la casa nadie nos quiere.

Y así estuvieron esperando tranquilamente sentados en el banco. La mujer corría sin cesar, yendo y viniendo entre dos mesas y el fogón. De sus exclamaciones se desprendía que su hija no estaba muy bien y que por lo tanto dependía únicamente de ella atender y alimentar a treinta inquilinos. Y para mayor desgracia, ahora no andaba bien la cocina y la comida no terminaba de cocinarse.

En dos enormes ollas hervía una sopa espesa, y la mujer, por más que la controlaba con ayuda de un cucharón, removiéndola desde lo alto, no lograba que mejorara; seguramente era culpa del fuego, de manera que casi se sentó en el suelo delante de la puertecilla del fogón y se puso a remover penosamente con el atizador. El humo que llenaba toda la cocina le provocaba una tos que a veces se hacía tan fuerte que la obligaba a sentarse en una silla y, por un rato, no hacía nada más que toser. Con frecuencia decía, que de ninguna manera prepararía el desayuno, pues no tenía ni tiempo ni ganas de hacerlo. Como Karl y Robinson, habían recibido la orden de llevar el desayuno y, por el otro, no tenían posibilidad de conseguirlo a la fuerza, no respondían a tales advertencias; continuaban, como antes, tranquilamente sentados.

Alrededor, sobre sillas y banquitos, sobre las mesas y debajo de éstas, hasta amontonada en un rincón del suelo, estaba aún sucia la vajilla del desayuno de los inquilinos. Había jarritas con restos de café o leche, en algunos platos quedaban restos de mantequilla y de una lata grande, volcada, habían rodado bastante lejos los bizcochos. Con todas esas cosas se podría hacer un desayuno contra el cual nada podría oponer Brunelda, si no sabía nada de su origen.

En el preciso momento en que Karl pensaba en todo esto, advirtió por el reloj de que ya hacía media hora que esperaban allí y de que quizá Brunelda ya estaría irritada e incitando a Delamarche contra la servidumbre, gritó la mujer en medio de un ataque de tos y mientras fijaba sus ojos en Karl:

—Pueden ustedes seguir sentados, pero no obtendrán el desayuno; en cambio, en dos horas, les daré la cena.

—Ven Robinson —dijo Karl—, haremos nosotros mismos el desayuno.

—¿Cómo? —dijo la mujer levantando la cabeza.

—Sea razonable, por favor —dijo Karl—: ¿por qué no desea hacernos el desayuno? Hace ya media hora que aguardamos. Ya es bastante. Creo que se le paga por todo, y seguramente abonamos precios más altos que los demás. El hecho de que desayunemos más tarde sin duda le resulta molesto, pero somos sus inquilinos, tenemos el hábito de desayunar tarde y debe considerar también eso. Hoy, lógicamente, a causa de su hija enferma todo esto es especialmente molesto; pero por eso mismo estamos dispuestos a preparar el desayuno usando esos restos, si no nos proporciona cosas frescas.

Pero la mujer no estaba dispuesta a intercambiar ideas amigablemente con nadie; si creían suficientemente buenas las sobras del desayuno, allá ellos pero, además ya la cansaba la insistencia de ambos sirvientes. Tomó entonces una bandeja y empujó con ella a Robinson, quien al momento comprendió que debía sostenerla para recibir la comida que la mujer eligiera. Pues bien, con mucho apuro llenó la bandeja con toda clase de cosas, pero todo eso parecía más bien un montón de vajilla sucia que un desayuno para tomar. Luego la mujer los empujó fuera y ellos salieron acobardados, como si tuvieran miedo de recibir improperios o empellones. Karl tomó la bandeja de manos de Robinson porque no la veía bastante segura en su poder.

Una vez en el pasillo, y alejados un buen trecho de la puerta de la patrona, Karl se sentó en el suelo para limpiar, en primer lugar, la bandeja y juntar las cosas correspondientes, esto es, poner en un solo recipiente la leche, reunir raspando los diferentes restos de mantequilla en un plato y borrar todas las señas de uso, es decir, limpiar cuchillos y cucharas, recortar los ya mordidos panecillos y dar así un mejor aspecto al conjunto.

A Robinson esa tarea le parecía innecesaria; afirmaba que el desayuno ya había tenido un aspecto mucho peor todavía, pero Karl no se dejó convencer y estaba bastante contento con que Robinson no deseara participar en ese trabajo, pues tenía los dedos sucios. Para que se quedara tranquilo, Karl le asignó de inmediato —si bien según le expresó claramente en calidad de entrega única y definitiva— varios bizcochos y el contenido espeso de una ollita que había estado llena de chocolate.

Cuando arribaron a su habitación y Robinson sin más puso la mano en el picaporte, Karl lo detuvo porque no estaba seguro de que pudieran entrar.

—Pero sí —dijo Robinson—, si ahora sólo la está peinando.

Y así era, en el cuarto, que todavía estaba sin ventilar y cerrado por la cortina, estaba Brunelda sentada en el sillón muy despatarrada, y Delamarche detrás de ella, con la cara completamente inclinada, peinaba sus cabellos cortos y quizá muy enredados. Brunelda llevaba otra vez un vestido muy suelto, aunque ahora color rosa pálido. Era probablemente algo más corto que el de la víspera; al menos se veían las medias blancas de tosco tejido casi hasta la rodilla. Nerviosa porque tomaba tanto tiempo peinarla, Brunelda movía su gruesa lengua roja entre los labios, meneándola de un lado a otro, y a veces hasta se retiraba por completo de Delamarche, exclamando:

—¡Pero Delamarche!

Éste permanecía tranquilamente con el peine levantado hasta que ella recostaba la cabeza otra vez.

—Habéis tardado mucho —dijo Brunelda en general; y dirigiéndose a Karl—: Tienes que moverte un poco más si quieres que estemos contentos contigo. No debes tener a Robinson como ejemplo, que es perezoso y tragón. Seguramente habéis desayunado en otra parte. La próxima vez no lo toleraré.

Esto era muy injusto y, en efecto, Robinson movía la cabeza y los labios, aunque por cierto sin emitir una sílaba, pero Karl, en cambio, comprendió que sólo se podía influir en los patrones si se les demostraba el afán que innegablemente se había puesto. Sacó por lo tanto de un rincón una mesita japonesa baja y colocó en ella las cosas traídas. Quien supiera el origen del desayuno podía estar feliz con el resultado; pero, de otro modo, Karl tuvo que admitir para sí que dejaba mucho que desear.

Por suerte Brunelda tenía apetito. Amablemente le hacía señas a Karl mientras éste acomodaba todas las cosas y le incomodaba a menudo, sacando antes de tiempo algún bocado con su mano blanda, grasienta, que enseguida lo estrujaba todo.

—Bien, muy bien lo hizo —dijo, chasqueando la lengua, y atrajo a Delamarche, que abandonó el peine enredado en su pelo para continuar después el trabajo, y le sentó junto a sí en una silla. También Delamarche se puso afable al ver la comida; ambos tenían mucho apetito; sus manos se movían veloces sobre la mesita, de un lado a otro.

Karl comprendió que allí para que estuvieran satisfechos había que llevar la mayor cantidad posible, y acordándose de que en la cocina había dejado en el suelo diversos alimentos que todavía podrían usarse, dijo:

—La primera vez no sabía cómo debía preparar todo esto; la próxima lo haré mejor.

Brunelda, mirando a Delamarche, asintió conforme y alcanzó a Karl, como recompensa, un puñado de bizcochos.

Karl, por su parte, se propuso tener en cuenta para lo sucesivo la clase de individuos con los que tenía que tratar, y reconoció que se había preocupado excesivamente por el desayuno.

LA MUDANZA DE BRUNELDA

Cierta mañana, Karl empujó fuera del portón el coche para enfermos en que iba sentada Brunelda. No era tan temprano como esperaba. Habían resuelto realizar el éxodo en horas de la noche, para no llamar la atención por las calles, cosa que de día resultaba inevitable, por más que Brunelda pensara taparse, muy modestamente, con una manta gris. Pero el traslado por la escalera llevó demasiado tiempo, a pesar de la ayuda sumamente solícita del estudiante, quien era mucho más endeble que Karl, según quedó demostrado en esa ocasión.

Brunelda se condujo con gran valentía. Apenas suspiraba y de todas las formas posibles intentaba facilitar el transporte a sus portadores. Sin embargo, el único modo de llevarla era sentándola cada cinco escalones, para brindarse a sí mismos y a ella el tiempo necesario de descanso.

Era una mañana fresca, por los pasillos corría una brisa fría como aire de sótano y, no obstante, tanto Karl como el estudiante estaban empapados de sudor y, durante los intervalos de descanso, cada uno se veía obligado a tomar una punta de la manta de Brunelda para enjugarse el rostro, que ella, por otra parte, les ofrecía amablemente. Y así fue como a las dos horas llegaron abajo, donde ya desde la víspera aguardaba el carro. Todavía costó cierto esfuerzo levantar a Brunelda y ponerla dentro, pero hecho esto, parecía que ya todo resultaría fácil, pues el trabajo de empujar el carro, gracias a sus altas ruedas, no sería difícil y sólo restaba el temor de que se desvencijara bajo el peso de Brunelda. Había que correr ese riesgo sin duda. No se podía contar con un carro de repuesto, aunque el estudiante, un poco en broma, se había ofrecido a ponerlo a su disposición y a conducirlo. Después se efectuó la despedida del estudiante, que por cierto hasta fue muy cordial. Toda discordia entre Brunelda y el estudiante parecía olvidada; éste hasta se excusó, reconociéndose culpable de la vieja ofensa que había hecho a Brunelda cuando estuvo enferma, pero ella dijo que todo había sido olvidado hacía mucho y que se sentía más que compensada. Pidió por último al estudiante que aceptara, como símbolo de amistad y como recuerdo de ella, un dólar, que sacó penosamente de entre sus numerosas faldas.

Semejante obsequio era muy significativo, si se tenía en cuenta la evidente tacañería de Brunelda. El estudiante, en efecto, experimentó gran contento por ello y arrojó su gorra bien alto al aire. Luego, es cierto, tuvo que buscarla por el suelo y Karl lo ayudó en su búsqueda; finalmente Karl la halló: estaba bajo el carro de Brunelda.

La despedida entre el estudiante y Karl fue por supuesto mucho más simple: sólo se estrecharon las manos y expresaron su convicción de que volverían a verse alguna vez y que entonces al menos uno de ellos —el estudiante lo decía por Karl, Karl por el estudiante— habría conseguido algo loable, cosa que hasta ese momento, lamentablemente, no había ocurrido. Luego Karl tomó animoso el carrito y lo empujó fuera del portón. El estudiante se quedó mirándolos y haciendo ademanes con un pañuelo, mientras aún se los veía. Karl se dio la vuelta muchas veces, saludando con la cabeza; también le hubiera agradado volverse a Brunelda, pero esos movimientos le resultaban demasiado fatigosos. Para facilitarle pese a todo una última despedida, Karl, al final de la calle, giró con el carro en círculo, para que también Brunelda pudiera ver al estudiante, el cual aprovechó la ocasión para agitar el pañuelo con entusiasmo.

Después, Karl dijo que desde ese instante no podían permitirse ya ningún alto, pues el camino era largo y habían partido mucho más tarde de lo que había sido su propósito.

En efecto, de vez en cuando se veían carruajes, así como aisladamente alguna gente que iba a su trabajo. Karl, con su observación, sólo había querido decir lo que realmente dijo, pero Brunelda, con un exceso de delicadeza, lo entendió de otro modo y se tapó por completo con su manta gris. Karl no puso contra esto ningún reparo. Aquel carrito de mano, cubierto con una manta gris, era por cierto muy llamativo; pero sin duda mucho menos de lo que hubiera sido con Brunelda descubierta.

Karl avanzaba con gran cautela; antes de doblar por una esquina examinaba la calle siguiente y, si lo creía necesario, hasta dejaba el carro y se adelantaba algunos pasos, y si preveía algún encuentro que podía ser desagradable, esperaba hasta que fuera posible evitarlo e incluso elegía otro camino por una calle totalmente diferente. Pero aun así, pues había estudiado de antemano todos los caminos posibles, corría el riesgo de dar algún rodeo importante.

Por cierto surgieron obstáculos que, aunque eran de temer, no habían podido salvarse en sus detalles. Por ejemplo, apareció de pronto —en una calle que subía suavemente, fácil de abarcar con una mirada y que, por suerte, además estaba totalmente desierta; una ventaja que, Karl deseaba aprovechar apresurándose especialmente— del oscuro ángulo de una puerta principal un policía, que preguntó a Karl qué llevaba en aquel carro tan cuidadosamente tapado.

Pero por más seriamente que mirase a Karl, debió sonreír sin embargo al levantar ligeramente la manta y advertir la cara acalorada y temerosa de Brunelda.

—¿Cómo? —dijo—, pensé que ahí tenías sacos de patatas, y resulta que únicamente es una mujer. ¿Adónde van? ¿Quiénes son ustedes?

Brunelda ni siquiera se atrevió a mirar el rostro del agente; sólo fijaba sus ojos, continuamente, en Karl expresando su temor manifiesto de que ni él siquiera pudiera salvarla. Empero Karl ya tenía bastante experiencia en el trato con los policías y no creyó muy peligroso todo ese asunto.

—Bueno —dijo dirigiéndose a Brunelda—, señorita, muéstrele al señor el documento que le han dado.

—¡Claro! —dijo Brunelda y comenzó a buscarlo de un modo tan desesperado que entonces sí debía parecer realmente sospechosa.

—La señorita —dijo el policía con evidente ironía— no encuentra el documento.

—¡Sí! —dijo Karl con calma—; seguro que lo tiene; sólo que se le ha extraviado.

Empezó a buscar ahora él mismo y lo sacó efectivamente tras la espalda de Brunelda. El policía tan sólo le echó una mirada rápida.

—Aquí está, pues —dijo el policía, sonriendo—, ya sabemos qué clase de señorita es ésta. ¿Y usted, muchacho, hace de intermediario y se encarga del traslado? ¿No sabe, en verdad, buscarse una ocupación mejor?

Karl sólo se encogió de hombros; ya aparecían de nuevo las conocidas intromisiones de la policía.

—Bueno, buen viaje —dijo el policía al no obtener respuesta. En las palabras del policía había quizá desprecio, y por eso Karl continuó sin saludar; era preferible el desprecio de la policía a su atención.

Poco después sufrieron un encuentro probablemente

más desagradable aún; pues se les acercó un hombre que empujaba un carro cargado con grandes tarros de leche y a quien, por lo visto, le hubiera agradado muchísimo saber qué había debajo de aquella manta gris en el carro de Karl. No era de suponer que tuviera el mismo camino de Karl, pero no obstante se quedaba a su lado por más que fueran raras las vueltas que Karl daba. Al principio se conformó con exclamaciones, como por ejemplo: «¡Qué carga pesada has de tener!», o bien: «Se te cae algo de allá arriba».

Pero después preguntó directamente:

—¿Qué llevas bajo la manta?

—¿Qué le importa? —dijo Karl, pero como esto aumentó más aún la curiosidad del hombre, agregó—: Manzanas.

—¡Tantas manzanas! —dijo el hombre sorprendido y sin cesar de repetir esa exclamación—. Debe ser toda una cosecha —dijo después.

—Así es —dijo Karl.

Pero fuera porque no le creyera a Karl, o porque quisiera molestarlo, seguía andando a su lado y empezaba a llevar la mano hacia la manta, como en broma; por fin se atrevió hasta a tirar de ella. ¡Cómo sufriría Brunelda!

Por consideración a ella, Karl no quiso pelear con aquel hombre y entró en el primer portón abierto, como si éste fuera su destino.

—Ya he llegado —dijo—, gracias por su compañía.

El hombre se paró asombrado ante el portón y siguió a Karl con la vista, pero éste si hacía falta estaba dispuesto a cruzar con toda calma todo el primer patio. El hombre ya no podía dudar, pero, para satisfacer su malicia por última vez, dejó su carro, corrió de puntillas detrás de Karl y tiró de la manta con tanta fuerza que faltó poco para que se descubriera el rostro de Brunelda.

—Para que tus manzanas tengan más aire —dijo mientras se iba corriendo.

Karl aguantó también eso sin mosquearse, ya que lo libraba para siempre del hombre. Trasladó después el carro a un rincón del patio donde había unos grandes cajones vacíos, a cuyo amparo pensaba decirle a Brunelda algunas palabras tranquilizadoras. Pero tuvo que hablarle largo rato, pues estaba totalmente bañada en lágrimas y le rogaba muy seriamente que se quedasen allí todo el día, detrás de los cajones, y que continuasen el viaje sólo cuando llegara la noche.

Quién sabe si él hubiera podido convencerla de lo equivocado de tal parecer; pero cuando allí, en la otra punta de la pila de cajones, alguien arrojó un cajón vacío al suelo, con tal estruendo que resonó terriblemente en el patio desierto, y ella se asustó tanto que, sin atreverse ya a decir una sola palabra, se tapó con la manta y se sintió dichosa porque Karl, con una decisión rápida, comenzara a andar enseguida.

Las calles se animaban cada vez más y, sin embargo, el carro no llamaba la atención tanto como Karl temió; probablemente hubiera sido más prudente elegir otra hora para el traslado. Si un viaje semejante se hiciera necesario otra vez, Karl se atrevería a hacerlo al mediodía. Sin que lo fastidiasen mucho, dobló al fin por la calle estrecha, oscura, en la cual se hallaba el establecimiento número 25.

El bizco administrador estaba de pie frente a la puerta con el reloj en la mano.

—¿Siempre eres tan poco puntual? —preguntó.

—Hubo algunos problemas —dijo Karl.

—Se sabe que siempre los hay —dijo el administrador—, pero en esta casa no cuentan. ¡Recuérdalo!

Karl apenas prestaba ya atención a esos discursos; todos usaban su poder y escarnecían al pobre. Cuando uno se ha habituado a ello, sólo suenan como el monótono tictac de los relojes. Lo que sí lo azoró, al ir empujando el carro hacia el interior del zaguán, fue la suciedad que allí reinaba y que, en verdad, había esperado. Bien mirado, no era una suciedad tangible que pudiera definirse. El suelo de baldosas casi estaba bien barrido, la pintura de los muros no era vieja y no obstante todo allí parecía grasiento y repulsivo; como si todas las cosas se hubieran usado mal y como si ya ninguna limpieza pudiera remediarlo.

Cuando Karl llegaba a alguna parte se complacía en examinar qué se podía mejorar allí y cuánto placer sentiría uno interviniendo sin reparar en el trabajo —quizás interminable— que exigiría. Pero en el caso presente no sabía qué habría que hacer. Lentamente retiró la manta de Brunelda.

—Bienvenida, señorita —dijo con melindres el administrador.

Indudablemente Brunelda le había causado buena impresión. En cuanto se dio cuenta de la situación, ella supo aprovecharla sin demora, cosa que Karl se complació en verificar. Y toda la congoja de las últimas horas se desvaneció.

CAPÍTULO VIII: EL GRAN TEATRO DE OKLAHOMA

Al doblar una esquina, Karl vio un cartel con la siguiente inscripción: «¡En el hipódromo de Clayton hoy se contratará, desde las seis de la mañana hasta la medianoche, el personal para el Gran Teatro de Oklahoma! ¡El Gran Teatro de Oklahoma os llama! ¡Y llama sólo hoy, sólo una vez! ¡El que pierda ahora la ocasión, la perderá para siempre! ¡El que piensa en su porvenir es de los nuestros! ¡Todos serán bienvenidos! ¡Este es el Gran Teatro que está en condiciones de dar empleo a cualquiera! ¡Todos tendrán su puesto! ¡Felicitamos de antemano a todo el que se decida! ¡Pero apresuraos a fin de que seáis atendidos antes de medianoche! ¡A las doce cerramos todo y ya no volveremos a abrir! ¡Peor para quien no nos crea! ¡Adelante, todos al hipódromo de Clayton!»

Había mucha gente mirando el cartel, pero no provocaba demasiado interés. ¡Había tantos carteles!; ya casi nadie creía lo que se leía en los carteles. Y ese era todavía menos convincente que lo que suelen ser generalmente los carteles. En principio tenía un grave defecto: no decía ni una sola palabra acerca de la paga. Por poco importante que hubiera sido, el cartel debió mencionarla, no habría dejado de ser el elemento más tentador. Nadie quería ser artista y, en cambio, todo el mundo quería que le pagaran por su trabajo.

Sin embargo, el cartel era para Karl una gran tentación. «¡Todos serán bienvenidos!», decía. Todos, de manera que él también. No sería recordado todo lo que hasta aquel momento había hecho, nadie le reprocharía su pasado. ¡Allí podría presentarse y pedir un trabajo, que no era ninguna vergüenza, sino todo lo contrario!

Él no deseaba nada mejor; estaba ansioso de encontrar por fin el comienzo de una carrera digna y allí tal vez se le ofrecía. Aunque no fuese verdad todo lo grandilocuente que había en aquel cartel, aunque el Gran Teatro de Oklahoma no fuese más que un pequeño circo ambulante, lo importante era que estaba dispuesto a contratar gente, y eso bastaba.

Karl no perdió tiempo en mirar el cartel dos veces; sólo leyó una vez más esa frase: «¡Todos serán bienvenidos!». Pensó primeramente ir hasta Clayton caminando, pero así habría tardado tres horas con marcha esforzada y luego, posiblemente, habría llegado justo a tiempo para saber que ya habían sido tomadas todas las vacantes. De acuerdo con el cartel, la cantidad de los que serían contratados era ciertamente ilimitada, pero así se redactan siempre todas las ofertas similares de empleos. Karl se dio cuenta de que debía renunciar al trabajo o tomar un transporte. Volvió a contar su dinero; sin ese viaje le habría alcanzado para ocho días; sobre la palma de la mano movía los centavos de un lado para otro.

Un hombre que lo miraba le dio unas palmaditas en el hombro, diciendo:

—Buen viaje a Clayton.

Karl movió la cabeza sin decir nada y siguió haciendo cuentas. Mas se decidió rápidamente, separó el dinero necesario para el viaje y fue corriendo a la estación del tren suburbano.

Cuando bajó en Clayton, escuchó el sonido de muchas trompetas. Era un sonido confuso, las trompetas no estaban afinadas y las tocaban precipitadamente. Esto no molestó a Karl, más bien le aseguraba que el Gran Teatro de Oklahoma era realmente una empresa importante.

Pero cuando salió de la estación y vio toda la instalación se dio cuenta de que era más importante aún de lo que hubiese podido pensar, y no entendía cómo podía hacer tales inversiones una empresa con el solo fin de contratar personal.

A la entrada del hipódromo se había levantado una tarima, larga y baja, sobre la cual numerosas mujeres —vestidas de ángeles, con ropas blancas y grandes alas a la espalda— tocaban largas y brillantes trompetas doradas. Pero ellas no estaban exactamente sobre la tarima, sino que cada una ocupaba un pedestal que, sin embargo, no era visible, pues las largas telas ondulantes de la vestimenta angélica lo cubrían por completo. Como los pedestales eran muy altos, quizá tenían hasta dos metros, las figuras de las mujeres parecían gigantescas y sólo sus menudas cabezas disminuían un tanto aquella sensación de grandeza. También sus cabellos sueltos colgaban a los lados demasiado cortos, casi ridículos, entre las enormes alas. Para que no hubiera monotonía alguna habían utilizado pedestales de los más variados tamaños; había, pues, mujeres bajísimas y otras no mucho más altas que lo natural, pero junto a ellas se erguían otras mujeres a tales alturas, que uno sentía que peligraban a la menor brisa. Y todas aquellas mujeres estaban tocando las trompetas.

No había muchos oyentes. Empequeñecidos por las grandes figuras, se paseaban ante la tarima unos diez muchachos que levantaban sus miradas hacia las mujeres. Se señalaban unos a otros, a ésta o a aquélla, pero no parecían tener intención de entrar para tomar empleo. Había un hombre de más edad y éste se mantenía un tanto apartado; había traído también a su mujer y a un niño en su cochecito. La mujer sujetaba con una mano el coche, con la otra se apoyaba en el hombro de su marido. En verdad, les admiraba el espectáculo, pero se advertía su decepción. Ellos también, sin duda, habían esperado hallar ocasión de trabajar, y aquel concierto de trompetas los perturbaba. Karl, a su vez, estaba en idéntica situación. Se aproximó al hombre, se quedó un rato escuchando las trompetas y después dijo:

—¿Es aquí, según creo, donde se concreta la admisión para el Gran Teatro de Oklahoma?

—También yo lo creía —dijo el hombre—; pero hace una hora que aguardamos aquí y no hemos oído otra cosa que esas trompetas. En ningún lugar puede verse un cartel, no hay pregonero, no hay nadie que dé información.

Karl dijo:

—Tal vez esperen que se reúna más gente. En realidad hasta ahora hay muy poca.

—Es posible —dijo el hombre; y se quedaron nuevamente en silencio.

Era difícil, por otra parte, oír las palabras a través del estrépito de las trompetas. Sin embargo, más tarde la mujer le susurró algo a su marido, éste asintió y ella se dirigió a Karl, preguntando:

—¿No podría llegar hasta el hipódromo y averiguar dónde es la admisión?

—Sí —dijo Karl—; pero debería cruzar la tarima por entre los ángeles.

A ella le parecía una empresa fácil para Karl, pero no quería mandar a su marido.

—Bien —dijo Karl—, iré.

—Es usted muy amable —dijo la mujer, y tanto ella como su marido le estrecharon la mano.

Todos los muchachos se amontonaron para ver de cerca cómo Karl subía a la tarima. Era como si las mujeres resoplaran con mayor ímpetu para saludar al primer postulante de las vacantes. Y aquéllas, ante cuyo pedestal Karl cruzaba en ese mismo momento, se inclinaron a un lado para seguirlo con la mirada. Karl vio en la otra punta de la tarima a un hombre que se paseaba intranquilo y que por lo visto sólo aguardaba a la gente para dar la información deseada. Karl ya estaba por aproximarse e interrogarle, cuando por encima de su cabeza oyó gritar su nombre.

—Karl —llamó un ángel.

Karl levantó la vista y no pudo reprimir una exclamación de alegría. Era Fanny.

—¡Fanny! —gritó saludando hacia arriba con la mano.

—Pero, ven aquí —gritó Fanny—. ¡No pasarás de largo estando yo aquí! —Y abrió su ropaje, de modo que quedaron visibles el pedestal y una estrecha escalera.

—¿Se puede subir? —preguntó Karl.

—¿Quién podría prohibir que nos demos la mano? —dijo Fanny y miró furiosa alrededor de sí, como si ya se acercara alguno con esa prohibición. Karl subía deprisa la escalera—. ¡Más despacio! —exclamó —. ¡Nos caeremos los dos junto con el pedestal!

Pero nada de eso ocurrió; Karl alcanzó el último escalón.

—Mira—dijo Fanny una vez que se saludaron—; mira qué hermoso trabajo he conseguido.

—Estupendo —dijo Karl y miró a su alrededor. Todas las mujeres que estaban cerca ya habían advertido la presencia de Karl y contenían apenas la risa—. Eres casi la más alta —dijo extendiendo la mano para calcular la altura de las demás.

—Te vi —dijo Fanny— en cuanto saliste de la estación, pero desgraciadamente estoy en la última fila; a mí no se me ve y yo, por mi parte, no podía gritar. Me esforcé en verdad por tocar la trompeta con fuerza, para que me reconocieras; pero no te diste cuenta.

—Pero si todas tocáis muy mal —dijo Karl—. Déjame que pruebe yo una vez.

—Toma, toca —dijo Fanny, dándole la trompeta—, pero no arruines el coro; podrían echarme.

Karl comenzó a tocar; la trompeta le había parecido un instrumento tosco, destinado tan sólo a producir ruido, pero ahora quedaba claro que se trataba de un instrumento capaz de dar hasta los menores matices. Si todos los instrumentos eran de igual calidad, se hacía un mal uso de ellos. Aislándose del ruido de las demás, Karl tocó con todas sus fuerzas una canción que alguna vez oyó en una taberna. Estaba contento de haber encontrado a una vieja amiga y, de poder tocar allí la trompeta, y de tener, además, la posibilidad de conseguir quizá pronto un buen empleo.

Muchas de las mujeres dejaron de tocar y se pusieron a escucharle, lo que hizo que él dejara también de tocar. Pero al cabo de un rato se reanudó el estruendo en toda su plenitud.

—Estás hecho un gran artista —dijo Fanny, al devolverle Karl la trompeta—; procura que te contraten como trompetista.

—¿Acaso emplean también a hombres? —preguntó Karl.

—Sí —dijo Fanny—; nosotras sólo tocamos durante dos horas. Luego nos suplantan los hombres, vestidos de demonios. Una mitad toca las trompetas, otra los tambores. Es un lindo espectáculo. En general, todo el equipo es muy caro. ¿No es bonito también nuestro vestido? ¿Y las alas? —se recorrió con la mirada de arriba a abajo.

—¿Crees —preguntó Karl— que también lograré un puesto?

—Seguro —dijo Fanny—; es el teatro más grande del mundo. Cómo me alegra que estemos otra vez juntos. Claro que ahora depende del tipo de empleo que te den. Porque también sería posible que, aunque ambos estuviéramos empleados, no nos viésemos, sin embargo, jamás.

—¿Pero en verdad es tan grande esto? —preguntó Karl.

—Es el teatro más grande del mundo —dijo nuevamente Fanny—; yo misma, por cierto, no he podido verlo todavía, pero muchas de mis compañeras que han estado ya en Oklahoma dicen que casi no tiene límites.

—Pero se presenta muy poca gente —dijo Karl, indicando a los muchachos que continuaban abajo y a la familia.

—Es cierto —dijo Fanny—, pero piensa que contratamos gente en todas las ciudades; que nuestro personal de la sección de propaganda viaja constantemente y que hay muchas secciones más como ésta.

—Pero, ¿el teatro no se inauguró todavía? —preguntó Karl.

—¡Oh, sí! —dijo Fanny—, es un antiguo teatro, pero lo amplían continuamente.

—Me parece raro —dijo Karl—que no acuda más gente a disputarse los puestos.

—Sí —dijo Fanny—, es raro.

—Quién sabe —dijo Karl— si este movimiento de ángeles y demonios no ahuyenta en vez de atraer.

—¡Hay que ver que vista tienes para todo! —dijo Fanny—. Probablemente sea así. Díselo a nuestro jefe. Quizás así puedas serle útil.

—¿Dónde está? —preguntó Karl.

—En el hipódromo —respondió Fanny—, en el palco de los jueces.

—También esto me extraña —dijo Karl—; ¿por qué se hace la admisión en el hipódromo?

—Porque —dijo Fanny— realizamos en todos lados preparativos para que venga la mayor cantidad de gente posible. Es que en el hipódromo hay mucho lugar. Y en todos los quioscos, donde suelen tomarse apuestas, se instalaron oficinas de admisión. Dicen que hay doscientas oficinas distintas.

—Pero —exclamó Karl—, ¿el Gran Teatro de Oklahoma tiene ingresos tan grandes como para solventar tal propaganda?

—¿Y eso qué nos importa? —dijo Fanny—. Pero ahora vete, Karl, para no perder la oportunidad. Yo, además, debo volver a tocar. Intenta en todo caso conseguir un puesto en esta sección y ven de inmediato a comunicármelo. Estaré muy impaciente esperando la noticia.

Le estrechó la mano, le pidió que tuviera cuidado al bajar y acercó de nuevo la trompeta a los labios, pero no empezó a tocar hasta que Karl llegó al suelo, sano y salvo. Éste volvió a colocar las telas sobre la escalera, como estaban antes; Fanny se lo agradeció bajando la cabeza, y Karl, reflexionando de diversas formas sobre lo que acababa de oír, se dirigió hacia el hombre que, habiendo visto a Karl arriba, junto a Fanny, ya se había acercado al pedestal para esperarle.

—¿Desea entrar en nuestra empresa? —le preguntó el hombre—; soy el jefe de personal de esta sección. Bienvenido.

Cortésmente un poco inclinado hacia adelante, y aunque no se moviera de su lugar, jugueteaba con la cadena de su reloj.

—Gracias —dijo Karl—; leí el cartel de su compañía y vine a presentarme, tal como allí se pide.

—Muy bien hecho —dijo el hombre con tono de aprobación—; por desgracia aquí no todo el mundo actúa tan bien.

Karl pensó que en ese instante podría advertir a ese hombre del posible fracaso de los sistemas de atracción de la sección de propaganda, justamente a causa de su grandiosidad. Pero no se lo dijo, pues aquel hombre no era de ningún modo el jefe de la sección, y además habría sido poco aconsejable que él, que ni siquiera había sido admitido aún, hiciese ya propuestas de mejoras. Por eso dijo tan sólo:

—Allí afuera aguarda otro que también quiere presentarse; me mandó a mí primero. ¿Puedo ir a buscarlo ahora?

—Por supuesto —respondió el hombre—, cuantos más vengan, mejor.

—Traje también a su mujer y, en su cochecito, a un niño; ¿les digo que vengan también?

—Por supuesto —dijo el hombre; al parecer las dudas de Karl le hacían sonreír—. Podemos ocupar a todos, a quien sea.

—Regresaré en seguida —dijo Karl y volvió corriendo hasta el borde de la tarima. Le hizo señas al matrimonio y dijo que podían acercarse todos. Ayudó a alzar el cochecito hasta la tarima y caminaron todos juntos.

Los muchachos, viendo aquello, se consultaron mutuamente y luego, dudando hasta el último momento y con las manos en los bolsillos, subieron lentamente a la tarima y siguieron por último a Karl y a la familia. En ese momento salían de la estación del suburbano nuevos pasajeros que, viendo la tribuna con los ángeles, elevaban asombrados los brazos. De todos modos, parecía que la concurrencia de vacantes tomaría ya, con todo, mayor movimiento.

Karl estaba feliz de haber llegado tan temprano, pues quizás era el primero; el matrimonio se mostraba temeroso y formulaba diferentes preguntas sobre si serían grandes las exigencias. Karl dijo que no sabía nada con certeza aún, pero que realmente tenía la impresión de que empleaban a todos sin excepción. Según su parecer, podrían estar muy tranquilos.

Ya el jefe de personal iba a su encuentro, parecía muy contento de que fueran tantos, se restregaba las manos, saludaba a cada uno con una leve reverencia y colocaba a todos en fila. Karl fue el primero, luego llegó el matrimonio, y sólo después los otros. Cuando todos se hubieron colocado —los muchachos al comienzo se agolpaban confusamente y pasó un rato hasta que se tranquilizaron— dijo el jefe de personal, mientras las trompetas enmudecían:

—Los saludo en nombre del Gran Teatro de Oklahoma. Llegaron temprano —sin embargo, ya se acercaba el mediodía—, el hacinamiento no es grande aún, por lo tanto las formalidades de su ingreso serán breves. Todos traen, lógicamente, sus documentos de identidad en regla.

Los muchachos sacaron de inmediato todo tipo de papeles, agitándolos hacia el jefe de personal; el marido empujó con el codo a su mujer y ésta sacó de debajo del colchón del cochecito un fajo de papeles.

Karl, ciertamente, no tenía ninguno. ¿Sería un impedimento para su admisión? De todos modos sabía por experiencia propia que tales disposiciones podían eludirse con facilidad si uno se mostraba un poco decidido a ello. Esto no era nada improbable. El jefe de personal revisó la hilera, se cercioró de que todos tenían documentos, y como también Karl levantó la mano, vacía por cierto, creyó que también, en su caso, estaba todo en orden.

—Está bien —dijo después el jefe de personal, rechazando con un ademán a los muchachos que pretendían que sus documentos se examinaran ahora en las oficinas de administración—. Tal como habrán visto ya en nuestro cartel, podemos dar empleo a todo el mundo. Pero naturalmente es necesario saber qué oficio tenía cada uno hasta ahora, para que podamos emplearlo en el sitio correspondiente, donde podrá utilizar sus conocimientos.

«Pero si es un teatro», pensó Karl dudoso; y escuchó con muchísima atención.

—Por lo tanto —siguió el jefe de personal—, hemos instalado en las casillas de apuestas, oficinas de admisión, una para cada tipo de profesión. De modo que cada uno de ustedes tendrá que decirme ahora su profesión. La familia pertenece, por lo común, a la oficina de admisión del hombre. Luego los llevaré a las oficinas, donde se revisarán primero los documentos y los conocimientos después; será un examen muy sucinto a cargo de expertos; nadie tiene por qué temer nada. Y allí mismo serán aceptados en el momento y recibirán las instrucciones pertinentes. Empecemos, entonces. Esta primera oficina, como reza el letrero, se destina a los ingenieros. ¿Hay, por casualidad, algún ingeniero entre ustedes?

Karl se presentó. Creía que justamente por no tener documentos debía esforzarse por salvar lo más pronto posible y deprisa todas las formalidades. Además, tenía un pequeño derecho a presentarse, ya que había querido ser ingeniero. Pero, viendo los muchachos que Karl se adelantaba, tuvieron envidia y se presentaron también todos ellos. El jefe de personal se incorporó y dijo a los muchachos:

—¿Son ustedes ingenieros?

Y entonces todos bajaron las manos, despacio. En cambio, Karl insistió en su primera actitud. El jefe de personal lo miró incrédulo, ya que Karl le parecía demasiado míseramente vestido y también demasiado joven para ser ingeniero; no obstante, no dijo nada, a lo mejor por gratitud, porque Karl, al menos a su juicio, le había traído a los aspirantes. Se limitó a indicar la oficina con un ademán de invitación y hacia allí se marchó Karl, mientras el jefe de personal se dirigía a los otros.

En la oficina para ingenieros había dos señores sentados a ambos lados de una mesa rectangular, los cuales controlaban dos grandes listas que tenían delante. Uno leía en voz alta, el otro tildaba en su lista los nombres leídos. Cuando Karl, saludando, apareció ante ellos, dejaron de inmediato las listas a un lado y sacaron otros grandes libros, que abrieron acto seguido.

Uno de ellos, por lo visto, sólo un escribiente, dijo:

—Déme, por favor, sus documentos de identidad.

—Lamento no llevarlos conmigo —dijo Karl.

—No los tiene aquí —dijo el escribiente dirigiéndose al otro señor y anotando enseguida la respuesta en su libro.

—¿Es ingeniero? —preguntó después el otro, quien parecía el jefe de la oficina.

—No lo soy aún —dijo Karl rápidamente—; pero…

—Lo siento, señor —dijo el hombre mucho más rápido todavía—, ésta no es su oficina. Le ruego que lea el letrero.

Karl apretó los dientes. El hombre debió advertirlo, pues dijo:

—No hay razón para inquietarse. Podemos emplear a todo el mundo. —Y le hizo una señal a uno de los ordenanzas que, sin hacer nada, se paseaba entre las barreras—: Lleve a este señor a la Oficina para Personal con Conocimientos Técnicos.

El ordenanza entendió la orden al pie de la letra y cogió a Karl del brazo. Pasaron muchas casillas, en una de las cuales vio Karl a uno de los muchachos que ya había sido admitido y daba la mano, agradecido, a los señores que allí estaban.

En la oficina a la cual Karl fue conducido después, el procedimiento se desarrolló de una manera similar a la de la primera oficina, tal como Karl lo preveía. Sólo que de allí, cuando supieron que había cursado el ciclo medio, lo enviaron a la Oficina para Alumnos de Ciclo Medio. Pero al decir Karl que había concurrido a un colegio del ciclo medio europeo, se declararon incompetentes allí también y lo mandaron a la Oficina para Estudiantes del Ciclo Medio Europeo. Era una casilla situada en la punta más extrema; no sólo más pequeña, sino hasta más baja que todas las otras. El ordenanza que lo llevó hasta allí estaba furioso por esa prolongada conducción y por los numerosos rechazos, de los cuales, a su juicio, exclusivamente de Karl era la culpa. Ya ni se quedó aguardando las preguntas, se marchó de inmediato y con prisa.

Esta oficina era, sin duda, además, el último refugio. Al reparar Karl en el jefe de la oficina, casi se asustó por la semejanza con un profesor que probablemente aún dictaba su cátedra en la Realschule de su ciudad natal. En verdad la semejanza residía tan sólo en detalles, cosa que quedó manifiesta al instante; pero aquellos anteojos que descansaban sobre la ancha nariz, aquella barba rubia y tupida, cuidada como un ejemplar de museo, la espalda apenas encorvada y la voz fuerte que estallaba inesperadamente cada vez, mantuvieron durante un buen rato la sorpresa de Karl. Felizmente no fue necesario siquiera que se prestase allí mucha atención, pues las cosas se desenvolvieron de una manera más simple que en las demás oficinas. Claro que también allí se anotó que carecía de documentos de identidad y el jefe de la oficina dijo que era una negligencia imperdonable, pero el escribiente, que parecía ser quien mandaba allí, pasó por alto el hecho y declaró, después de unas sucintas preguntas del jefe, y cuando éste se disponía a formular alguna de más importancia, que Karl estaba admitido. El jefe se volvió boquiabierto hacia el escribiente, pero éste con un gesto definitivo, agregó:

—Admitido —y además registró inmediatamente la decisión en el libro.

Por lo visto el escribiente consideraba que ser estudiante del ciclo medio europeo era en sí mismo tan oprobioso, que se le podía creer sin más a quien afirmara serlo. Karl, por su parte, no tenía nada que objetar; se aproximó y quiso expresarle su agradecimiento. Pero una demora se produjo aún cuando le preguntaron su nombre. No respondió enseguida; tenía cierto temor de pronunciar su verdadero nombre, de permitir que lo registrasen. Una vez que obtuviera allí aunque fuese el puesto más ínfimo y cumpliera con él satisfactoriamente podían enterarse de su nombre, no antes; demasiado tiempo lo había callado para revelarlo de repente en aquel momento. Dijo por lo tanto, ya que al instante no le surgió ningún otro nombre, el apodo de sus últimos empleos:

—Negro.

—¿Negro? —preguntó el jefe y volvió la cabeza haciendo una mueca, como si ahora Karl hubiera alcanzado el colmo de lo inverosímil.

También el escribiente miró a Karl un rato, como examinándolo, pero repitió luego:

—Negro —y apuntó el nombre.

—¡No habrá registrado Negro! —le increpó el jefe.

—Sí, Negro —dijo el escribiente e hizo un ademán con la mano, como diciendo que ahora le tocaba al jefe disponer el resto.

Y en efecto, el jefe se dominó y levantándose dijo:

—Pues entonces el Gran Teatro de Oklahoma le…

No alcanzó a decir nada más. No podía con su conciencia. Se sentó y dijo:

—No se llama Negro.

El escribiente levantó las cejas, se incorporó después él mismo y dijo:

—Entonces le comunico yo que está admitido en el Gran Teatro de Oklahoma y que ahora le presentarán a nuestro jefe.

De nuevo fue llamado un ordenanza, quien condujo a Karl al palco de los jueces.

Al pie de la escalera vio Karl el cochecito. Justamente venía bajando el matrimonio; la mujer tenía al niño en brazos.

—¿Está admitido? —preguntó el hombre, ya mucho más locuaz que antes. También la mujer, riendo, le miró sobre el hombro del marido.

Cuando Karl contestó que acababan de admitirlo y que ahora iba a ser presentado, dijo el hombre:

—Lo felicito. También nos admitieron. Parece una empresa buena; claro que uno no se acostumbra en seguida, pero esto ocurre en todos lados.

Se dijeron «hasta luego» y Karl subió al palco. Ascendió lentamente, pues el pequeño lugar parecía atestado de gente y no deseaba meterse a la fuerza. Hasta se detuvo un rato y abarcó de un vistazo la gran pista del hipódromo que limitaba por doquier con lejanos bosques. Sintió de pronto ganas de ver alguna vez una carrera de caballos. En América aún no había tenido ocasión para ello. En Europa le habían llevado una vez a una carrera, cuando era un niño, pero sólo podía recordar haber sido arrastrado por la madre entre la muchedumbre que se negaba a dejar libre el paso. Por lo tanto, en verdad todavía no había visto una carrera.

A sus espaldas comenzó a traquetear una maquina; Karl se dio vuelta y observó que el indicador donde en los días de carrera se anuncian los nombres de los ganadores, alzaban ahora la inscripción siguiente: «Comerciante Kalla, con señora e hijo». De modo que así comunicaban a las oficinas los nombres de los admitidos.

Justamente algunos señores venían bajando apresurados la escalera, en animada conversación, con lápices y hojas de apuntes en las manos; Karl se comprimió contra la balaustrada para dejarlos pasar y, ya que se había despejado el sitio de allá arriba, ascendió. En un rincón de la plataforma provista de barandas de madera —todo esto tenía el aspecto de un techo plano de una estrecha torre— estaba sentado, con los brazos tendidos a lo largo de la baranda de madera, un señor que llevaba cruzada sobre el pecho una ancha cinta de seda blanca con la leyenda: «Jefe de la Décima Sección de Propaganda del Gran Teatro de Oklahoma». A su lado había, sobre una mesita, un teléfono que se usaba seguramente también durante las carreras y con el cual el jefe se informaba, sin duda, de todos los datos necesarios sobre cada aspirante, aun antes de la presentación, ya que por lo pronto no le hizo ningún tipo de pregunta a Karl, si no que dijo, dirigiéndose a un señor de pie junto a él, con las piernas cruzadas y la mano en la barbilla:

—Negro, estudiante del Ciclo Medio Europeo.

Y como si con esto Karl, quien hizo una profunda reverencia, estuviese despachado, dirigió la vista escaleras abajo para ver si venía alguien más. Ya que no llegaba nadie, atendía de vez en cuando el diálogo que el otro señor entabló con Karl, pero la mayor parte del tiempo deslizaba su mirada hacia la pista del hipódromo y se quedaba golpeando con los dedos sobre la baranda; aquellos dedos finos y sin embargo vigorosos, largos y rápidos en el movimiento, atraían de modo absoluto la atención de Karl, aunque el otro señor lo absorbía bastante.

—¿Así que estuvo usted sin trabajo? —preguntó por lo pronto aquel señor.

Esta pregunta, y asimismo casi todas las otras que hacía eran muy simples, absolutamente en nada capciosas; y las respuestas, por otra parte, eran consideradas a la luz de otras preguntas intermedias; sin embargo, el hombre sabía darles una importancia particular con esa forma de pronunciarlas con los ojos bien abiertos, de examinar su efecto inclinando el pecho, de recibir las respuestas agachando la cabeza y de repetirlas en voz alta de vez en cuando, importancia que por cierto no se comprendía, pero cuya sospecha ya lo volvía a uno cuidadoso y cohibido. Ocurrió a menudo que Karl sentía el impulso de modificar la respuesta dada, reemplazándola por otra que, acaso, hallaría mayor aprobación, pero a pesar de todo se dominó y se contuvo de hacerlo, pues sabía bien qué mala sería la impresión que semejante vacilación causaría y qué incalculable además, casi siempre, el efecto de las respuestas.

Pero por otra parte, su admisión parecía cosa decidida, y el saberlo le daba cierto apoyo.

A la pregunta de si había estado sin trabajo, respondió con un simple:

—Sí.

—¿Dónde estuvo empleado la última vez? —preguntó después el hombre. Ya Karl se preparaba a responder, cuando el señor levantó el índice y dijo de nuevo—: ¡la última vez!

Karl ya había entendido perfectamente la primera pregunta; sin querer movió la cabeza para liberarse de esta última observación que lo confundía y contestó:

—En una oficina.

Esto todavía era cierto; pero si el señor exigía una información más concreta sobre qué tipo de oficina era ésa, entonces tendría que mentir. El señor sin embargo, no lo hizo, formuló, al contrario, una pregunta muy fácil de responder con la verdad:

—¿Estaba contento allí?

—¡No! —exclamó Karl, casi interrumpiéndole. Con una mirada de soslayo advirtió que el jefe sonreía ligeramente; Karl se arrepintió de la irreflexión de su última respuesta; pero había sido excesivamente tentador gritar ese no, pues durante todo el tiempo de su último empleo sólo abrigó ese deseo tan grande de que algún patrón extraño entrara alguna vez y le dirigiese exactamente esa pregunta.

Su respuesta bien podría traer una desventaja más, pues el señor podía preguntar ahora por qué no estuvo contento. Sin embargo, en lugar de fijarse en eso, preguntó:

—¿Para qué puesto se siente apto?

Esta pregunta quizás entrañara en realidad una trampa, pues, ¿con qué fin la formulaban si ya Karl había sido admitido como actor? Pese a reconocer eso, no pudo, sin embargo, superar sus escrúpulos y decir que se sentía apto sobre todo para la profesión de actor. Por lo tanto eludió la pregunta y, corriendo el riesgo de parecer tozudo, dijo:

—Leí el cartel en la ciudad y, como en él se decía que podían emplear a cualquiera, me presenté.

—Eso ya lo sabemos —dijo el hombre; luego permaneció en silencio mostrando así que insistía en su pregunta anterior.

—Me admitieron como actor —dijo Karl vacilante, para que el hombre comprendiera el apuro en que lo había puesto esta última pregunta.

—Cierto —dijo el señor enmudeciendo otra vez.

—No sé —dijo Karl y toda la esperanza de haber conseguido un puesto empezaba a tambalearse—; no sé si serviré para trabajar en el teatro, pero me esmeraré y trataré de observar todas las órdenes.

El hombre se volvió hacia el jefe y ambos asintieron; Karl parecía haber respondido como era debido; se reanimó, pues, y esperó erguido la pregunta siguiente. Ésta decía:

—¿Y qué pensaba usted estudiar primero?

A fin de formular la pregunta con precisión —el hombre ponía siempre mucho empeño en expresar definiciones exactas— agregó:

—Quiero decir en Europa.

Al mismo tiempo se quitó la mano de la barbilla, con un ligero gesto que a la vez quería decir qué lejos estaba Europa y qué carentes de importancia los proyectos antaño allí concebidos.

Karl dijo:

—Deseaba ser ingeniero.

Ciertamente esta respuesta le resultaba enojosa; era ridículo revivir allí aquel viejo recuerdo de que una vez quiso hacerse ingeniero, revivirlo con clara conciencia de toda su carrera anterior en América y, además, ¿acaso hubiera llegado a hacerlo alguna vez, incluso en Europa? Pero en ese instante no se le ocurría ninguna otra respuesta, de modo que dio aquélla.

Y el señor lo tomó seriamente, como tomaba todas las cosas.

—Bueno —dijo—; no podrá llegar a ser ingeniero en seguida; pero tal vez le guste por ahora ejecutar cualquier trabajo técnico inferior.

—Ciertamente —dijo Karl.

Estaba feliz; era verdad que si aceptaba el ofrecimiento se le trasladaba del gremio de los actores al de los obreros técnicos, pero creía que realmente se desenvolvería mejor en ese tipo de trabajo. Por lo demás, y se repetía esto continuamente, en su caso no se trataba tanto del tipo de trabajo que le dieran sino de afincarse en general en alguna parte y permanentemente.

—¿Y es bastante fuerte para trabajos algo pesados? —preguntó el hombre.

—¡Sí! —dijo Karl.

En respuesta, el hombre invitó a Karl a que se acercara más y palpó su brazo.

—Es un muchacho fuerte —dijo después, llevando del brazo a Karl junto al jefe. Éste asintió sonriendo; tendió a Karl la mano, sin que por otra parte modificara su descansada postura, y dijo:

—Entonces, hemos concluido. En Oklahoma todo esto se revisará una vez más. ¡Que su presencia honre a nuestra sección de propaganda!

Karl hizo una reverencia a modo de despedida; quiso después despedirse también del otro hombre, pero éste ya estaba paseándose sobre la plataforma con el rostro hacia lo alto, como si sus tareas se hubiesen terminado por completo.

Mientras Karl descendía, alzaron al lado de la escalera, sobre el tablero indicador, esta leyenda: «Negro, trabajador técnico».

Ya que en todo se procedía allí como era debido a Karl no le hubiera molestado que en el tablero se pudiese leer su nombre verdadero. Todo funcionaba realmente con un gran cuidado, pues al pie de la escalera ya aguardaba a Karl un ordenanza, el cual le puso en el brazo una banda. Al levantar Karl el brazo para ver qué decía la leyenda de la banda, halló impresas, precisamente, las palabras: «Trabajador Técnico.»

Antes de ser conducido a cualquier parte, Karl quería comunicar a Fanny con cuánta suerte había transcurrido todo. Pero el ordenanza le informó de que tanto los ángeles como los diablos habían salido ya para su próximo destino, para anunciar allí la llegada de la Sección de Propaganda, cosa que ocurría al día siguiente.

—¡Qué pena! —dijo Karl. Era la primera decepción que sufría en esa empresa—. Yo tenía una conocida entre los ángeles.

—La verá de nuevo en Oklahoma —dijo el ordenanza—; y ahora venga; es usted el último.

Llevó a Karl a lo largo de la parte trasera de la tarima antes ocupada por los ángeles; allí sólo quedaban los pedestales vacíos. Pero la suposición de Karl de que sin la música de los ángeles acudiría mayor cantidad de pretendientes resultó incorrecta, pues ante la primera tarima no se veía ahora a ninguna persona adulta; únicamente había allí unos cuantos chicos que se peleaban disputándose una larga pluma blanca que quizá se desprendiera de algún ala de ángel. Un muchacho la mantenía en alto, mientras los otros chicos trataban de bajarle la cabeza con una de sus manos y con la otra trataban de atrapar la pluma.

Karl se entretenía mirando a los chicos, pero el ordenanza hizo que lo siguiera diciendo:

—Dese prisa, tardaron muchísimo en admitirlo, ¿tenían dudas?

—No lo sé —dijo Karl, sorprendido, pero no creía tal cosa.

Siempre, aun cuando las circunstancias sean clarísima, se halla alguien deseoso de traer preocupaciones a su prójimo. Pero ante el aspecto amable que ofrecía la gran tribuna de espectadores a la cual ya habían llegado, Karl olvidó enseguida la observación del ordenanza.

En dicha tribuna había un banco largo y grande, cubierto por un blanco mantel; todos los admitidos estaban sentados allí dando la espalda a la pista, sobre el banco inmediatamente inferior, y eran convidados. La alegría y la excitación eran generales y, en el mismo momento en que Karl se sentó distraídamente en el banco, se incorporaron muchos con las copas en alto y uno de ellos dijo un brindis en homenaje al jefe de la décima sección de propaganda, a quien denominó «padre de los que buscaban empleo».

Alguien señaló que también desde allí se le veía y en efecto, el palco del jurado donde estaban los dos hombres era visible desde el sitio en que se hallaban. Todos agitaron sus copas en aquella dirección, Karl también cogió el vaso que tenía delante, pero por más que gritaran e intentaran llamar la atención, nada indicaba en el palco del jurado que hubieran notado la ovación o que siquiera quisieran notarla. El jefe permanecía recostado como antes en el rincón y el otro hombre seguía junto a él con la mano en la barbilla.

Un tanto desilusionados, todos se sentaron. Alguno se volvía aún de vez en cuando hacia el palco del jurado, pero se servían, haciéndolas circular, espléndidas aves con muchos tenedores pinchados en la carne apetitosamente asada. Karl jamás las había visto de tanta calidad; los sirvientes no se cansaban de servir vino —apenas se los notaba, ya que estaba uno inclinado sobre el plato y de pronto caía en la copa el chorro de vino rojo—, y quien no quería participar en la charla general, podía mirar estampas con vistas del Gran Teatro de Oklahoma, amontonadas en uno de los extremos de la mesa, para ser pasadas de mano en mano. Pero ninguno se interesaba mucho por las estampas y así sucedió que al lugar de Karl, que era el último, llegara una sola de esas vistas. Por lo que se podía deducir de ese cuadro tenían que ser muy dignas de verse todas, sin embargo.

La estampa que Karl vio representaba el palco del presidente de Estados Unidos. A primera vista se podía creer que eso no era un palco, sino el escenario, en tan majestuoso arco se adelantaba el antepecho al espacio abierto. Ese antepecho era totalmente de oro, en todas sus partes. Entre las columnitas, como recortadas con finísima tijera, se habían puesto uno junto al otro, unos medallones que representaban a los presidentes anteriores; uno de ellos tenía la nariz excepcionalmente recta, labios abultados y la vista rígidamente dirigida hacia abajo, oculta por párpados combados. Alrededor del palco, desde los lados y desde lo alto, emergían rayos de luz; era una luz blanca y suave que descubría, literalmente, el primer plano del palco, mientras que al fondo, tras el terciopelo rojo en pliegues y matices, y guiado por cordones que caían a lo largo de todos los bordes, aparecía un hueco de rojizo fulgor. Apenas era posible imaginar la presencia de seres humanos en el palco, tan autocráticamente espléndido era el aspecto que todo eso ofrecía. Karl no olvidó la comida; pero miró sin embargo, muchas veces, esa estampa que colocó junto a su plato.

Al fin y al cabo le hubiera gustado muchísimo contemplar al menos otra estampa más, pero no deseó ir a buscarla él mismo, pues un ordenanza tenía su mano sobre las estampas y con seguridad había que mantener el orden del turno, de manera que sólo intentó abarcar la mesa con la mirada para ver si pese a todo se iba acercando alguna estampa más.

Y entonces, descubrió con sorpresa —primero no quiso creerlo— entre los rostros que más se inclinaban sobre la comida, uno que conocía bien: Giácomo. Al instante corrió hacia él.

—¡Giácomo! —gritó.

Éste, tímido como siempre que se lo sorprendía, apartó la comida, se levantó en el estrecho espacio que había entre los bancos y se limpió la boca con la mano, pero luego se puso muy contento de ver a Karl, le pidió que se sentara a su lado y se ofreció a mudarse junto a Karl en caso de que éste no quisiera dejarlo.

Karl no quiso molestar a los demás, por eso cada uno permanecería, por el momento, en su lugar; la comida acabaría pronto y después, naturalmente, ya harían causa común. Tenían muchas cosas que contarse.

¡Cuántos recuerdos de épocas pasadas! ¿Dónde estaría la cocinera mayor? ¿Qué haría Therese? El propio Giácomo no había cambiado nada; la predicción de la cocinera mayor de que al medio año forzosamente llegaría a ser un duro norteamericano no se había cumplido; continuaba débil como antes, las mejillas igualmente hundidas, si bien en ese momento se veían redondeadas, pues tenía en la boca un pedazo demasiado grande de carne del cual sacaba despacio los huesos sobrantes, arrojándolos después sobre el plato.

Por lo que Karl pudo leer sobre su brazalete, tampoco Giácomo había sido contratado como actor, sino como ascensorista, ¡el Gran Teatro Oklahoma parecía en realidad poder emplear a cualquiera que fuese!

Absorto en la contemplación de Giácomo, Karl se quedó demasiado tiempo ausente de su lugar. Justamente cuando volvía a él llegó el jefe de personal que, subiéndose a uno de los bancos colocados más arriba, golpeó las manos y pronunció un breve discurso, mientras la mayoría de la gente se levantaba y los que quedaban sentados, aquellos que no podían despegarse de la comida, eran obligados por empujones de los otros, finalmente a levantarse también.

—Esperemos —decía (Karl ya había regresado de puntillas a su lugar)— que les haya gustado nuestro convite de recepción. Generalmente la comida de nuestra sección de propaganda es objeto de elogios. Lamentablemente me veo obligado a levantar ya la mesa, pues el tren que los conducirá a Oklahoma partirá dentro de cinco minutos. Es, en verdad, un viaje muy largo, pero ya verán que no les faltará ningún tipo de atenciones. Aquí les presento al señor que les guiará en su viaje y al cual deben obediencia.

Un señor pequeño y flaco trepó al banco sobre el cual estaba de pie el jefe de personal; apenas se tomó el tiempo necesario para hacer un breve saludo, pues empezó en seguida a marcar, con manos nerviosas y tendidas, de qué modo había de concentrarse, acomodarse y moverse todo el mundo.

Sin embargo, no fue obedecido de inmediato, pues aquel mismo comensal que antes había pronunciado un discurso golpeó con la mano en la mesa e inició una larga oración de agradecimiento, pese a que —Karl se inquietó muchísimo— se acababa de anunciar que el tren partiría enseguida. Pero el orador no prestó atención al hecho de que ni el jefe de personal lo escuchase —pues éste estaba dando algunas instrucciones al director del transporte—, bosquejó su discurso a grandes trazos, enumeró luego todos los manjares servidos, dio su juicio sobre cada uno de ellos y terminó después resumiendo, con esta exclamación:

—¡Apreciados señores, éste es el modo de conquistarnos!

Todos, menos los aludidos, se rieron, pero aquello era, sin embargo, más verdad que broma.

Por otra parte lo prolongado de ese discurso, hizo que fuera necesario correr deprisa hasta la estación. Pero eso tampoco fue difícil pues —Karl lo advirtió al momento— nadie llevaba pieza alguna de equipaje; el único equipaje era, en realidad, el cochecito que a la cabeza de la compañía y conducido por el padre, daba saltos como barco sin timón.

¡Qué clase de gente desposeída, se había reunido allí; y se la recibía y se la atendía sin embargo tan magníficamente! Parecía que todos hubiesen sido recomendados con especial encarecimiento a aquel director del transporte. Él mismo con una mano empujaba el cochecito y levantaba la otra para animar a toda la compañía; ya se le veía tras la última fila aguijoneando a los retrasados; ya corría a lo largo de los costados y echaba el ojo a más de uno que avanzaba con paso retardado por el medio y trataba de hacerles comprender, agitando los brazos, que hacía mucha falta que corriesen.

Cuando llegaron a la estación ya estaba el tren dispuesto. La gente en la estación señalaba a la compañía; se escuchaban exclamaciones como ésta:

—¡Todos son del Gran Teatro de Oklahoma!

El Teatro parecía mucho más conocido de lo que Karl supuso; cierto que nunca se interesó mucho en cuestiones de teatro. Todo un coche había sido destinado especialmente a la compañía; el director del transporte apremiaba a que subieran, más que el empleado del tren. Registró primero cada uno de los compartimientos ordenando alguna cosa aquí y allí, y sólo luego ascendió él mismo.

A Karl le tocó por casualidad un asiento al lado de una ventanilla y arrastró a Giácomo a su lado. Y así se quedaron sentados, muy juntos uno contra otro; en el fondo ambos estaban contentos por este viaje. Tan libres de toda preocupación nunca habían hecho todavía viaje alguno en Estados Unidos. Cuando el tren arrancó se pusieron a hacer señas, sacando las manos por la ventanilla, mientras que los muchachos que estaban enfrente se codeaban entre sí porque eso les parecía ridículo.

El viaje duró dos días y dos noches. Sólo entonces Karl cayó en la cuenta de la magnitud de Estados Unidos. Incansablemente miraba por la ventanilla y Giácomo luchaba tanto por asomarse también que los muchachos de enfrente, muy concentrados en su juego de naipes, se cansaron y le cedieron el asiento junto a la ventanilla. Karl se lo agradeció —el inglés de Giácomo no resultaba comprensible a cualquiera—, y con el paso de las horas se volvieron mucho más gentiles, ya que otra cosa no puede ocurrir entre compañeros de compartimiento; pero muchas veces también era incómoda su gentileza ya que, por ejemplo, siempre que se les caía al suelo un naipe y se agachaban para buscarlo, pellizcaban con todas sus fuerzas a Karl o a Giácomo en las piernas. En tales momentos Giácomo, que no cesaba de sorprenderse, gritaba y levantaba mucho la pierna. Una vez Karl trató de contestar con un puntapié; sin embargo, soportó todo eso en silencio. Todo lo que acontecía en el pequeño compartimiento, que aun con la ventanilla abierta estaba lleno de humo, carecía de valor ante lo que podía contemplarse afuera.

El primer día cruzaron amplias montañas. Moles de piedra, de un negro azulado, se acercaban en cuñas hasta el mismo tren; se asomaba uno por la ventanilla y buscaba inútilmente las cumbres, allí se abrían valles oscuros, angostos, desgarrados, y uno indicaba con el dedo la dirección en que se perdían; allí venían anchos ríos torrentosos que deprisa se precipitaban en forma de grandes olas, sobre el quebrado cauce y, arrastrando en su seno mil olitas espumosas, se levantaban bajo los puentes que el tren cruzaba, tan cerca, que al asomarse a la ventanilla el rostro se estremecía al hálito de su frescura.

Índice

ESTUDIO PRELIMINAR

AMÉRICA

•FONTANA•

1. **LA DIVINA COMEDIA,** Dante
2. **EL ARTE DE LA GUERRA,** Sun Tzu
3. **LA ILÍADA,** Homero
4. **LA ODISEA,** Homero
5. **LA ENEIDA,** Virgilio
6. **EL RETRATO DE DORIAN GRAY,** Oscar Wilde
7. **LA METAMORFOSIS,** Franz Kafka
8. **FRANKENSTEIN,** Mary Shelley
9. **NECRONOMICÓN, LOS MEJORES RELATOS,** H. P. Lovecraft
10. **ALICIA EN EL PAÍS DE LAS MARAVILLAS,** L. Carroll
11. **A TRAVÉS DEL ESPEJO,** Lewis Carroll
12. **LA VUELTA AL MUNDO EN OCHENTA DÍAS,** J. Verne
13. **DRÁCULA,** Bram Stoker
14. **CUENTOS DE LA SELVA,** Horacio Quiroga
15. **EL FANTASMA DE LA ÓPERA,** Gaston Leroux
16. **LA BELLA Y LA BESTIA,** Velleneuve y Beaumont
17. **DE LA TIERRA A LA LUNA,** Julio Verne
18. **EL PROCESO,** Frank Kafka
19. **CUENTOS DE AMOR DE LOCURA Y DE MUERTE,** H. Quiroga
20. **ROMEO Y JULIETA,** William Shakespeare
21. **ASÍ HABLABA ZARATUSTRA,** Friedrich Nietzsche
22. **MANIFIESTO COMUNISTA,** K. Marx y F. Engels
23. **EL PRÍNCIPE,** Nicolás Maquiavelo
24. **EL KYBALIÓN,** Tres Iniciados
25. **MÁS ALLÁ DEL BIEN Y DEL MAL,** Friedrich Nietzsche
26. **EL ANTICRISTO,** Friedrich Nietzsche
27. **APOLOGÍA DE SÓCRATES,** Platón
28. **DIÁLOGOS,** Platón
29. **METAFÍSICA,** Aristóteles
30. **RETÓRICA,** Aristóteles
31. **ÉTICA A NICÓMACO,** Aristóteles
32. **ELOGIO DE LA LOCURA,** Erasmo de Rotterdam
33. **AURORA,** Friedrich Nietzsche
34. **AZUL...,** Rubén Darío
35. **SELECCIÓN POÉTICA,** Federico García Lorca
36. **SENTIDO Y SENSIBILIDAD,** Jane Austen
37. **EL FANTASMA DE CANTERVILLE Y OTROS RELATOS,** O. Wilde
38. **EL PRÍNCIPE FELIZ Y OTROS CUENTOS,** Oscar Wilde
39. **CORAZÓN: DIARIO DE UN NIÑO,** Edmondo de Amicis
40. **ALREDEDOR DE LA LUNA,** Julio Verne

41. **LA MURALLA CHINA,** Franz Kafka
42. **AMÉRICA,** Franz Kafka
43. **EL PERRO DE LOS BASKERVILLE,** Arthur Conan Doyle
44. **EL DOCTOR JEKYLL Y MISTER HYDE,** Robert Louis Stevenson
45. **YERMA · DOÑA ROSITA LA SOLTERA,** Federico García Lorca
46. **SELECCIÓN DE CUENTOS,** Hermanos Grimm
47. **SELECCIÓN DE CUENTOS,** Christian Andersen
48. **EL MARAVILLOSO MAGO DE OZ,** Lyman Frank Baum
49. **EL CREPÚSCULO DE LOS ÍDOLOS,** Friedrich Nietzsche
50. **LA REPÚBLICA,** Platón
51. **EL CUERVO Y OTROS POEMAS,** Edgar Allan Poe
52. **LA MÁSCARA DE LA MUERTE ROJA Y OTROS RELATOS,** E. A. Poe
53. **EL CONTRATO SOCIAL,** Rousseau
54. **TRES ENSAYOS SOBRE LA TEORÍA SEXUAL,** Sigmund Freud
55. **PRINCIPIOS ELEMENTALES DE LA FILOSOFÍA,** Georges Politzer
56. **POPOL VUH & CHILAM BALAM**
57. **CANCIÓN DE NAVIDAD,** Charles Dickens
58. **EL INVITADO DE DRÁCULA Y OTRAS HISTORIAS DE TERROR,** Bram Stoker
59. **SALOMÉ & UNA MUJER SIN IMPORTANCIA,** Oscar Wilde
60. **INVESTIGACIÓN SOBRE LA NATURALEZA Y CAUSAS DE LA RIQUEZA DE LAS NACIONES,** Adam Smith
61. **EL ESCARABAJO DE ORO Y OTROS RELATOS,** Edgar Allan Poe
62. **HOJAS DE HIERBA,** Walt Whitman
63. **TAO TE KING,** Lao Tse
64. **MARTÍN FIERRO,** José Hernández
65. **MARÍA,** Jorge Isaacs
66. **EL ARTE DE AMAR · EL REMEDIO DEL AMOR,** Ovidio
67. **EL PROFETA · EL JARDÍN DEL PROFETA,** Khalil Gibrán
68. **DESOBEDIENCIA CIVIL Y OTROS TEXTOS,** Henry David Thoreau
69. **EL VALLE DEL TERROR,** Arthur Conan Doyle
70. **LA TEOGONÍA,** Hesíodo
71. **LA CASA DE BERNARDA ALBA · LA ZAPATERA PRODIGIOSA,** Federico García Lorca
72. **LAS FLORES DEL MAL,** Charles Baudelaire
73. **EL TERROR EN LA LITERATURA,** H. P. Lovecraft
74. **EL MUNDO COMO YO LO VEO,** Albert Einstein
75. **LOS MITOS DE CTHULHU,** H. P. Lovecraft
76. **UTOPÍA,** Tomás Moro
77. **EL GATO NEGRO Y OTROS RELATOS,** Edgar Allan Poe
78. **EN LAS MONTAÑAS DE LA LOCURA,** H. P. Lovecraft
79. **CUMBRES BORRASCOSAS,** Emily Brontë